[荷] 威廉·迈尔斯 著

生物设计：自然 科学 创造力

前言：保拉·安东内利

译：景斯阳

校：宋协伟

華中科技大學出版社
http://www.hustp.com
中国·武汉

图书在版编目（CIP）数据

生物设计：自然 科学 创造力 /（荷）威廉·迈尔斯著；景斯阳译. —武汉：华中科技大学出版社，2022.5（2023.7 重印）
（中央美术学院设计学科教学改革丛书）

ISBN 978-7-5680-7759-0

Ⅰ. ① 生… Ⅱ. ① 威… ② 景… Ⅲ. ① 生物学 - 关系 - 设计 Ⅳ. ①Q②TB21

中国版本图书馆CIP数据核字（2022）第067793号

Published by arrangement with Thames & Hudson Ltd., London

Design concept by The Studio of Williamson Curran

This edition first published in China in 2022 by Huazhong University of Science and Technology Press, Wuhan City

中央美术学院设计学科教学改革丛书
丛书主编：宋协伟 / 丛书执行主编：韩涛

生物设计：自然 科学 创造力
SHENGWU SHEJI: ZIRAN KEXUE CHUANGZAOLI

[荷兰] 威廉·迈尔斯 著
景斯阳 译
宋协伟 校

出版发行：华中科技大学出版社（中国·武汉）
武汉市东湖新技术开发区华工科技园
电话：(027)81321913
邮编：430223

策划编辑：王 娜
责任编辑：赵 萌
美术编辑：西禹宁/丛梓健/于天一
责任监印：朱 玢

印 刷：广东省博罗县园洲勤达印务有限公司
开 本：787 mm×1092 mm 1/16
印 张：18.75
字 数：359千字
版 次：2023年7月 第1版 第2次印刷
定 价：168.00元

投稿邮箱：wangn@hustp.com
本书若有印装质量问题，请向出版社营销中心调换
全国免费服务热线：400-6679-118 竭诚为您服务

華中出版

威廉·迈尔斯

WILLIAM MYERS

美国第一个社区生物技术实验室“基因空间”创始人及教授

采访人：景斯阳

1. 背景

景斯阳（下文简称景）：您从十多年前就开始关注生物设计、生物艺术和生命科学，这是一个非常前沿的交叉学科。在您的研究之初，有哪些人和事帮助和启发了您？

威廉·迈尔斯（下文简称迈尔斯）：我想到的人是爱丽丝·特姆洛（Alice Twemlow）和保拉·安东内利。他们用各自的教育和策展工作鼓励我拓展对设计和艺术的定义。特别是，保拉在纽约现代艺术博物馆（MoMA）组织了“设计与弹性思维”（Design and the Elastic Mind）和“与我对话”（Talk to Me）等展览，这些展览对我产生了重要的影响。而爱丽丝在纽约视觉艺术学院开始了一个新的设计评论项目，我也参加了这个项目。启发我的事件包括“基因空间”在纽约的启动，“基因空间”是美国第一个社区生物技术实验室，我支持它并为其授课。另外，我在库珀·休伊特史密森尼设计博物馆（Cooper Hewitt Smithsonion Design Museum）有了第一次策展的经历，这对我来说是一种成长，它教会了我如何组织展览与写作。

此外，我还应该提到一些启发我的书，其中包括《从摇篮到摇篮：重塑我们的生产方式》（*Crandle to Crandle: Remaking the Way We Make Things*）、《仿生学》（*Biomimicry*）和《太阳、基因组和互联网》（*The Sun, the Genome, and the Internet*）。

2. 思维演变

景：您撰写了《剪切/粘贴/生长》（*Cut/Paste/Grow*, 2014年）、《生物艺术：被改变的现实》（*Bio Art: Altered Realities*, 2015年）、《生物设计：自然 科学 创造力》（*Biodesign: Nature+Science+Creativity*, 2012年，2018年修订版），从作者和策展人的角度看，这三本书之间有什么关系？它是否代表了您职业生涯中思维的变化和发展？您能分享一个具体的例子来说明这一点吗？

迈尔斯：这三本书有一个共同点：它们介绍了艺术和设计的新兴创意形式。当我在写《生物设计：自然 科学 创造力》的时候，我的研究让我看到了许多艺术项目，这些项目甚至比设计项目更能考验新生物技术创新的界限。这促使我写了关于艺术作品的第二本书，这带来了两个学科之间的一个重要区别：在我看来，设计需要考虑并针对用户的某种用途，而艺术则不受这种限制，可以只用于自我表达甚至自我治疗。

3. 评价标准

景：您认为在这个新兴的研究领域，评价标准是什么？什么样的工作或项目是好的项目？

迈尔斯：这是一个很难回答的问题，也是一个很好的问题！评估一个项目的标准要取决于它的目的，因此，对一个建筑作品或一个实验性的原型会有不同的评判。然而，我可以说，如果在设计中表现出正念、同理心、创造性的方法，并考虑到所有的影响，那么它就是好的。另外，判断一些生物设计和生物艺术项目是否成功的另一个方法是调查它是如何被沟通和理解的：它是否帮助人们理解了什么，改变了人们对某个问题的看法，或者该项目是否能够使学生学习。如果是这样，我认为这也是一个成功的项目。

4. 艺术与科技

景：您如何看待科学严谨理性的实验研究与艺术的感性表达之间的关系？生物学和艺术这两个领域的结合在社会发展中的作用是什么？您在这两个学科之间扮演什么角色？您对这两个领域的合作和融合的未来有什么看法？

迈尔斯：的确，艺术和科学中的方法是不同的，然而它们可以相互补充。一般来说，我认为艺术和设计可以从新的科学中提取工具来制造新的审美体验，或者在设计方面实现新的功能。艺术有时也有其他的作用，那就是质疑发展科学和技术的系统，同时也帮助观众看到其中的利害关系。回想一下艺术的优秀作品，电影《加塔卡》（*Gattaca*，1997年）现在已经成为经典，它帮助许多人掌握了基因选择或遗传工程的意义。至于学科的整合，我确实认为在一定程度上是健康的，然而我担心艺术家的创造性天赋经常被认为是科学或商业利益的商品。

5. 关于这本书的故事

景：在整合这本书的过程中，您是否遇到过什么困难？在写这本书的过程中，有哪些令人难忘的事情发生？您从写这本书中学到了什么？

迈尔斯：写这本书的过程中，我认识了一些有助于塑造我的未来的人和想法。看到这些设计师把他们的事业做得更大，或者通过展览或博物馆收藏等新的方式得到认可，我感到非常荣幸。对我来说，另一个重要的经历是与同伴一起工作：安德鲁·加德纳（Andrew Gardner）和芭芭拉·埃尔德里奇（Barbara Eldredge）。他们帮助我研究这本书，并撰写和编辑了一些文字；从那时起，他们就在MoMA和谷歌工作，并一直是我们的支持者。

6. 为危机设计

景：在全球气候变化、能源危机，特别是新的大流行病之后，生物设计能为世界做些什么？与其他类型的设计相比，生物/生态设计的优势是什么？

迈尔斯：我认为生物设计比以往任何时候都更重要，因为它以一种负责任的方式与生物圈结合，可以帮助保护或增强生物圈。气候变化使工业和商业的“去碳化”变得更加迫切，使经济增长与生态破坏脱钩。这场新冠大流行提醒我们，拥有强健的体魄是很重要的，而其中的一部分就是要接触许多生物，从植物到土壤中的微生物，以获得强大的免疫系统。有很多迷人的研究正在进行，关于我们如何设计室内甚至室外空间，以支持那些有利于我们健康的生物体，例如，生物学和建筑环境中心研究机构及“生命体”公司（两者都位于美国）的作品。

7. 研究与就业

景：生物设计/生态设计的未来是什么？您对现在的年轻设计师和艺术家在选择未来的研究方向上有什么建议和经验吗？在这个新兴领域，未来的就业领域是什么？

迈尔斯：就业机会很多，而且在不断增加。我们可以而且必须用基于生物材料的系统和产品来取代基于化石燃料的系统和产品，这个想法终于被许多人接受了。现在，人们对改变这些现象的投资和兴趣越来越大，并支持那些正在进行这些改变的年轻公司。人们还应该意识到，在选择工作地点或投资公司时，在世界大部分地区，农业（食品）和医药（药品）的生物应用受到高度监管，可能很难进入，但在工业设计、建筑和材料技术领域，更容易获得工作和制造产品。

8. 未来的规划

景：您最近孵化了一个新的21世纪博物馆（M21D），这是一个探索性的项目，打破了传统艺术博物馆过于局限的审美判断，突出了个人和技术作为主要拥护对象。那么您对M21D的未来有何计划和设想？

迈尔斯：博物馆正在建立它的第一个伙伴关系、制订计划，并形成一个设计的集合来研究。我们发现很多人，甚至是博物馆的专业人士，都认为我们所做的事情是必须做的，为了使设计变得更好，邀请更多的人参与到关于设计的对话中。一个苹果手机放在基座上有什么用？我们正在研究设计的社会影响和环境影响，并推介那些最积极的作品。而且，我们致力于让人们的声音被听到，让用户的反馈成为将设计放在博物馆中进行评判的一个考虑因素。长期以来，博物馆只根据美学、技术创新性或文化影响来收集作品。如何研究他们的工作，如何使双方都能从合作中受益才是最重要的。

9. 教学与实践

景：您曾在埃因霍温设计学院、纽约MoMA教授课程，并在很多地方策展。在您看来，面向未来的人才需要什么样的素质？现代高等设计教育学校的变化是什么？

迈尔斯：我认为我们需要更好地教授如何与科学家等专家进行合作。“合作”这个词被用得很多，也许是太多了，而没有解释如何进行实际操作。许多学生养成了一些坏习惯，比如没有意识到他们必须了解其他专家的工作和兴趣，没有意识到他们必须找到一种使双方都满意的方法。幸运的是，这并不难教，只是即使你知道如何做也很难实践。通常，当我授课时，我的重点是如何与科学家沟通，如何研究他们的工作，了解双方都能从合作中受益的模式。

10. 建议

景：回顾您的生活，请您为年轻人提供一些建议。

迈尔斯：每年找几次能给你建议的导师。导师应该是这样的人：从事你有朝一日想做的工作，比如高级设计师、策展人、教师，无论是什么。要确保这位导师愿意奉献一点时间；如果不是，那就找新的导师，没关系，外面有很多这样的导师。一个好的导师会投入精力指导你的专业和个人发展，也能在他们认为你犯错的时候告诉你。我的另一个建议是表达你的热情，永远不要害怕问问题，也不要担心做一些你并不真正知道如何做的事情而显得愚蠢。

景斯阳，中央美术学院设计学院生态危机设计方向召集人，生态远见计划发起人。毕业于哈佛大学、宾夕法尼亚大学，并曾于麻省理工学院媒体实验室、德国慕尼黑工业大学求学。研究领域是潜行科技下的危机设计、生态与可持续设计、弹性城市设计。曾采访并发布国际设计大师专访60余篇，策划、组织国际设计类论坛和峰会20余次，同时担任数本生态危机设计教材主编。

关键性设计

作者：保拉·安东内利

设计已今非昔比。无论是在学校、工作室，还是在企业与政治机构中，设计师们都正在用他们的技能来解决以前无法解决的问题。设计范围从科学可视化到用户界面，从社会学理论到纳米技术的可能应用和结果。这一切得益于与合适的专家合作来进行每一个案例研究，而这些专家也经常通过寻求设计师的帮助将他们的理论与现实中的人和现实世界联系起来。20世纪60年代末，埃托里·索特萨斯（Ettore Sottsass）有著名论断：“设计是一种讨论社会、政治、情色、食物甚至是设计本身的方式。最终，设计是一种建立可能的具象的乌托邦或生活隐喻的方式。”[1] 在技术加速发展，政治、环境、人口和经济问题日益严峻之时，设计确实是与生活相关的。设计师的存在保证了人类始终处于话题的中心。

设计师对科学的痴迷如今得到了一代科学家的回应，科学家们也希望在现实世界中大展拳脚。正如2008年在纽约MoMA举办的“设计与弹性思维”展览中首次探讨的那样，这些新的合作往往是快乐且感染性极强的。在这些合作中，科学家们感到从严苛的同行评议中解放出来，自由地尝试直觉的飞跃，哪怕仅仅是一瞬间。事实上，物理学家、数学家、计算机科学家、工程师、化学家和生物伦理学家已经抓住了这个机会，他们的贡献在一些“创新”中心得到了鼓励和赞美，比如英国皇家艺术学院（RCA）交互设计项目

1
根据彼得·多默（Peter Dormer）的报告“什么是设计师？”，《1945年以来的设计》（伦敦：泰晤士和哈德逊出版社，1993年），第10页。

和实验室项目，这是一个曾在巴黎、现在位于美国马萨诸塞州剑桥的灵感孵化器。这些结果（基于目前的研究）既具有艺术的抒情性和示范性，又具有设计的现实可能性。

然而，与生物学家进行的实验有最猛烈的发展态势。当新的有机设计形式是生物或活体组织时，每个项目的意义就远远超出了形式上/功能上的平衡局面以及任何有关舒适、现代或进步的想法。设计超越了它的传统界限，直指道德领域的核心，撼动了我们最根深蒂固的信仰。在设计师能够构建行为的场景和原型的能力中，蕴含着一种他们应该保护和珍惜的力量，而且这种力量在未来会变得更加重要。

自本书首次出版以来，新技术（CRISPR/Cas9，仅举一例）提供了连接自然和人造世界的强大工具，曾经的大胆假设正不断成为现实。这种转变在纽约的年度“生物制造”（Biofabricate）活动中得到了充分展示。在2017年的第四届“生物制造”活动中，发布了许多有前景的新原型和概念。比如：现代牧场组织（Modern Meadow）的非动物体制成的液体皮革，以及现代牧场的材料中心Zoa与初创企业“螺栓螺纹”（Bolt Threads）从酵母中“纺”出的丝质纤维。

威廉·迈尔斯收集了大量令人印象深刻的案例研究，涉及各种规模的生物，从植物、动物到细菌、细胞，它们被用作建筑、图形或室内设计元素。建筑师正在研究“湿建筑”，以适应不断变化的环境条件和居住水平，仿佛建筑是活的有机体一样；设计师正在考虑利用动物和植物制造出新的诊断和治疗工具；工程师们正在设计新型的、可自我修复的建筑材料；生物本身成为整个建筑系统的基础设施。尽管在这一领域已经出现了大量的讨论和调研，但是生物设计仍然是一个新兴的产业。假如它要在全球范围内变得真正可行，还需要得到更多的公众支持和财政资源。这本书使我们产生了用设计的力量从内部来修复被破坏的自然关系的希望。

混合前沿

作者：威廉·迈尔斯

本书介绍了一种新兴的或者可以说是激进的设计方法，它借鉴了生命科学的研究，甚至首次将活体材料应用于结构设计、物体设计和过程设计。本书的每一章介绍了不同的主题，从为改善生态环境而设计，到运用思辨设计和艺术作为教学工具。总的来说，这里介绍的项目反映了从社会常规的优先级顺序向可持续建筑和制造方法的过渡和转变。许多项目的共同目的是推动设计师和生物学家之间的合作并提供令人激动的新形式和功能。

书中汇集了来自世界各地极具启发性的生物设计实例。自本书第一版出版以来，利用生物进行设计的方法就迅速传播，成为一些比赛、学校项目、博物馆展览、会议和书籍的焦点。此外，生物设计是许多产品和设计工作室的研究方法，并作为解决问题的方案进入市场，如实验室生产的皮革、以藻类为材料的餐具或自我修复的混凝土填充物等。

生物设计比许多受生物启发的设计和制造方法更进一步。与仿生学、“从摇篮到摇篮”，以及广受欢迎但又模糊得令人沮丧的“绿色设计”不同，生物设计具体指的是将生物体或生态系统作为基本组成部分，增强设计作品的功能。它超出了仿生学的范畴，取而代之的是生物整合，消解了自然和建筑环境之间的界限，形成了新的混合类型。

这个标签也被用来强调那些用生物过程取代工业或机械系统的实验，这些生物过程往往更具有可再生性，同时对材料和能源的需求更少。第四章探讨了超越功能性或思辨性设计的新兴艺术实践的领域，这些作品也许可以照亮设计前进的道路。

本书记录探讨了有关生物设计的结构、原型和概念，以及采用新的生物技术的方案，并引发了相关的问题和讨论。这些假设的含义和可能的结果是什么？我们能不能避免把生命仅仅当作另一种材料或工具而不给予它应有的尊重？我们能不能摆脱对生物学方面的恐惧，比如看不见的微生物，并接受利用它们所做的设计？设计师能否学会对其他形式的生命拥有同理心，并将工作的一小部分控制权交给它们？最后，这种新的实践，包括对自然系统的拥抱和与生命科学的合作，是否相当于设计实践中的范式转变？如果是这样，那么在从工业化到计算机发明的技术发展轨迹中，它的转变与其他领域的变化相比又如何？

随着这些问题的答案逐渐揭晓，科学研究推动的跨学科合作和创新的空间会进一步扩大，尤其是在对开发与实施清洁技术的迫切需要及自己动手（DIY）生物学的兴起等全球当务之急的推动下。这种领域之间的融合，以及专家与业余爱好者的融合，对于支持正在进行的减轻工业革命遗留的负面影响的努力来说是必要的。它将引导人们对价值创造、增长和可持续性的主要设计原则进行重新认识。本书通过强调生物设计的实践与新方法、鼓励合作以及为这个成长中的领域提供历史环境，来促进这一努力。

超越仿生

上图 1

与传统建筑相比，“树屋制造”是一个拥抱和加强周围生态系统的住房概念。

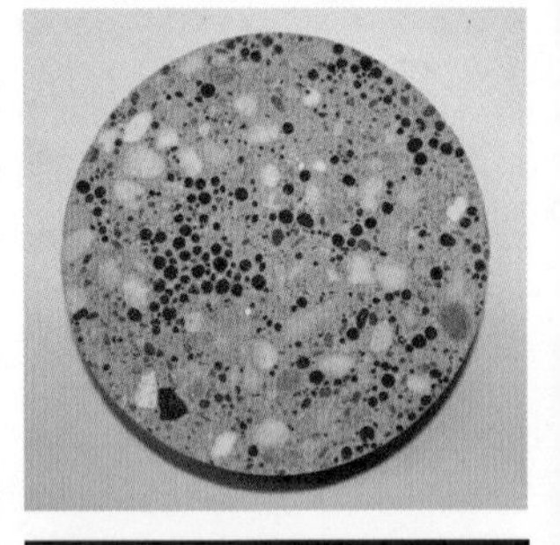

上图 2

代尔夫特理工大学的研究人员已经开发出生物混凝土，在其中嵌入了制造石灰石的微生物，使材料能够自我修复。

一种新的紧迫性

它将是柔软和多毛的。 [1]

——萨尔瓦多·达利（Salvador Dalí）论建筑的未来，对勒·柯布西耶的回应

设计师们面临着一种前所未有的紧迫性：设计师需要改变设计方法，重新确定目标，以解决环境加速退化的问题。这种新的压力，无论是智力上的、道德上的还是监管上的，都要求我们认识到自然的脆弱并肩负起为后代保护自然的责任。在这种不断变化与强化的约束下，设计师们开始超越模仿而将在生物世界中观察到的过程运用到设计中。这些自然系统实现了近乎完美的能源和材料的经济利用。在此目标下，设计师们正在向生物学家寻求专业知识和指导，通过整合自然系统来实现强化的生态性能。这与 20 世纪的设计方法形成了明显的对比：功能的机械化，通过利用化学和物理学的先进技术来压倒、隔离和控制自然。本书探讨的例子说明了这样一种新的方法：设计结合生物学，设计师应该如何与生命科学家合作。本书预示着我们在未来可以期待什么样的联合与跨领域的合作。

将生命、生物学融入设计既不是解决这些紧迫问题的灵丹妙药，也不能完全排除有害的错误做法、故意的滥用或争议。生物设计中充斥着对于未来的反乌托邦式愿景，并且可能变得离经叛道。这些可能性都包含在此书中。除了用树木生长着的结构或海藻生物反应器集成物之外，生物设计还包括合成生物学运用及由此招致的破坏自然生态系统的危险。这些技术将由人类掌控，而人类正是一个具有偏见的脆弱的物种，把世界设计成一个绝望的混乱世界。但是，潜在的好处远远超过了这些风险。改革目前的实践方法使之更符合生物系统的需要是非常有必要的。即使我们自负地认为设计师有能力重新设计并超越自然，设计拥抱自然也是势在必行的，也是最有希望的发展方向。

跨学科合作的重点和落脚点一如既往地取决于社会优先事项及一系列市场信号。如今，社会中明显缺乏某种监管或奖惩制度，以引导可以进行环境修补或零碳排放的物品生产或结构类设计和环境创新。虽然德国和挪威等国家已经采取了早期的有效措施，制定了优先考虑生态有效设计的政策，但是大多数工业化国家都落后了，尤其是美国，甚至联邦机构保护环境的合法性也在政治讨论中受到粗暴的挑战。

然而，碳排放和气候变化的成本越来越高，如果我们要持续我们所熟知的现代生活方式，就需要解决这些问题。这里介绍的生物设计的案例预示着这种变化：对经济学家提出的“环境负排放”进行核算，并最终将排放量降至最低，因为当今排放物所导致的空气、土壤、水和生命的质量退化并没有被计入今天制造和建筑的最终成本中。只有在新的、合理的设计限制条件下，比方说对制造业征收碳税或给予激励措施，以及对促进生物多样性的结构进行补贴，项目才会变得可扩展，规模可调，例如“树屋制造”（第 58 页）或“生物混凝土”（第 82 页）。

上图 3

在“零碳：建筑改造方案”（第 52 页）项目中，一个由海藻填充的管子组成的模块化系统吸收太阳能用于发电，并为内部空间遮阳，这是洛杉矶的一个政府综合管理大楼的拟议改造项目。

在物体和结构的设计中模仿自然是一种古老的现象，让人想起了风格形式，如 19 世纪支持铁艺的新艺术运动，以及近年建筑师弗兰克 · 盖里用计算机辅助设计的钛膜覆盖的鱼形状。然而，这种设计方法是以形式为导向的，只是为了打造装饰、象征或隐喻的效果而提供了与自然界的表面相似性。如果设计旨在实现如适应性、效率和相互依存性等品质而顺带产生这些形式，那么设计将会是无限复杂的，需要生命科学的观察工具和实验方法。人们正在努力尝试掌握这种复杂性。自从科学家首次改变细菌的 DNA，使其作为小工厂生产廉价可靠的人类胰岛素来源，已经过去了 40 多年。[2] 在 21 世纪初，重现这一壮举并重新配置细胞活动的 DNA 编辑技术已经变得非常容易。我们甚至已经树立了一座里程碑：合成一个完全人造的 DNA 分子，且该分子已经成功复制并形成新的细胞。[3] 由于降低了成本，与生物技术相关的基本工具对工程师和设计师来说触手可及，他们现在可以将基本的生命形式视为潜在的制造元素和赋形的方法。事实上，这正是大卫 · 本杰明（David Benjamin）等建筑师的意愿，他正在教授和实践如何将生命作为设计工具来使用，并坚持认为 “这是生物学的世纪” [4]。

在 19 世纪，测量标准化、贝塞麦炼钢法和蒸汽机的结合促成了工业革命，响应了资本主义国家寻求市场增长的需要。促进这一发展的是钢材质量的提高和价格的急剧下降，钢材从 1867 年的每吨 170 美元迅速下降到 20 世纪末的每吨 14 美元。[5] 同样，1975 年到 2012 年期间，摩尔定律使得微芯片的计算力大约每两年翻一番。这一现象被互联网的崛起和 HTML 等标准的全球采用放大，支持了一场数字革命。[6] 计算机技术指数级传播并加强了工业革命的实践和影响，它们满足了快速全球化的经济需求。这些需求包括缓解在国外市场参与竞争的压力，协调日益复杂的供应链，以及通过提高生产力实现持续的经济扩张。在满足这些需求的过程中，数字技术润滑了我们所知的文明的齿轮，支持了大多数发达国家的经济增长，并维持了相对较低的失业率和稳定的政府状态。

21 世纪的头几十年及以后，推动工业化和数字化的力量依然存在，但一种新的、更紧迫的、更长期的需求已经出现，它需要一场新的革命。这场革命要求设计是生态友好型的，并可以对稀缺资源进行管理，特别是在制造和建筑方面。大量证据表明，目前世界经济的发展速度依靠包括化石燃料在内的自然资源的快速消耗，这是无法维持的。[7] 人类活动的规模和范围，以及对未来几十年的气候、经济需求、城市化和资源获取方面的预期的变化，都要求制定新的标准。这些标准涉及能源效率、垃圾清除、保护生物多样性等。

符合这种严格要求的“模型”只有在自然界中才能找到，现在对自然界的模仿已经超越了风格上的选择，成为人类生存的需要。在生命科学研究的推动下，从沼泽到单细胞酵母的自然系统机制正在迅速被解码、分析和认识。其中许多系统的架构程序是 DNA，其测序、合成甚至如今的基因编辑都迅速在经济上变得可行，遵循所谓的卡尔森曲线：DNA 的测序和合成碱基对的成本在几年内急剧下降，就像钢材和计算能力在前几个世纪成为廉价的商品一样。[8] 特别是考虑到资本投资的速度以及准备利用其潜力的创业企业激增的情况，这种获得生命系统基本成分的新途径所带来的可能性肯定会成倍增加。尽管这些技术仍然是新技术，需要进行更多的研究才能将其毫不费力地应用于复杂的生物体，但投资和增长的速度是相当快的：现在美国 GDP 的 2% 以上都归功于依靠基因改造的产品。[9] 随着操纵和使用“生命机器”的专业知识的传播，它将影响许多领域，并促成一些合作。生物设计，正如我所定义的，是一个设计师不会错过的机会，事实上它已经吸引了各领域的实验者们。

像往常一样，艺术照亮前进之路。过去 20 年的生物艺术，包括爱德华多·卡克（Eduardo Kac）的作品，如 1999 年的《创世纪》（*Genesis*），以及来自“共生 A”（SymbioticA）实验室的众多项目，都预示着现在蓬勃发展的 DIY 生物运动。在廉价设备的支撑下，在志同道合的爱好者通过互联网即时交流的鼓舞下，现在业余生物学家正在创造转基因生物，甚至发明新的设备，其中一部分有设计经验的人，也追随七八十年代加利福尼亚车库里的科技创业者的脚步，带来了一种与大学以及公司的议程或惯例无关的独立精神。

上图 4

新艺术运动试图模仿被工业化取代的自然形式。该运动在法国兴起，但随后迅速蔓延到世界各地。布鲁塞尔的塔斯尔酒店是维克多·奥尔塔的杰作，它是于 1894 年为科学家埃米尔·塔斯尔建造的。

从自然科学到生命科学：设计领域的自然历史

石器时代的结束并不是因为人类用完了石头。它的结束是因为是时候重新思考我们的生活方式了。[10]

——建筑师威廉·麦克唐（William McDonough）

追随自然、遵循自然基本形式以追求和谐与美的历史可以追溯到古代，上溯到维特鲁威的著作、歌德关于形态学的著作，以及浪漫的概念：某些真理在自然界中是可以观察到的，但无法推理。设计师对自然的细致研究及形式上的模仿在 19 世纪末，在法国的新艺术风格及其在整个欧洲的进一步发展中达到了顶峰，与自然学家和生物学先驱的工作相吻合，如恩斯特·海克尔，他细致地描述、命名和说明了成千上万的新物种。此后不久，达西·汤普森在《论生长与形态》（*On Growth and Form*, 1917 年）中描述了生物形态、物理学和机械学之间的诸多联系，并强调了自然界中如何经常实现优化。这也恰逢第一次世界大战，机械化工业迅速崛起，成为欧洲和美国经济、审美和政治生活的主要特征。

对自然作为设计模型或工具的兴趣，在 20 世纪初的

上图 5

“共生 A”是西澳大利亚大学的一个开创性的研究实验室，它使艺术家和研究人员能够参与湿生物学实践。它招募驻地艺术家，主办工作坊、研讨会来支持研究探索和对科学发展的批判性评估。

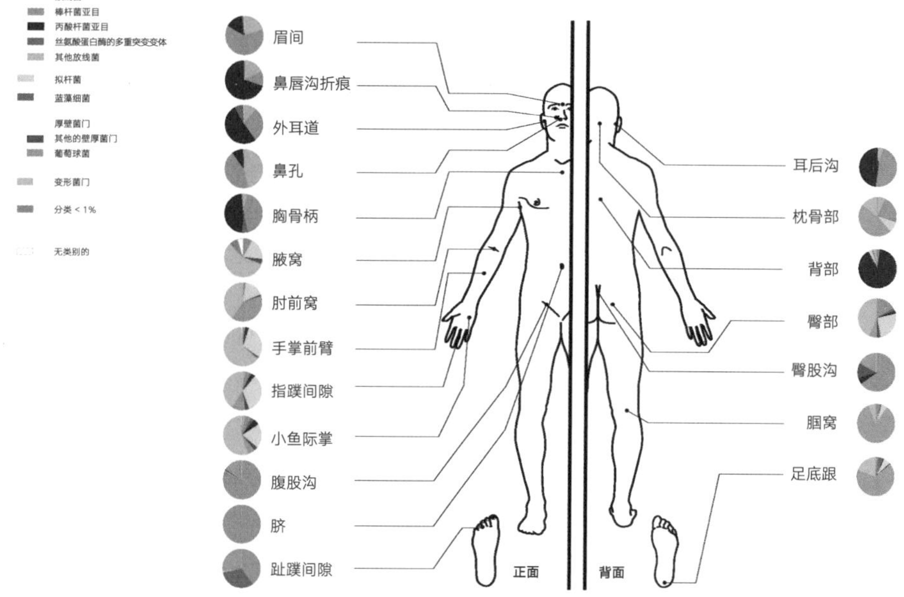

右图 6

人类微生物组项目是由美国国家卫生研究院开展的一项为期五年的研究计划，旨在识别和描述在人体上和人体内生长的数万亿微生物。目前的估计表明，大约有10万亿个人类细胞和10万亿个外来细胞组成了人类。

上图 7

各种腹足类软体动物的贝壳插图，转载自1904年出版的恩斯特·海克尔极具影响力的《自然的艺术形式》（*Kunstformen der Natur*）。

建筑设计中仍然是一个持续的潮流。这在弗兰克·劳埃德·赖特、阿尔瓦·阿尔托，甚至密斯·凡·德·罗等人的作品中表现得尤为突出。他们注重室内外空间的整合、自然材料的使用、结构的表达以及将建筑作为一个更大的整体，或至少是其周围的建筑环境的组成部分。几十年后，在第二次世界大战后的日本出现了对自然的大规模模仿，以新陈代谢运动的理论和巨型建筑为代表。新陈代谢运动拥抱无常，引用自然界的波动作为建筑和城市的逻辑指导原则，这些建筑和城市本身经历了巨大的变化，经历了毁灭与重生。

人们对建筑环境和工业制造影响其自然环境的认识越来越深入，在20世纪六七十年代的环境运动和能源危机之后逐渐成熟，这一点通过理查德·巴克敏斯特·富勒、蕾切尔·卡逊和维克多·帕帕奈克的作品得到了体现。[11] 可以反映他们观点的最佳代表是工业生态学的概念，由为通用电气公司工作的两位科学家罗伯特·福罗什和尼古拉斯·加洛普洛斯在1989年首先做出了精确的解释[12]。他们的论点可以概括为：工业过程可以被设计得类似于生态系统，其中每个废品都会成为另一个工序的原材料。这个想法被珍妮·班娜斯（Janine Benyus）在她的开创性著作《仿生学：受自然启发的创新》（*Biomimicry: Innovation Inspired by Nature*, 1997年）中以自然主义的观点得到进一步探讨，并且通过她在仿生学研究所开展的工作得到深化。遵循类似的原则，建筑师威廉·麦克唐和化学家迈克尔·布朗嘉特（Michael Braungart）在《从摇篮到摇篮：重塑我们的生产方式》（2002年）中重述了西方建筑和工业设计的历史，强调了它们与人类和环境之间固有的破坏性关系。作者还展示了将科学研究的严谨性与工业和建筑技术联系起来以改善生态性能所必需的跨学科合作。从某种意义上说，它们象征着对类似文艺复兴时期科学和应用艺术联合的回归。文艺复兴时期，主要的艺术家和建筑师也是科学家。大约到18世纪，科学革命的影响才开始显著，并促使产生了引人注目的专业性研究领域。

今天，各领域之间的这一分歧正在缩小，这是必然的。我们认识到，设计师不是简单地创造像茶壶和办公大楼这样的东西，而是作为资源收集、劳动应用、制造、营销、分配、消费和处置等系统的发起者。这一系列活动，被过度简化，因为人们常常认为设计物体形态就是设计本身及终点，但它们造成了一系列独特的复杂问题，并支持这样的论断：从生态角度来看，没有只作为单一物品的东西，只有系统。这一认识反映了生物医学的新研究；该研究表明，人体每生成一个细胞，就会有一个外来细胞。我们依赖所有这些微观生命——数万个细胞——完成基本功能，如消化和抵抗感染，使我们成为微型的生态系统。

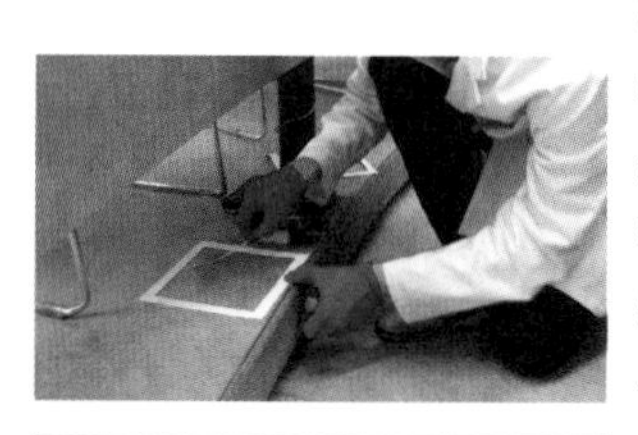

上图 8

俄勒冈大学尤金分校的BioBE中心的研究人员正在努力绘制建筑环境的微生物组（微生物群）图，从各种空间收集样本，并分析这些不同的群体如何影响人类健康。

建筑环境也不例外：正如 BioBE 中心的研究（第 258 页）所表明的那样，对室内空间的微生物有了更好的了解——它是一个我们一直在接触的庞大而未被发现的领域——可能会为减少对机械通风依赖的益生菌设计方法提供依据。这些认识部分来自于对纳米尺度的新的了解，以及在细胞和分子水平上操纵物质的能力。正如标准化和毫米级的制造公差对于从手工艺到工业革命的发展，或是对于包豪斯学校的实践和目标至关重要一样，改变细胞内部功能的能力成倍地扩大了设计师的接触范围，并使从工业向生物技术的转变成为可能。这反过来为新包豪斯的诞生提供了设计的媒介，这个媒介或许是以“一实验室”（ONE Lab，第 257 页）的形式出现的。

这种尺度上的新途径为形式的语言提供了新的词汇，并可能满足一种更大的需求，即让微生物世界更接近我们的日常生活。也许在最近，仅仅模仿被工业化和全球化取代的形式就足以作为一种象征，但那个时代已经过去。罗伯特·文丘里的《建筑的复杂性与矛盾性》（1966 年）一书为建筑中的后现代主义奠定了思想基础，他认为现代派的不自然的线条风格实际上是对功能主义的不诚实的表现，而更大的视觉和谐和功能表达都是通过形式的冲突来实现的：形状、线条和纹理相互干扰。与这一批评相呼应，我们可以看到受自然启发的设计及其迭代，往往打着仿生的旗号，为了自己目的的不自然的风格并不代表生物设计，因为它的意图偏离了生物设计要优先强调增强生态性能这一本质。

通过合作、交流和讨论，开发和实施有效的生物设计方法，由此一种清晰的正式语言即将出现。然而，随着生物设计的发展以及设计师和科学家更频繁的合作，我们必须认识到挑战与机遇并存。正如剑桥大学的一项研究所显示的那样，在这种合作中经常会出现一些障碍，比如在如何分享知识产权方面存在分歧，缺乏共同的专业语言，以及在工作方式和标准上有冲突。[13] 这些问题和其他问题将成为社会的焦点，因为社会认识到由经济活动驱动的不可替代资源的消耗和生物多样性的丧失是不可持续的。因此，自然系统和致力于了解它们的生物学家将成为设计和创造的新系统的一部分。只有进行这样的调和，才可能有助于使人工环境和物体与自然保持可持续的和谐，即万物最终互相依赖的最佳状态。

左图 9

其稳定的结构，是通过分段浇筑混凝土并在其干燥前由木质脚手架支撑，再加上巧妙的工程设计，随着高度的增加而减少岩石基质的重量，才得以实现的。

混凝土不断演变的设计与用途：生物设计的发展轨迹

我们的目标是将生物材料和工艺用于土木工程，以减少环境压力。[14]

——亨克·琼克斯（Henk Jonkers），代尔夫特理工大学生物地质和土木工程项目的研究员和讲师

具有 2400 年历史的混凝土提供了一个具有启发性的案例，它随着时间的推移向生物设计转变，从人类文明最早的一些结构到使用细菌作为生态加固手段的新方法。自古以来，混凝土作为基础设施和结构的核心材料为设计师和工程师服务。混凝土在公元前 4 世纪首次被广

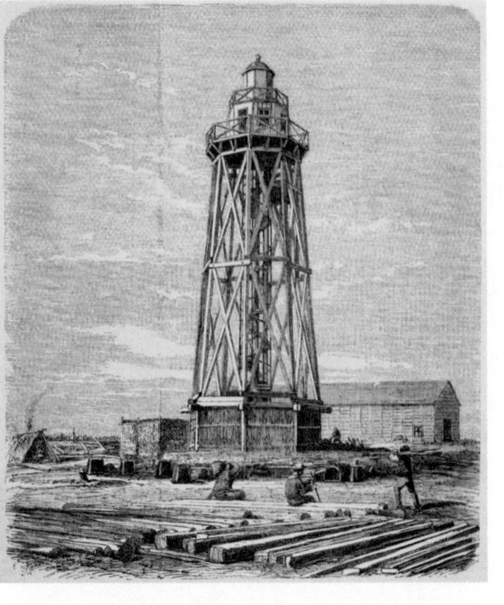

左图 10

钢筋混凝土的一个早期例子，1869 年，就在苏伊士运河开通的前一周，塞得港的灯塔建成。该建筑是促进全球贸易的重要设施，到 1882 年已由英国控制。

右图 11, 12, 13, 14, 15, 16

新兴的生态性能体现在自我修复混凝土的发展上。嵌入的微生物在裂缝形成时就会自然密封，延长了这种无处不在的材料的寿命。作为混凝土的黏合剂，水泥的生产正在迅速增加。全世界超过 5% 的人为二氧化碳排放是由混凝土的制造产生的。

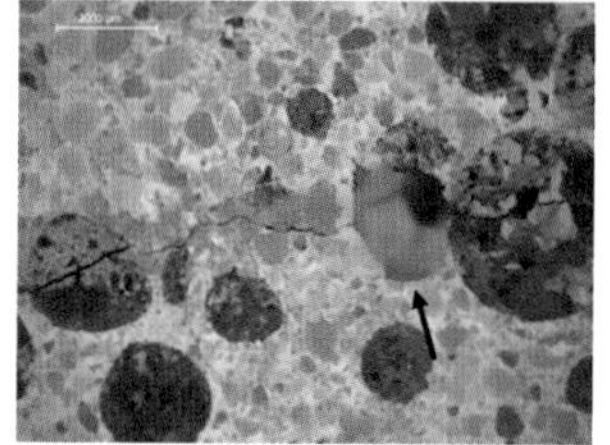

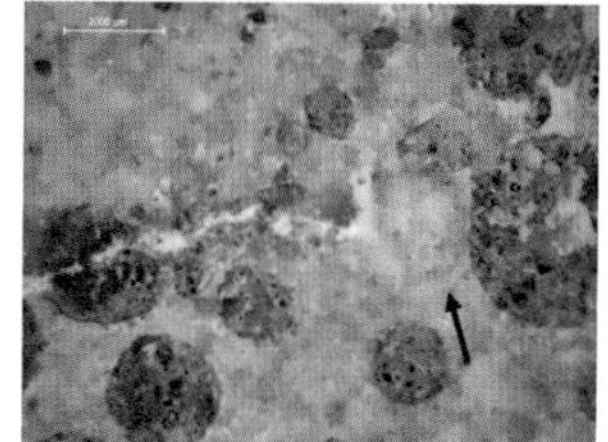

泛使用，它是罗马建筑革命的组成部分，这场革命持续了几百年，产生了包括穹顶、拱门和水渠在内的结构，至今仍然屹立不倒。[15] 罗马灭亡后不久，混凝土的配方（要求氧化钙、石粉、黏土、灰和水的特定比例）就遗失了 13 个世纪。我们应该停下来反思：建筑者长久以来如何看待超出他们工程能力的罗马古建筑。没有混凝土的时代随着 1756 年混凝土在英国的重新发现而结束，而这恰恰是工业革命发生的时间和地点。

大约一个世纪后，弗朗索瓦·科涅特（François Coignet）在法国开发了钢筋混凝土技术，并将其用于创造今天常见的几种结构类型。[16] 他的许多项目都充分说明了这种材料的效用和历史意义，如圣让德吕兹镇的防波堤、埃及塞纳港的灯塔、巴黎的阀门水渠。所有这些项目都是为了满足广泛的工业化和以殖民主义形式崛起的全球资本主义所带来的基础设施需求：建设港口以促进货运支持商业发展；建设基础设施以促进城市人口的快速增长。同样，英国第一个钢筋混凝土框架结构是 1897 年在斯旺西建造的一家面粉厂[17]。

有了几个世纪的后见之明，我们可以看到混凝土的演变——从它的发现、遗失和重新发现到目前以加固形式的广泛使用的过程——是与社会不断变化着的使用它的需求以及社会需求的轻重缓急紧密相连的。在其配方不为人知的几个世纪里，许多建筑建成了，但这些显然没有为该材料的重新发现创造出足够强大的动力。帝国的需求——道路、桥梁、港口、兵营和水渠——要求罗马的建筑师提供这种材料。他们通过实验和发现，找到了创造这种材料的方法。随着帝国的解体，对混凝土这种材料的需求也随之减少，尽管许多被辉煌的古建筑所嘲弄的建造者仍然需要它的配方。[18] 同样，我们可以看到工业时代对土地使用率最大化的需求——通过建造工厂、桥梁、港口和越来越高的建筑——推动了材料技术的飞跃发展，而这一需求由钢材和最终的钢筋混凝土来满足。

如今在减少人类活动（包括建筑）对环境的影响方面出现了一种新的、强烈的需求：使用更少的材料和更少的能源，并考虑整个设计生命周期，从构思、制造到废物处理。作为材料技术持续发展的一部分，这种需求为如何评估性能引入了一个新的维度：材料的可持续程度。考虑到对世界范围内能源和材料循环的影响，21 世纪的设计被寄予厚望，将以新的方式发挥作用。全球经济的快速发展和数亿人的日益富裕——特别是在印度和中国——所产生的影响加剧了自然资源的短缺，由此要求设计、制造和消费系统不断升级。19 世纪到 20 世纪，美国和西欧在环境恶化和物质资源浪费方面所树立的不良榜样，根本不可能被现在超过 70 亿的世界公民所效仿——环境本身无法承受[19]。

这种对材料的可持续性和生态保护的需求的紧迫性继续增加，按照目前的生产和消费速度，碳排放将导致地球上的气候急剧变化，大部分地区将在 300 年内无法居住。[20] 制定战略来应对这种暗淡的前景，催生了一些设计项目，例如考虑如何在资源稀少的沙漠中进行建设，正如建筑师马格努斯·拉尔森（Magnus Larsson）在他的提案“沙丘”（第 62 页）中所展示的，利用细菌来建造墙壁，阻止撒哈拉沙漠的蔓延。最终，极端环境的限制条件迫使设计师研究和复制生命：已知的唯一的可以在像沙漠那样恶劣的条件下发挥作用的“资源管理系统”。

正是出于这样的考虑，荷兰代尔夫特理工大学正在开发一种新型的混凝土。在那里，亨克·琼克斯采用了细菌来创造一种活的、自我修复的混凝土，这种混凝土可能比传统的混凝土更耐用，维护成本也更低（第 82 页）。[21] 细菌提供了一种加固的手段，它们渗透到材料中，蛰伏数年或数十年，直到裂缝出现，裂缝会削弱道路或结构支撑中混凝土的性能。通过吸收氧气和水分，裂缝促使这些细菌分泌石灰石，有效而自然地将裂缝填平。如果得到完善和广泛采用，这种生物集成材料技术可能会产生巨大的影响：人类产生的碳排放有 5% 来自于混凝土的制造，因此，即便材料的使用寿命略有增长，也是一种突破。这种类型的研究，由生物学家带领，专注于通过与生物过程的整合使土木工程在生态上更加具有合理性；它预示着一种新的生物设计方法。

在很长一段时间里，设计的性能和质量是由设计的材料、物体或结构在完成后可以满足用户一系列需求的程度来衡量的。这种功能至上和狭义的定义不再适用。在 21 世纪，这种理解被新的思考所取代，它包含更复杂的、对各种因素的考量，如碳排放的影响、产品的生命周期和资源的稀缺性。此外，功能的新维度也变得越来越重要，比如一个物体的设计可以修复人类连通感，实现新形式的互动，或者对技术和行为的未来发展轨迹进行批判性的观察。因此，正如这次对混凝土的考察所表明的，设计的性能已经需要一套更广泛的标准来评判。

范式转变的前景和风险

如果我们没有能力处理自然使其保持原样且不对它造成持久的损害，我们有什么理由成为更好地掌握自然的操控者？[22]

——安吉利·萨克斯(Angeli Sachs)，苏黎世设计博物馆策展人

以不同的方式进行设计，使生产和建设与大自然的运作过程建立更完整的关系，这种需求正在增长，并将加速设计师和生物学家之间的合作。这一现象得到教育家们的支持，如“一实验室”的组织者玛丽亚·艾奥洛娃（Maria Aiolova）、加泰罗尼亚国际大学遗传生物数字建筑项目的负责人阿尔贝托·埃斯特韦斯（Alberto T. Estévez），以及向哥伦比亚大学的建筑专业学生介绍合成生物学潜力的大卫·本杰明。同时，通过执行生态性能标准和保护剩余自然资源来应对气候变化的监管行动也取得了进展，尽管速度很慢。合成生物学中有前景的进展与像 CRISPR/Cas9 这样的基因工程工具的可用性也使利用自然的可能的好处成倍增多，就像 HTML 标准帮助奠定了网络基础一样。

除了风格上的考虑或象征意义外，生物设计的先驱在社会力量和新研究的推动下，正在紧张地积极地寻求合作。勒·柯布西耶的“光明城市”（1935 年）和马格努斯·拉尔森的“沙丘”（2008 年）之间的一个主要区别是，后者是对有必要性的新概念的回应。刘易斯·芒福德在批评勒·柯布西耶时写道：“（他的）摩天大楼除了技术上的可能性外，没有任何存在的理由。”[23] 相反，拉尔森的建议处理和利用了自然界的元素，比勒·柯布西耶思考的那些问题更有意义，尽管他宣称“建筑或革命”[24]。20 世纪并没有像 21 世纪所要求的那样进行戏剧性的变革。用细菌和其他生物体进行建筑设计既有技术上的可能性又有必要性。

无论气候变化或其他压力可能变得多么极端，对技术和设计历史的分析都在实时地促使人们对欣然接受使

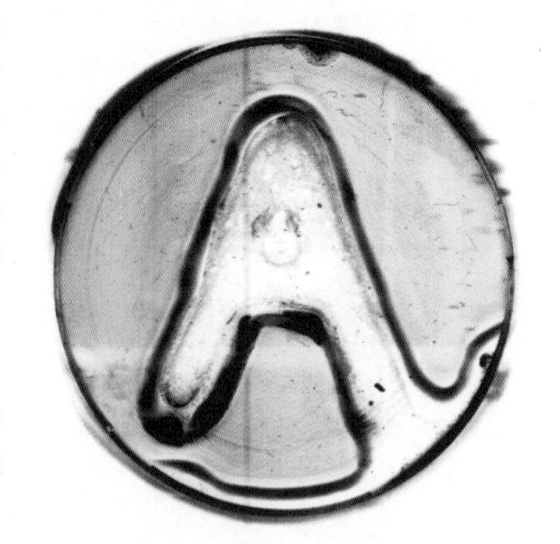

用生物物质的新设计持怀疑态度。事实证明，设计师可能会滥用他们在生物学帮助下获得的新能力。设计师和建筑师仍然是被他们的文化偏见和个人弱点所束缚的人。随着设计不断发展，与生命科学产生新的交集，固有的、不协调的推动力方面，如新殖民主义、为自己的利益而急于改变、对眼前利润的追求、与实际潜力不相称的媒体精明的夸张表现，将持续存在。设计师和艺术家也在应对这些迫在眉睫的危险，他们创造了大量的物

上图 17

通过利用细菌将沙子和营养物质混合使用以形成刚性结构，马格努斯·拉尔森的项目“沙丘”提出在沙漠中形成可居住的绿洲，这也将有助于保护濒危的可耕地。

左图 18

“共栖”项目与第一个数字创造的字体 DigiI-groteskS 相似，利用培养皿中的细菌培养物来塑造字母，通过生长环境中的元素来创造变化（第 152 页）。

上图 19

一个黑暗的未来可能正等待着一个充斥着生物创新的世界。在“E. chromi”（第 176 页）的虚构故事中，一个荷兰恐怖组织（橘郡自由前线）被迫用抗生素威胁世界上以生物生成并获得专利的色彩。

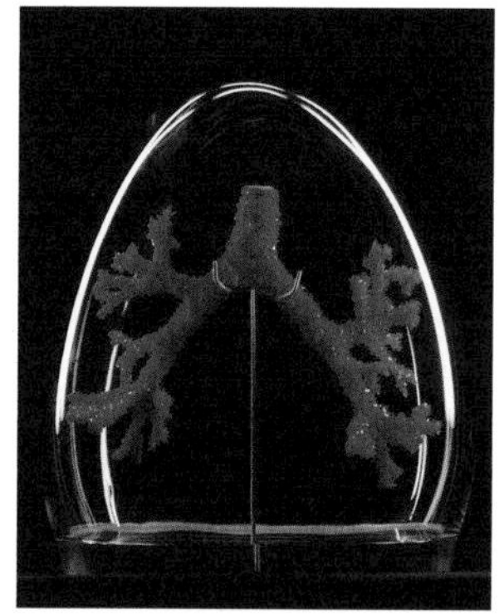

上图 20

根据“合成王国”（第 178 页）的说法，在环境中进行的生物改变可能会产生意想不到但可怕的事情，例如吸烟者的肺部会被一氧化碳生物传感器结晶成一个雕塑。

体和故事，来表达我们可能在不知不觉中使黑暗的未来产生。亚历山德拉·戴西·金斯伯格（Alexandra Daisy Ginsberg）在“E. chromi”（第 176 页）和“合成王国”（第 178 页）等批判性项目中设想了这样的未来，而且令人不安的是，他发现这些项目经常被误解为对新技术的不夸张和热切的提案。本书的一个目标是鼓励讨论并仔细考量生物设计的潜在意外后果，这一点在今天关于这一领域的讨论中经常被忽略，而这种乐观主义是令人窒息的。

如果生物设计成为下一个设计范式，正如本书所预示的那样，生物和仿生过程将取代今天的机械化和数字化过程，我们可以期待一系列的好处及负担。生物设计的传播有望像 20 世纪的机械化一样，正如历史学家希格弗莱德·吉迪恩（Sigfried Giedion）在《机械化支配一切》（*Mechanization Takes Command*, 1948 年）中所描述的那样，颠覆公认的做法，消灭传统，削弱自然美，并塑造一种迥异的生活方式。我们如何应对这种变化还有待观察，但吉迪恩在研究机械化如何渗透到农业和畜牧业时，提出了一个有先见之明的警告：“如果要掌握自然的力量而不是让自然退化，就必须有一种新的观念。极其谨慎是必要的。这需要一种态度，从根本上摆脱对生产的崇拜。”[25] 正如庞大的、不可持续管理的农业企业所证明的那样，他的设想是准确的。通过不受约束的市场来执着追求经济增长可能是我们的厄运：如果新的生物发明只是为了无情地追求短期利益而加快对环境有破坏作用的设计和建设的周期，那么灾难就会出现。

注释

1
Salvador Dalí, *The Unspeakable Confessions of Salvador Dalí* (New York: HarperCollins, 1981), p. 230.

2
Using recombinant DNA to alter *Escherichia coli* bacteria to create human insulin, the first synthetic insulin was produced and distributed by Genetech in 1978.

3
J. Craig Venter et al., 'Creation of a bacterial cell controlled by a chemically synthesized genome' *Science*, July 2, 2010: 329 (5987), 52–56.

4
David Benjamin, 'Bio fever,' *Domus*, published online on March 30, 2011 (www.domusweb.it/en/op-ed/bio-fever/).

5
Andrew Carnegie, *The Empire of Business* (New York: Doubleday, Page & Co., 1902) (see especially 'Steel Manufacture in the United States in the Nineteenth Century,' pp. 229–42).

6
以安装在集成电路上的晶体管数量来衡量。

7
Corinne Le Quere, Michael R. Raupach, Josep G. Canadell, and Gregg Marland, 'Trends in the sources and sinks of carbon dioxide,' *Nature Geoscience*, November 17, 2009: 2(12) 831–836.

8
Rob Carlson, *Biology Is Technology: The Promise, Peril, and New Business of Engineering Life* (Cambridge: Harvard University Press, 2010), pp. 63–79.

9
该测算包括药品、工业应用和转基因作物；同上，第150~178页。

10
As quoted in 'Eco-designs on future cities,' BBC News, June 14, 2005 (http: //news.bbc.co.uk/1/hi/sci/tech/4682011.stm).

11
参见R. Buckminster Fuller and Kiyoshi Kuromiya, *Critical Path* 2nd edn (New York: St. Martin's Griffin, 1982); Rachel Carson, *Silent Spring* (Boston: Houghton Mifflin,1962); Victor Papanek, *Design for the Real World: Human Ecology and Social Change* (New York: Pantheon Books,1971).

12
R. A. Frosch and N. E Gallopoulos, 'Strategies for manufacturing,' *Scientific American*, 1989: 261(3) 144–152.

13
Alex Driver, Carlos Peralta, and James Moultrie, 'Exploring how industrial designers can contribute to scientific research,' *International Journal of Design*, April 30, 2011: 5(1) 17–28.

14
与作者的访谈，2010年1月18日。

15
William MacDonald, *The Architecture of the Roman Empire*, Vol. 1 (New Haven: Yale University Press, 1982), pp. 18–22.

16
Sigfried Giedion, *Building in France, Building in Iron, Building in Ferroconcrete*, ed. Sokratis Georgiadis (Santa Monica: Getty Center, 1995), pp. 150–51.

17
Patricia Cusack, *Early Reinforced Concrete*, ed. Frank Newby (Surrey: Ashgate Publishing, 2001), p. 82.

18
杰作，如14和15世纪菲利普·布鲁内莱斯基的建筑，是工程成就的特殊案例，可与罗马帝国的建筑相媲美，但没有混凝土的贡献。

19
Thomas Friedman, *Hot, Flat, and Crowded* (New York: Farrar, Straus and Giroux, 2008), pp. 53–76.

20
Anthony J. McMichael and Keith B. G. Dear, 'Climate change: Heat, health, and longer horizons,' *Proceedings of the National Academy of Sciences*, May 25, 2010: 107(21) 9483–9484.

21
Henk Jonkers et al., 'Application of bacteria as self-healing agent for the development of sustainable concrete,' *Ecological Engineering*, 2010: 36, 230–235.

22
Angeli Sachs, 'Paradise lost? Contemporary strategies of nature design,' *Nature Design* (Zurich: Museum für Gestaltung Zürich, 2007), p. 273.

23
Lewis Mumford, 'Yesterday's city of tomorrow,' *The Lewis Mumford Reader* (New York: Pantheon, 1986), p. 212.

24
更完整的引述是“建筑或革命，革命是可以避免的。Le Corbusier, *The Radiant City* (New York: Orion Press, 1933,1964), p. 289.

25
Sigfried Giedion, *Mechanization Takes Command* (New York: Oxford University Press, 1948), p. 256.

第一章

建筑混合物

活的构筑物与新生态混合物

在这里，我们考察了结合生物过程的建筑和城市尺度的项目。这些作品跨越了几个国家，采用了不同的方法，表达了对自然现象的力量与优雅的尊重和迷恋。这些设计刻意利用外部未建成环境的能量流、复杂性和不确定性，并探索建筑师如何利用生物学的进步，包括合成生物学，来进行更生态的建设。他们既应用新技术（如“菲林生态模块”中的藻类生物反应器），又应用古老的方法（如“梅加拉亚的根桥”项目中通过引导树枝和树根的生长，与活的树木一起建造）。这种方法的一个独特方面是其固有的不确定性，建造者放弃了作为传统设计和建设过程特点的可控性和可预测性。

在“牡蛎构造”项目中，普通牡蛎被用来建立减浪礁，以保护海岸免受风暴潮的影响，同时过滤水中的污染物，并通过创造海边娱乐和商业的机会来促进当地社区的发展。这种软体动物具有惊人的繁殖力，如果数量足够多，可以在一天内清洁整个海湾，同时作为其他几种海洋生物的基石。一个海滨城市的规划者可能会认为这样的方案提供了有用的基础设施和合作伙伴，以帮助实现审美之外的具体的长期目标。

“植物塔”和“康斯坦斯湖人行天桥”项目使用了柳树，它们积极地扎根于可能不足以支撑传统地基的地面，以支撑实验性结构。这种创造性的动态建筑提供了许多好处：让设计师与自然环境条件合作而不是对抗；为其他动物提供一个落脚点，以保持生物多样性；激励这个结构的所有者去保护当地的水、土壤和空气质量。

这些项目也是为了挑战建筑实践和技术的极限而深入研究幻想之事。虽然像“巴塞罗那基因项目”那样，用基因改造树木使其在夜间发出生物光似乎是轻率的，但世界各地城市的快速发展，加上在寻找低成本、低能耗的这些简单问题（如公共空间的照明）的解决方案中缺乏想象力，所以深远的构思是绝对必要的。

“树屋制造”是一项以树木为核心建造可持续住宅的方案，利用现有技术可以立即实现，并为社区提供巨大的潜在利益。然而，尽管有成功的测试结构和全面的商业计划，但树木生长的时间要求至今使开发商无法认同此方案。如果新的法规或激励措施支持这种结合生态的建筑结构，这种建筑的潜力就能最终实现。其中设计应用的障碍与其他可用的清洁技术，如电动汽车，所经历的困难非常相似。正如托马斯·弗里德曼（Thomas Friedman）所认为的，为污染设定的基准成本，如碳税，是为刺激工业界采取行动必须开的绿灯。在此之前，使用生命材料，如树木、牡蛎和细菌，来改善建成和自然环境有巨大的益处，但也需要非凡的想象力和风险代价。

总的来说，这些项目代表了一种努力，即更好地了解当地的生态系统，以调整建筑和活体结构，改善功能。通过创造有生命和无生命材料的混合体，设计师也挑战了现代主义规则：明确地将建筑世界和自然世界分开，以及这些空间在本质上是相互矛盾的。这些先锋建筑师和城市规划师，以及与他们合作的生命科学家，展示了美丽的、有活力的混合体是如何互相受益并最终保护彼此的。

HARMONIA 57

通过模仿活的有机体，建筑可以限制其对周围环境的有害影响吗？

材料：多孔有机混凝土、灌溉系统、植物、玻璃、金属

设计师：格雷格·布斯凯（Greg Bousquet，法国人）/卡罗莱纳·布埃诺（Carolina Bueno，巴西人）/纪尧姆·西博（Guillaume Sibaud，法国人）/奥利维尔·拉法利（Olivier Raffaelli，法国人）

公司：Triptyque建筑事务所（巴西圣保罗）

状态：已完成

该项目是在圣保罗西部建造的灵活的办公空间，以水为核心要素。雨水和废水被收集、处理和再利用，从而创造出类似于自然界的生态循环。我们没有试图掩盖水分和热量的交换，而是通过一系列相对低技术含量的管子、水槽、喷头和管道网络来完成这些过程，这些管道有时还可以作为护栏。灌溉管道服务于整个建筑，它们与水泵及水处理系统，几乎像静脉和动脉一样环绕着外墙。

“HARMONIA 57”项目由一对由金属人行天桥连接的体块组成，其间穿插着几个露台和带有功能正常的木百叶窗的窗户。在这两个主要结构之间，一个广场提供了户外空间，从那里可以看到建筑多彩的和不断变化的外观。墙壁由多孔混凝土制成，孔状的开口散布在各处，让植物扎根。水系统将整个建筑笼罩在淡淡的雾气中，利用内部能源来保持健康的外表，就像汗水冷却皮肤一样。

与突出于外墙的粗糙植被形成鲜明对比的是，内部空间具有光滑的单色表面，露台和天井由混凝土预制而成，与维拉·马达莱纳街区的天际线相呼应。维拉·马达莱纳街区是一个遍布画廊与艺术家工作室的街区。

对页图 22

自然光和新鲜空气在整个内部空间中都很充足，从而使嵌入的植物得以蓬勃生长。

上图 24

水循环系统用收集的废水和雨水来滋养建筑外墙上的植物。

左图 23

颜色鲜艳的管子和罐子为结构的外部提供了廉价而实用的装饰。

左图 / 上图 25，26

室内和室外空间与人行道和广场融为一体，突出了结构与周围环境和谐的主题。

左图 / 上图 27, 28, 29

原生植物被种植在不太需要维护的绿植屋顶上，不需要浇水。

下图 30

屋顶平面图及地面平面图，前者图注为：

[1] 游客中心 [2] 观鸟设施
[3] 露天教室 [4] 观鸟点
[5] 大池塘 [6] 生物处理池塘

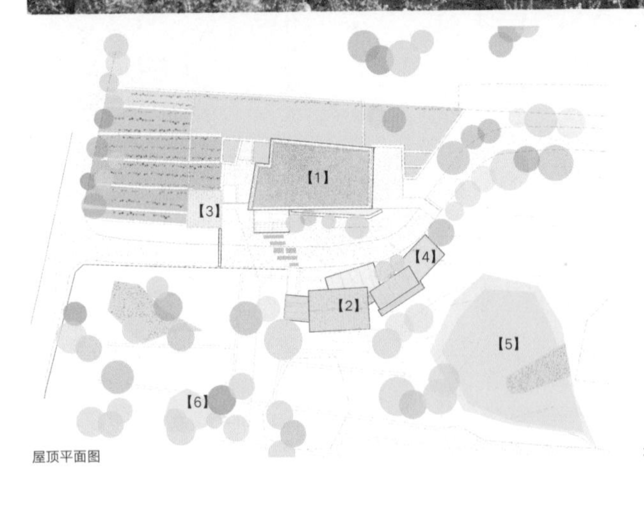

屋顶平面图

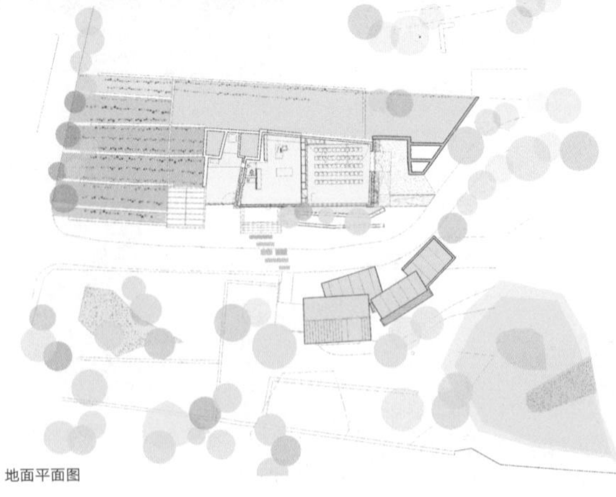

地面平面图

古特曼游客中心

作品模糊了建筑和自然环境之间的界限。

材料：木材、回收塑料、石头、当地的植物、土壤

设计师：以色列特拉维夫温斯坦・瓦迪亚建筑师事务所

受以色列自然保护协会委托。

状态：已完成

上图 31

随着中东地区变得更加城市化，当欧洲天气转凉时，候鸟越来越难找到安全的中途停留地。

这座建筑位于耶路撒冷的一片树木繁茂的地区；该地区是观鸟的好去处，自然保护协会在这里设立了一个研究中心。它处于一堆栖息地之中，成千上万只鸟儿从欧洲迁徙而来，这些栖息地是它们的中转站。随着时间的推移，城市发展造成了对野生动物不利的环境，它们的许多迁徙路线已经被影响了。

为了解决这个问题，该建筑以几个小的空间和隔间为特色，这些空间和隔间被优化，以促使植物发芽和方便动物挖洞。尤其是缝隙和凹槽的设计考虑到了当地鸟类的筑巢行为，以便它们可以在墙上居住。其目的是将建筑与周围环境结合起来，并为生命的生存和繁衍提供更好的空间，就像大海中的珊瑚礁一样。

古特曼游客中心配备了一个废水回收系统和一个适应当地干旱气候的绿植屋顶。所有种植在这里的物种都是本地的，不需要浇水或劳动密集型维护。与大多数建筑形成鲜明对比的是，该中心遵循整合设计的原则，并与委托客户的优先考虑事项保持一致。

梅加拉亚的根桥

持续了几个世纪的活建筑。

材料：橡胶树（无花果）、槟榔棕（槟榔）

设计师：多位设计师，包括印度 Khasi 部落的人员

状态：制作中

印度东北部的梅加拉亚邦是全球颇为潮湿的地区之一，每年降雨量高达1200厘米。在印度土布和简蒂亚山区，形成了许多湍急的河流，穿越这些河流非常危险，只有桥梁才能为当地居民提供基本的通行方式。几个世纪以来一直生活在这个地区以农业为主的部落，想到了一种自然而有效的解决方案：利用橡胶树根部作为桥梁。

由于不像其他类型的生物工程需要专门的训练和装备，梅加拉亚的根桥是由印度榕（榕树家族中的橡胶树）自然生长而成的，尽管它生长缓慢。这些树在山坡上茁壮成长，并且有发达的根系。它们的许多次生根，通常会向四面八方展开，可以用槟榔树干引导，将槟榔树干从中间切开，然后挖空成半圆柱体。这些树干横跨一条河流，保护细嫩的树根直直地生长，最终到达对岸的土壤中扎根。只要有足够的时间，并在河的每个部分都重复种植几棵树，就能确保创建出坚固的、不断进化的生物结构桥梁，这种结构的形式会随着时间的推移而调整。

有些树根桥的长度超过30米，需要大约15年的时间才能发挥作用。随着时间的推移，持续的使用和变化的天气可以加固这些根桥，使它们能够持续数百年。虽然精确的年代测定是困难的，但是人们普遍认为许多根桥已存在了500年（根桥的制作被认为开始于16世纪）。其中一个例子，是以它跨越的河流命名的Umshiang双层根桥，是生物结构工程可能性的一个显著证明。不幸的是，该地区的许多河流近年来都被附近非法矿山的径流污染了。如果当地生态系统继续遭到破坏，这些精心设计的生物工程将会枯萎死亡。

对页图 32

桥梁是由几棵树的根部经年累月形成的。这些自然结构可以持续数百年。

上图 34

桥梁在形态上是不断变化的，它们通过增加树枝和草的修剪，使树根更健壮。

上图 35

双层根桥：一座跨越 Umshiang 河的引人注目的两层结构根桥。

左图 33

正如所有的生物结构一样，桥梁的维护依赖于一个健康的环境。充足的清洁空气、水和土壤是必不可少的。

植物大教堂

建构和自然生长之间的相互关系能发展到什么程度？

材料：角树、橡树、冷杉、栗树、钉子和绳子

设计师：朱利亚诺·毛里（Giuliano Mauri，意大利人）

地点：最初的“植物大教堂”是为意大利特伦托的塞拉谷艺术展（Arte Sella, Val di Sella）创作的；该艺术家另外还创作了两件作品：一件在贝加莫附近的奥罗比公园（Parco delle Orobie），另一件在意大利洛迪（Lodi）。

状态：制作中

已故的意大利设计师朱利亚诺·毛里以他的“自然建筑”而闻名，他用树枝等材料创做出大型环境艺术作品。“植物大教堂”是一个由树木构成的活教堂，体现出他对木材和自然的热爱。树苗由临时的木架支撑，以帮助和引导树木的生长，创造出墙壁和屋顶。随着岁月的流逝，这种保护性的木制脚手架开始腐烂和脱落，被分解后，它们的养分回归到土壤中，进一步支撑建筑。

最初的“植物大教堂”是为2001年在特伦托举办的艺术展览而设计的。它由角树建成，高12米，占地1230平方米。在距离贝加莫不远的阿雷拉山（Mount Arera）的山坡上，矗立着第二座角树大教堂，高约21米。这座建筑于2010年完工，也就是这位艺术家去世一年后。它有5个中殿，由42根纵横交错的树枝构建，其中包括1800根冷杉树桩和600根栗树树枝。第三座“植物大教堂”是用橡树建造的，于2017年在毛里的家乡洛迪落成。它有五个中殿和108根柱子，高度接近20米。

“植物大教堂”是一个有生命的不断变化的建筑，它适应周围的环境，同时支持它们，为无数物种，从哺乳动物到微生物提供庇护所和营养物。

对页图 36

这座活生生的教会建筑与哥特式大教堂的传统建筑形式相呼应。

上图 37

随着季节的变化，这座建筑的外观和游客体验会发生一些戏剧性变化。随着植物的生长屋顶和墙壁将在多年后变得生机勃勃。

下图 38，39

支撑的木制脚手架最终会腐烂脱落，被土壤吸收，成为建筑持续生长的养分。

上图 / 左图　40, 41

这座有生命的教堂不仅从视觉上改变了周围环境，而且还为许多物种提供了立足之地，与单调的死建筑或人工建筑物形成对比。

植物塔

建筑师能放弃对形式的控制，允许自然形成和塑造它们自己的结构吗？

材料：白柳、钢管脚手架、镀锌钢格栅

设计师：费迪南·路德维希（Ferdinand Ludwig，德国人）/科尼利厄斯·哈肯布拉赫特（Cornelius Hackenbracht，德国人），德国斯图加特大学现代建筑与设计研究所

状态：原型

德国斯图加特大学的一群建筑师将利用活的树木建造建筑的艺术称为Baubotanik（建筑植物学）。这个项目探索了利用活的植物将一个小塔整合到周围环境中。它还通过联合建筑师、工程师和自然科学家，从不同学科的角度提出他们的见解，将研究和应用结合起来，创建一个新的结构，并测试新的可能性。

植物塔的主要特点是以植物作为承重系统，利用建筑师所说的树木的“建设性智能”：就像人类的肌肉一样，树枝为应对压力或增加的负荷会自然增强。同时，这种做法使研究人员接触到自然生长的生物动力学原理和不可控性。这种不可控性在建筑中产生的冲突激发了一种以偶然过程、希望和风险为特征的建筑形式。建筑师还采取了批判的立场，在生物材料的使用中采用了“不确定的美学”。建筑植物学削弱了传统建筑稳定、永久和自给自足的含蓄主张。

这座塔的占地面积为8平方米，高度为9米，它包括三个可步行的楼层。这是建筑植物学第一个使用植物添加法的项目，包括将树木嫁接在一起。它创建了一个由脚手架加固的木架支撑结构。当植物结构足够稳定，可以承载重量时，脚手架就会被移除。由于它的成型基本取决于自然因素，如雨水和温度，生长过程的持续时间难以预测，但预计在5至10年的时间内，设计将充分发挥作用。

对页图 42

这些实验使用了生命力强而具有侵略性的柳树，利用了活树的承重能力。随着时间的推移，金属脚手架将被移除，柳树将会发挥支撑结构的作用。

康斯坦斯湖人行天桥

“虫媒建筑”结合了树木和人造材料。

材料：蒿柳、不锈钢、钢镀锌栅栏

设计师：费迪南・路德维希（Ferdinand Ludwig，德国人）/奥利弗・施托尔茨（Oliver Storz，德国人）/汉内斯・施韦特费（Hannes Schwerfeger，德国人），德国斯图加特大学现代建筑与设计研究所

状态：已完成

这是建筑植物学团队的一个早期项目：使用简单的植物技术结构呈现结合树木构建的建筑。康斯坦斯湖人行天桥由种植茂密的柳树修建而成，建在低洼的湿地上，传统的支撑结构是不可能使其实现的。柳树生长迅速，根系发达，很容易插枝培育。这些树木会长得很高且横向生长，有助于形成一个稳定的网状结构。通常意义上的地基并不存在；相反，这些树承受了所有的负重，并通过它们的根部将负重导入地面。

该结构由64捆垂直支柱和16捆对角线形支柱构成，每捆包括大约12株植物。这些支柱构成了这个2.5米高、22米长的钢格栅人行天桥的基础，同时还有不锈钢管扶手，以及通向两条交叉道的楼梯。这个生物支撑结构在设计上使用了蒿柳，因此可以再生并扎根在土壤中。

湿润的芦苇地为树木的持续生长提供了极好的条件。仅仅在建设完成后的几个星期，树叶就从树上长了出来，展现了当地土壤的生命力。茂密的“绿墙”在春季生长出来，包围着桥的两侧。然而在每个落叶时节，里面的结构就会暴露出来，着重展示其钢材元素和几何形状。

这座桥说明了与生物过程的结合如何激励设计师、建设者和用户保持有利于生物的条件。这种动态的、不断变化的结构需要清洁的空气、土壤和水来维持其功能。这类似于已证实的水产养殖计划，即鱼类和贝类养殖者的商业利益与维护和改善水质的保护主义者的目标完全一致。

这些建筑师在继续建立新的实验结构的同时，也在设立新的植物工程学分支上发挥了重要作用。

上图 43

树木最终与钢栏杆交织在一起，形成了一个生物和非生物的混合体。

上图 44

人行天桥锚定在一片茂密的草地上，在那里建造传统的地基会有问题。这些树能很好地适应这种环境，并茁壮生长。

上图 45

和人类的肌肉一样，树枝和树干也会随着时间的推移承受压力的能力增强，并且在受损时也有自我修复的能力。

上图 46

人行天桥与其他有生命的建筑一样，依赖于一个健康的环境，并积极地支持本地多元化的生态系统。

上图 47

在“建筑植物学”项目的第一阶段，必须采取谨慎的态度来引导和限制植物生长。

右图 48

生物材料的不确定性和无常性是这种建筑形式的关键。

生物米兰

米兰城市规划的新方法能否成为使城市与自然建立更紧密联系的典范？

材料：各种媒体和材料，包括图形、模型、建筑图表

设计师：斯特凡诺·博埃里（Stefano Boeri，意大利人），斯特凡诺建筑事务所

状态：制作中

“生物米兰”项目计划由六部分组成，旨在重新造林和修复米兰的部分地区，在自然环境和建筑环境之间形成共生关系。建筑师的目标是创造一个生物多样化的大都市，强调包括新型农业在内的生物活性空间的增加。该项目还旨在促进可再生能源发电等可持续产业中新业务的开发和成千上万人的就业机会。

其中一个组成部分**垂直森林**于2014年完工，是米兰市中心的一个住宅项目。它的双塔是一个大胆的实验，将住宅和茂密的森林结合在一个简单紧凑的空间内。双塔分别高达110米和76米，外墙容纳了800多棵不同品种的树木，以及数千种灌木。要想获得同样郁郁葱葱的土地，可能需要2万平方米绵延的森林，或者5万平方米的常规住宅。塔楼的潜在好处有很多：除了茂密植物带来的美学享受外，这些植物为包括鸟类和昆虫在内的众多物种提供了落脚点。

考虑到随着高度升高而增大的风力，覆盖整个结构的盒状阳台种植了尺寸及根部强度大小不一的植物。对于居民来说，树木可以抑制噪声并产生新鲜空气。由于密集的垂直布局使得它们缺乏充足的雨水，这些树木依靠建筑的灰水循环系统来供水。

木屋是一个拟议的社会住房项目，它利用了树木生长周期以及提契诺河沿岸的树木生长和砍伐的循环。这一低密度结构依靠预制装配式的建造形式来控制成本，但也允许高度个性化以满足个人的需要。

庭院农场呼吁重建米兰周围60个废弃的公有庭院农场，为本地食物提供新的来源。翻新后的农场将成为清洁能源生物质生长的基地，并有望成为生物技术研发的试验区。

为2015年米兰世博会设计的**帕多瓦植物园**在城市的西北部设想了一个巨大的“全球厨房”。与传统的自然展馆不同，每个参与国将拥有一部分土地用于耕种，展示针对生物多样性的各种保护和补救措施、各类新型技术以及解决粮食生产问题的可行方法。该项目提案设想在活动结束后将该地区用作农业研究的科学园区。

对页图 49

于 2014 年完工，占地面积小而紧凑，包括 800 多棵树和数千种灌木。

上图 / 右图 50，51

这两座塔楼用紧凑的空间容纳了成千上万棵树和灌木，利用阳台创造了一个垂直的森林。

城市森林的目标是在城市周围种植树木，形成一个森林圈，以帮助一些生活在或途径米兰平原的动物。该项目将现有的公园和农田结合起来并限制人类可进入的范围。此项目种植300万棵树。

除此以外，“生物米兰”项目还力图在受污染的土地上培育补救性植物和微生物，以便最终将这些空间重新纳入更广阔的生态系统。这项工作是基亚拉·格洛迪（Chiara Geroldi）在波尔塔罗马纳附近使用生物清除法的研究项目的一部分。该地区曾被工业污染并最终被废弃，但现已在排污中得到净化并缓慢恢复。

右图 53, 54

为 2015 年米兰世博会设计的“全球厨房”，其中展馆展示了生物多样性及提高粮食产量的战略。

右图 52

Metrobosco 的目标是在城市周围种植树木形成一个森林植被圈，在为一些当地动物提供居所的同时限制人类的可进入范围。

伊迪特塔

在摩天大楼中结合街道活动和绿色空间，促进社区建设。

材料：机械连接部件、集成光伏系统、各种树木和植被

设计师：T. R. 哈姆扎与杨（T. R. Hamzah & Yeang，马来西亚人）/新加坡市区重建局（新加坡）

由新加坡国立大学赞助。

状态：待建

对页图 / 上图 55，56

生物多样性的保护和增强是这座塔所优先考虑的，它允许植物在一半以上的面积内自然生长。

新加坡拟建的这座塔楼展示了高层建筑的生态设计方法。从零售单元到礼堂，它将提供多种用途的空间。从对基地生态系统的详细调查开始，建筑师发现被破坏的土地几乎没有表土、植物或动物。为了解决这个生命缺失的问题，并尝试修复这块用地，伊迪特塔将结合大量种植植物的立面和露天平台，形成一个从地面到26层楼最高处的连续螺旋体。由此产生的总种植面积应超过3800平方米，超过建筑物总面积的一半。种植品种将从当地的土著品种中选择。

为了配合大厦外部的绿化，将会建立一个系统来收集雨水，回收废水，并利用从光伏发电系统中收集的太阳能。为了增强它的多功能性，特意将坡道周围公众可造访的六个楼层设置了商店、咖啡馆、表演空间和观景台，试图将街头生活带到摩天大楼的低层。

该设计考虑了在未来预计100年至150年的使用寿命中，塔楼的各种潜在用途。隔断和地板将是可移动的，许多材料将是可拆卸的，而不是化学黏合的，从而促进它们未来的回收和再利用。

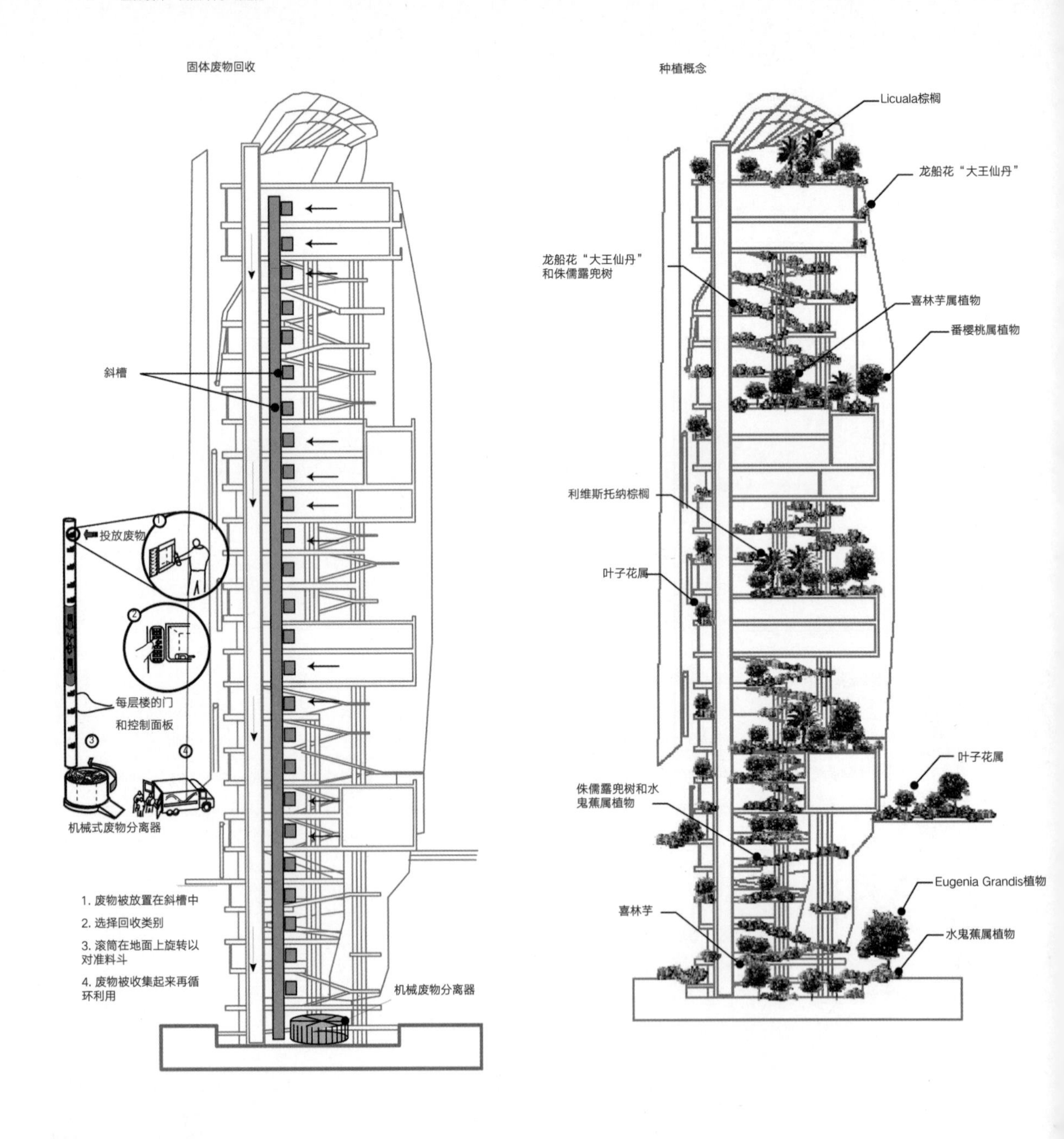

上图 / 右图 57, 58

引人植物物种的具体计划和资源收集再利用的循环被整合到设计中。

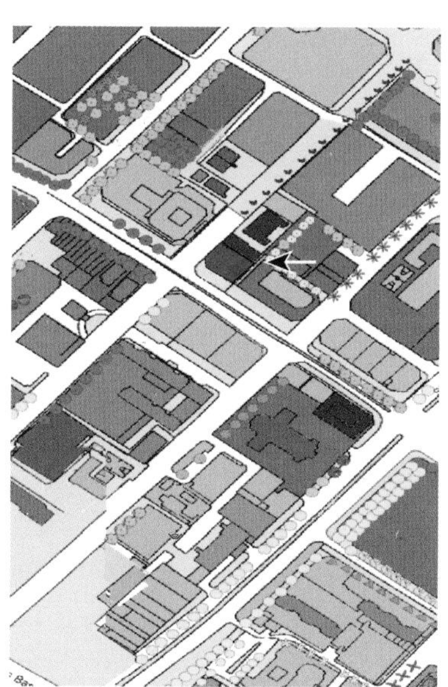

该计划显示了对位于场地周围区域内的现有植被物种的调查。

- 腊肠树
- 非洲楝属
- 青龙木
- 菩提榕
- 多花番樱桃
- 大叶桃花心木
- 黄盾柱木
- 大花紫薇
- Eugenia Grandis
- 海檬树
- 鸡蛋花
- 垂叶榕
- 伞房决明
- 刺桐
- 旅人蕉

- 王棕
- 圣诞椰子
- 青棕
- 蒲葵
- 三角椰

上图 59

对当地地区的调研发现了城市化环境中生物多样性的缺失。

左图 / 上图 60，61

摩天大楼的几个上部楼层规划为上部公共空间，用于社交和举办经济活动，营造出常见于街区的社区和场所感。

菲林生态模块

将一个废弃的城市开发项目改造成临时移动生物反应器兼装置植物园。

材料：藻类生物反应器、藻类、预制组件、各种植物

设计师：埃里克·霍韦勒（Eric Höweler，荷兰人）/尹美珍（Meejin Yoon，美国人）/佛朗哥·瓦拉尼（Franco Vairani，阿根廷人）/约书亚·巴兰登（Joshua Barandon，美国人），Höweler + Yoon建筑（美国波士顿）/美国洛杉矶方形设计实验室

状态：概念

这项提案的目的是通过能源生产和建筑的整合来刺激波士顿市中心的经济和生态，同时利用一个被称为“菲林开发项目”的停滞不前的建筑工地。建筑师们提出可以用预制模块作为培养藻类生物燃料的孵化器。单独的单元也可以出租给科学家用于藻类研究。这些“吊舱”可以相互连接并移动，这与日本20世纪60年代“新陈代谢”建筑中的实验相呼应，使它们能够填充不同类型的空间。例如，它们可以固定在空置的建筑物或空地上，它们之间的空隙可以通过种植植物成为多产的花园。

微藻是一种强大的潜在能源，可以垂直生长在非耕地上。藻类养殖利用糖和纤维素制造生物燃料，同时作为碳吸收器起作用，从而也充分发挥了光合作用的益处。这里所设想的生物反应器过程尚不存在，但最近对一步法藻油提取和低能耗、高效率发光二极管的研究使这项技术成为一种新奇的可能性。

“菲林生态模块”的定位及其高度可见性是为了提高我们对能源生产过程的认识。建筑师认为这是一个前瞻性的建筑，能够产生一个适应性强，价格低廉，对环境有益的新微型城市。

上图 62

随着时间的推移，模块化单元可以在几乎无限的迭代中被组合和重组，以满足用户和场所的需求。

上图 / 对页图 63, 64, 65

一个机械电枢提升和堆叠吊舱，将它们排列成行和列。中间的空间可以用作公共花园。

T·J·maxx

零碳：建筑改造方案

一项使一座20世纪60年代建筑实现能源自给自足的挑战。

材料：模块化微藻生物反应器、薄膜光伏板、灰水回收系统

设计师：HOK（全球）/范德维尔建筑事务所（Vanderweil，美国）/HOK团队（科林·本森、贾瑞克·比达、艾丽西亚·考、胡明、约翰·杰克逊、莫妮卡·库莫、安妮塔·兰德雷诺、肖恩·奎恩、斯科特·沃尔扎克、肖恩·威廉姆斯、安东尼·延）/范德维尔工程公司（布兰登·哈维克、斯蒂芬·拉赫蒂、伊亚博·拉瓦尔、帕特里克·墨菲）

状态：概念

这个团队提议对位于洛杉矶市中心的政府综合管理大楼进行有远见的改造。这将使当前总能源需求减少84%，而剩余的16%通过在现场发电来实现，从而形成一个净零能耗建筑。

该设计包括一个2300平方米的管道网络，其中包含了天然微藻，并覆盖了南立面。这个生物反应器网络具有各种功能：藻类在这里繁殖；从建筑物的废水中提取营养物质，进而进行光合作用，从而产生脂质，在现场转化为燃料和氧气，以改善办公室的氛围;它们吸收附近高速公路的有害排放物;并且为室内提供阴凉。

总部位于华盛顿的“零碳：建筑改造方案”的设计师们也将已验证过的节能和更新策略应用于他们的设计中。屋顶的3个角形中庭和8个采光井最大限度地增加了进入大楼的采光量，并确保所有工作空间都有良好的照明；集成百叶窗允许自然通风；一个新的立面覆着3250平方米的光伏膜并产生太阳能；2790平方米屋顶太阳能收集器循环再生水，以帮助调节气候；办公设备由一个集中的计算系统来操控。

对页上图 66

装有藻类的管道覆盖外墙，收集太阳能以生产燃料，同时也为内部空间遮阳和降温。

对页下图 67

已被验证过的资源保护和更新战略与仍在发展中的光生物反应器技术相结合，以创建一个自我维持和能源中性的结构。

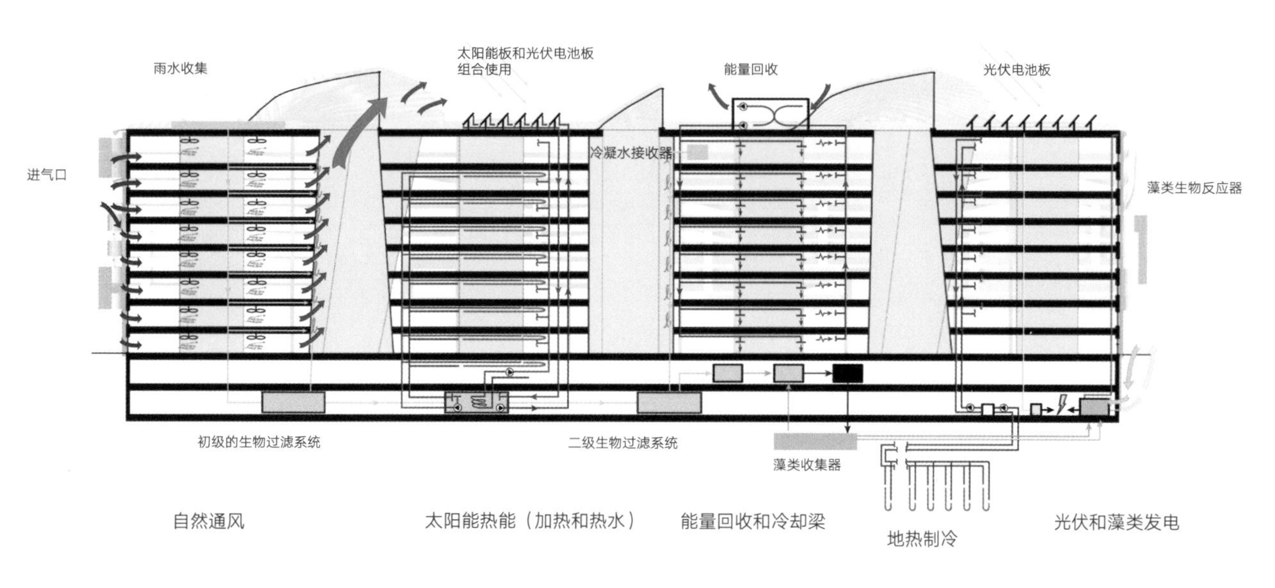
雨水收集
太阳能板和光伏电池板
组合使用
能量回收
光伏电池板
进气口
冷凝水接收器
藻类生物反应器
初级的生物过滤系统
二级生物过滤系统
藻类收集器
自然通风
太阳能热能（加热和热水）
能量回收和冷却梁
地热制冷
光伏和藻类发电

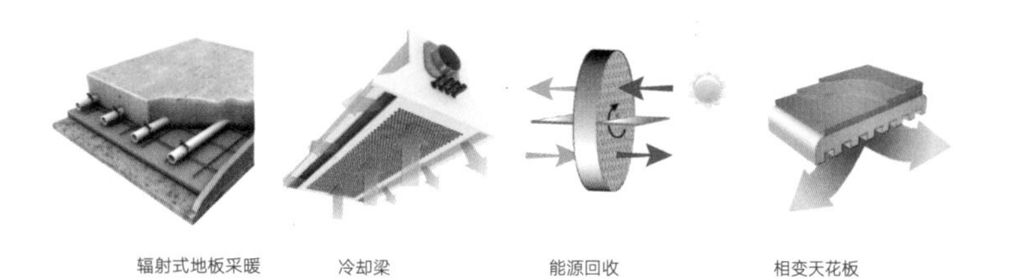
辐射式地板采暖
冷却梁
能源回收
相变天花板

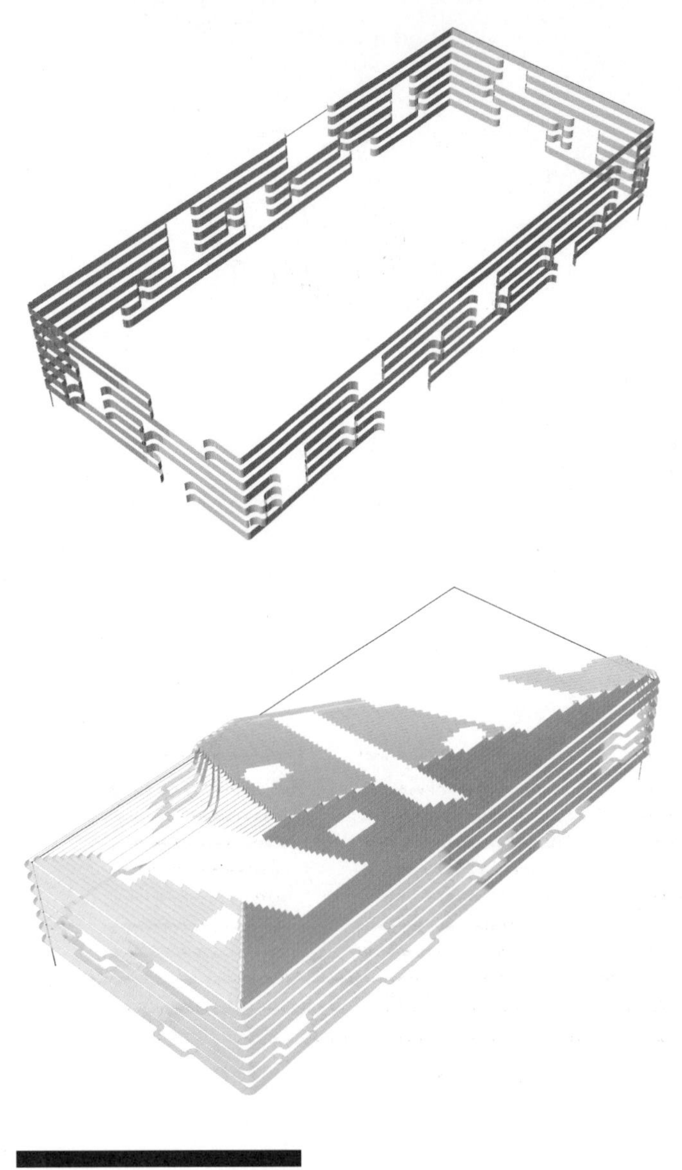

上图 68

受活的细胞功能的启发，将双层膜覆盖在建筑立面上，支撑着光伏电池和装有藻类的管道。

上图 69

这座 20 世纪 60 年代的现代主义建筑位于洛杉矶，是提案中进行自给自足改造的对象。

上图 70

这个 2323 平方米的微藻生物反应器可以产生建筑物所需能源的 9%。

左图 71

这种微藻可以合成废水，吸收附近交通所产生的二氧化碳生成石油，然后提取石油作为燃料。

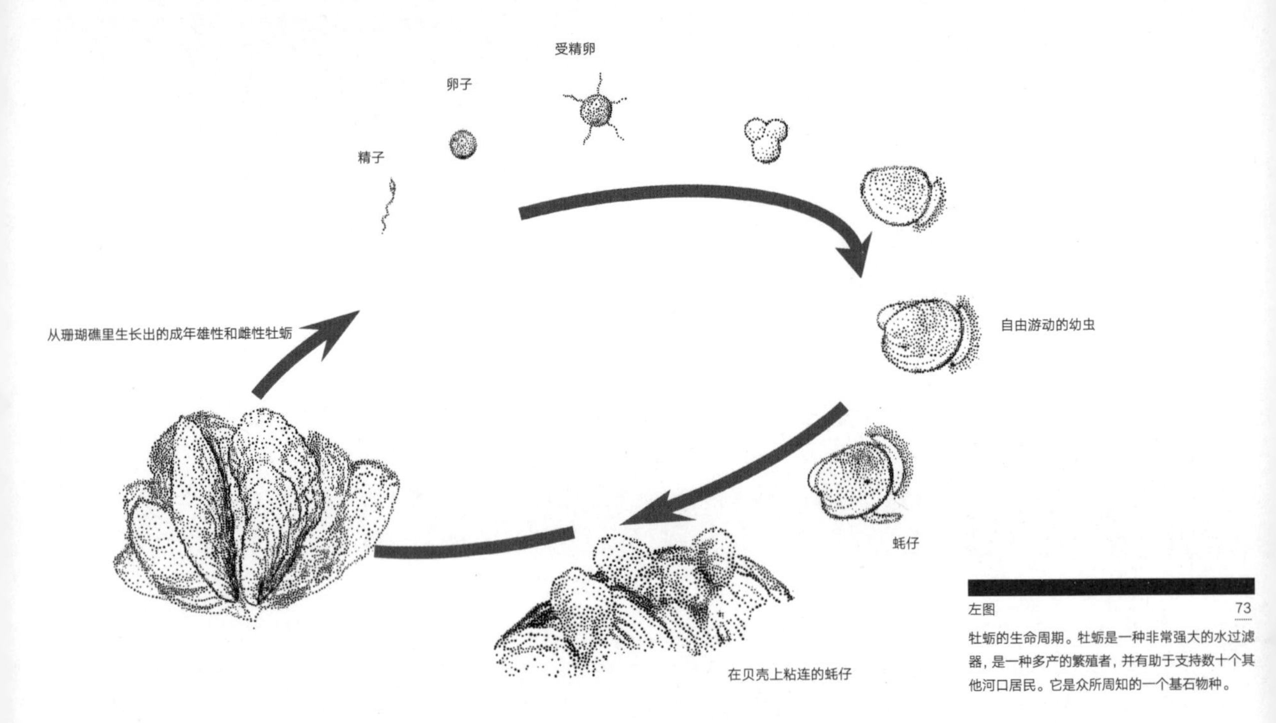

左图 73

牡蛎的生命周期。牡蛎是一种非常强大的水过滤器，是一种多产的繁殖者，并有助于支持数十个其他河口居民。它是众所周知的一个基石物种。

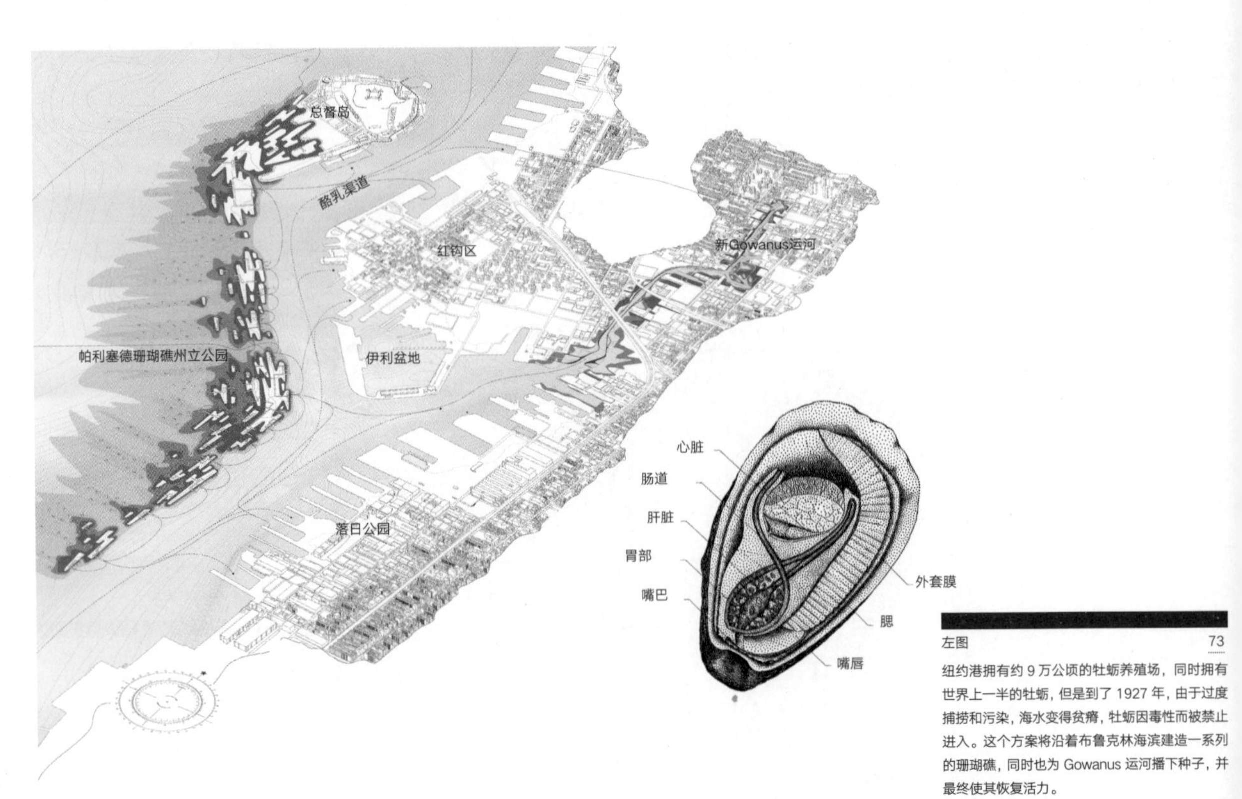

左图 73

纽约港拥有约 9 万公顷的牡蛎养殖场，同时拥有世界上一半的牡蛎，但是到了 1927 年，由于过度捕捞和污染，海水变得贫瘠，牡蛎因毒性而被禁止进入。这个方案将沿着布鲁克林海滨建造一系列的珊瑚礁，同时也为 Gowanus 运河播下种子，并最终使其恢复活力。

牡蛎构造

纽约——曾经的世界牡蛎之都——能否通过复活这种不起眼的软体动物来改造其港口的一部分？

材料：海洋桩、毛纱绳、木制平台、人工珊瑚礁、牡蛎（弗吉尼亚牡蛎）

设计师：凯特·奥尔夫（Kate Orff，美国人），SCAPE /景观建筑有限公司，美国纽约

状态：概念

上图 74，75，76

这些水域的牡蛎复活，将开启一个栖息地形成和当地经济增长的良性循环。结合深思熟虑的城市规划，城市滨水区终于可以再次变得既便利又令人愉快。

牡蛎礁是重生生态系统的基本构成要素，主要用于抵御未来几十年纽约港的风暴潮和涨潮，这个项目展示了生物学在改善城市环境方面的潜力，超越了传统的美学效果。这个项目设想恢复到20世纪早期生机勃勃的牡蛎栖息地，曾经由于过度捕捞和污染，这个栖息地遭到了破坏。如果这个计划能够实现，它将通过牡蛎养殖场的生物过滤大大改善水质，并通过建立一个新的区域公园来支持布鲁克林贫困地区的经济增长和社区发展。

“牡蛎构造”位于布鲁克林红钩区以南的湾脊沼泽浅水区，这里有专门用于牡蛎产卵和养殖的空间。牡蛎是一种基石物种，可以让其他海洋生物茁壮成长。建筑师们设计了一个由海洋桩柱组成的支架，这些桩柱之间由一个“毛纱绳”网连接起来，为年轻的牡蛎提供了一个支撑结构，将它们提升到港口底部水平以上，以防止它们被淤塞。随着时间的推移，一个新的珊瑚礁将会形成，牡蛎和其他海洋生物聚集在一起，创造一个水城市景观，包括航道、潜水平台和休闲木板路。虽然这些软体动物需要几十年的时间才能供人类安全食用，但这个项目可能为牡蛎车最终回归曼哈顿街头铺平道路，并为纽约市民与他们的港口重新连接起来提供契机。

这项计划是当代艺术中心MoMA PS1在2009年组织的一个特别展览的一部分，该展览旨在解决美国最大城市面临的极其紧迫的挑战之一：全球气候变化导致的海平面上升。这次展览是建筑师驻地项目的高潮，该项目将五个跨学科团队聚集在一起，重新设想纽约和新泽西的海岸线，并设想用有适应能力的“软”基础设施占据港口的新方式，这些基础设施符合充满活力的生态环境的需要。由此产生的提议旨在帮助改变居民与城市广阔但未充分利用的滨水区的关系。

SCAPE对“牡蛎构造”的设计研究已经扩展到多个正在进行的项目，包括斯塔顿岛上的生态防波堤和布鲁克林红胡克岬的滨水空地的大型生态基础设施提议。凯特·奥尔夫通过SCAPE工作室完成的工作因其原创的设计方法而获得认可，该方法优先考虑栖息地修复和维持：2017 年，奥尔夫获得了麦克阿瑟奖学金。

树屋制造

我们能否借鉴古老的建筑方法，创造出真正与自然和谐共处而不危害自然的家园？

材料：计算机数控脚手架、各种原生树木

设计师：米歇尔·约阿希姆（Mitchell Joachim，美国人）/劳拉·格雷登（Lara Greden，美国人）/哈维尔·阿尔伯纳（Javier Arbona，美国人），麻省理工学院，美国

状态：概念

这个概念提出了一种与周围环境不协调的呆板的独立住宅的替代方案。它提供了一种利用原生树木生长建造住宅的方法，这些树木持续生长并与生态系统融为一体。在这里，一个生长的结构在预制的计算机数控的可重复使用的脚手架里被嫁接成型。根据天气条件和位置的不同，它需要大约7年的时间才能长成。

“树屋制造”的创建很大程度上依赖于“编结”，这是一种古老的树木塑造过程，在这个过程中，树枝被编织在一起，以便在它们继续生长时形成拱门、格子或屏障。接合（自嫁接）的树干，如榆树、橡树和山茱萸，形成承重元素，而树枝提供了一个连续的交叉框架的墙壁和屋顶。贯穿整个建筑外部的是一层稠密的藤蔓保护层，其中穿插着支撑植物生长的土壤容器。在缓慢的施工过程中，树木和植物被允许在计算机所设计的可移动胶合板框架上生长。一旦生命元素相互连接并且稳定，木材就会被移走并且可以重复使用。在麻省理工学院（MIT）的研究中，设计师们探索了木本植物的潜力，这种植物生长迅速，并长成一种交织的根系，这种根系足够柔软，可以在脚手架上“生长修整”，然后变硬，变得非常耐用。内墙将由传统的黏土和石膏制成。

某些部件仍然需要技术示范和创新——主要是能够适应房屋生长的生物塑料窗户，以及控制穿过墙壁的养分流，以确保内部保持干燥和没有昆虫。它大约需要5年时间才能居住，所花费时间远远长于更“传统”的建筑，但它的健康状况更佳，寿命应该更长。最重要的是，这样一个房子的“生长”应该可以以最低的价格实现，需要很少的劳动力或制造材料。这些结构的实现最初是作为一种实验，但此后，它被设想为更新的概念，采取一种新的建筑形式——一种自然和人相互依存的方式。

对页图 77

通过引导它们的生长，树木和木本植物可以被整合到建筑结构中。这种缓慢的建造方法创造了与环境结合并改善环境的活建筑。

1. 雨水收集
2. 热力填充（以黏土和稻草为基础）
3. 藤蔓表面格架
4. 生物塑料窗
5. 浮力驱动的通风
6. 冷风入风口
7. 生土和瓷砖地板
8. 地板下的太阳能热水管道

上图 78

能量和养分流与周围生态系统的自然循环相联系，从而利用冷空气和雨水。

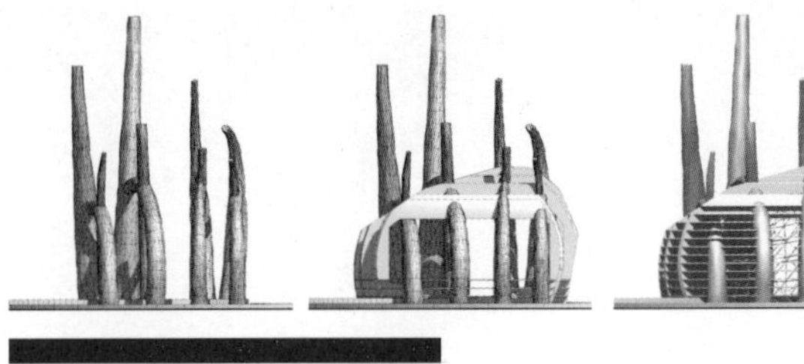

上图 / 下图 / 对页图 79

在结构嫁接成型之后，各种植物填满了外立面的空隙，通过使用有孔的脚手架，可以使茎和叶相互缠绕。

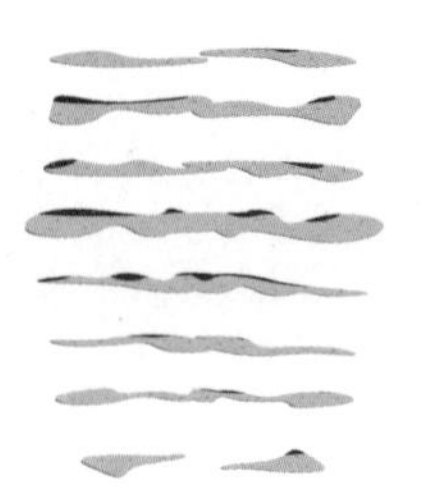

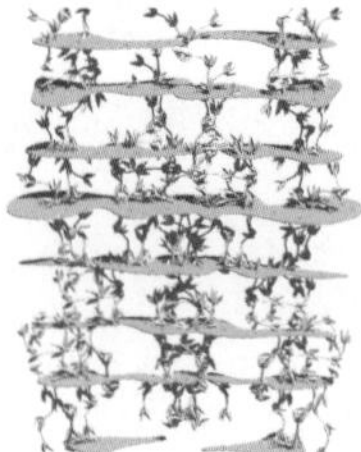

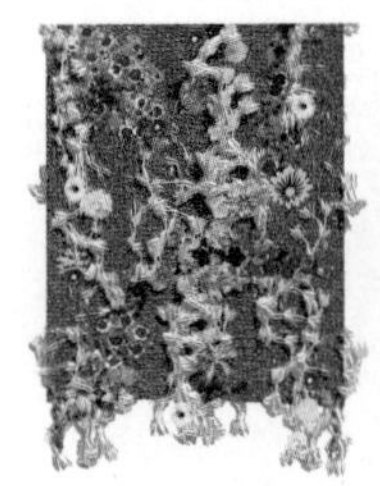

下图 80

在预制和可重复使用的脚手架的帮助下，一个活的结构被慢慢地嫁接成型。有机过程和时间都成为必不可少的建筑材料。根据气候的不同，在引导树生长 5 年之后，房子才能正常使用。

右图　81

建筑和环境之间的相互依存关系是这个家的基础，支撑这个家的动力是保持清洁的空气、水和土壤。

沙丘

微生物是否有助于在撒哈拉沙漠建造类似于中国长城的建筑，以防止沙漠的蔓延？

材料：沙子、细菌、水、尿素、氯化钙

设计师：马格努斯·拉尔森（Magnus Larsson，瑞典人），建筑协会，英国伦敦/马格努斯·拉尔森工作室，英国伦敦

状态：概念

这位建筑师设想在撒哈拉沙漠用沙子建造建筑，形成一个6000千米的屏障，以防止沙漠的蔓延。这个试探性的、大胆的计划将利用一种特殊细菌的能力，自然地将沙丘转化为砂岩（基于加州大学戴维斯分校土壤相互作用实验室的杰森·德容团队的工作）。在这个过程中，石头被塑造，可以收集水分，保护树木，以相对较低的成本为成千上万的人提供住所。

这个项目想要解决的问题的紧迫性再怎么强调也不为过。联合国的一项研究（Adeel et al，2007）得出结论："荒漠化已成为一场全球性的环境危机，目前影响到约1亿至2亿人，威胁到更多人的生命和生计。"沙漠蔓延常常导致社区居民流离失所，而这常常加剧了苏丹、乍得和尼日利亚等几个受影响国家政治的不稳定。

"沙丘"的灵感来自于该地区正在进行的一个项目，该项目在该地区的十几个国家种植树木和植被，其目标是保护萨赫勒地带——撒哈拉沙漠以南的一片干燥的稀树草原。绿色长城的筹资和实施工作正在进行之中，塞内加尔和布基纳法索（Burkina Faso）的工作取得了进展，据报道，在那里已经种植了数百万棵树。

细菌、水、尿素和氯化钙会被注入沙砾中，通过一种叫作微生物诱导方解石沉淀（MICP）的过程，产生方解石，一种天然的水泥。这种水泥使沙砾在24小时内固化。通过选择应用微生物的地方，建筑师可以在一定程度上控制过程，但最终的形式将受到环境的严重影响。虽然主要目的是产生一个屏障，以阻挡沙子被风吹走，但风的作用会增强结构的形成。因此，该设计完美地利用问题中所包含的能量来提出解决方案。

上图　82

沙子被细菌固化，被风塑形，最终使水分积累，形成一道屏障，阻止沙漠的蔓延。

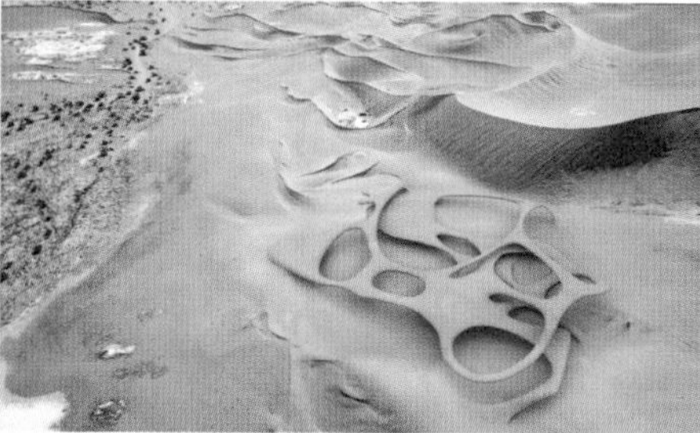

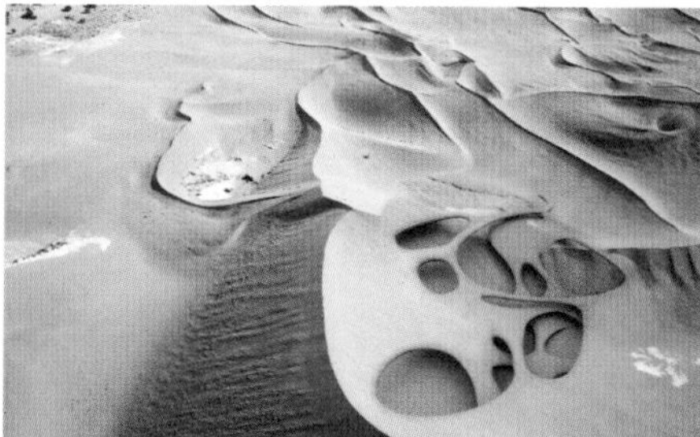

右图　83，84

造成沙漠蔓延、威胁居民点和可耕地的风沙被用于形成生物建筑。

上图 85

一个沙丘横截面，沙丘带有坚硬的内室，在那里，宝贵的水分和土壤可以保存下来。

上图 86

这里的结构形状呈现出一种塔夫尼模式，这是岩石多年来被风或潮气侵蚀的特征。

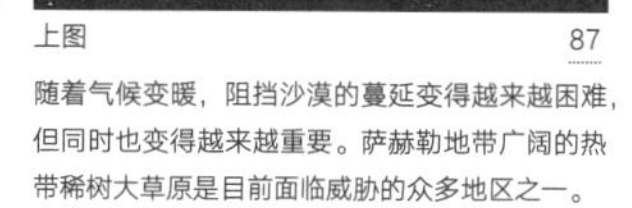

上图 87

随着气候变暖，阻挡沙漠的蔓延变得越来越困难，但同时也变得越来越重要。萨赫勒地带广阔的热带稀树大草原是目前面临威胁的众多地区之一。

上图 88，89

微生物诱导胶结是一个自然过程，可以在沼泽和湖泊里观察到。它对人类没有害处，一旦可用的营养物质耗尽就会停止。

上图 90

建筑师的提议源于对极端环境的考察，例如沙漠、海洋和冻土带，在这些地方传统的建筑方法根本不可行。

来自制砖厂的可重复使用的种植盘

可降解的菌丝砖

可持续的砂浆

胡麻混凝土基础砖

用于防风固定装置的钢制膜片

再生木材（纽约市脚手架板）

可重复使用的用于地基的地脚螺栓

上图 / 右图　　91, 92

这种群集的隧道的形式与生长在农业废弃物基质中的真菌菌丝体的细小丝线相呼应，使此结构具有刚性。

左图　　93

这个结构包括 10000 个菌丝砖块，它们是在可重复使用的模具中长成的。然后使用定制的计算工具将砖块分层排列。

对页图　　94, 95

内部空间通过开口和塑料外壳反射的光线从上方照亮，而靠近底部的多孔表面可为其降温。

HY-FI

这是一个在公共场所中展示的大胆的菌丝体杂交结构，它的碳足迹相对很小，拆除后可以完全成为堆肥。

材料：由农业废弃物和真菌生成的菌丝砖、反光的塑料模具、改装的脚手架板

设计师：大卫·本杰明（David Benjamin，美国人），生命体（The Living），美国

状态：已完成

纽约MoMA PS1展馆，每年都会选择一位新锐建筑师的一个方案在博物馆的庭院搭建短期装置作品。青年建筑师计划（YAP）的获奖者面临着展示所有创新工作步骤的任务，从概念和设计到建设、运营、处置或再利用。第15届的获奖作品来自“生命体”公司，它提出了一种由菌丝砖制成的新型结构群，这些结构被种植、建造，最终分解为肥料，只需要消耗传统建筑所需的能量的一小部分。

“生命体”公司的方法考虑的是很少有人看到的建成环境的真实面貌：作为系统中的一个阶段，或者说漫长的生产、建设和处理过程中的一个步骤。通过使用几乎毫无价值的农业废弃物，在与生态公司（Ecovative）合作开发的过程中，使用可重复使用的模具培育了10000块生物砖，由于天然蘑菇的根系能够消化其中的营养物质，每块砖只需要几天就能固化。这些砖块用有机砂浆黏合在一起，并用木棒支撑，在公共场所创造了一个树枝状结构。

该设计满足了MoMA PS1展馆的要求，其中包括提供遮阳、座位和水景，以配合每年夏季现场音乐会的暖场节目。它的外观通过给它上色的天然染料和新开发的反光塑料外壳来美化，这种外壳覆盖在结构的上部，使光线通过中空的内部反射。同时，靠近结构底部的多孔砖的布局允许被动冷却，颠覆了在建筑底部附近增加密度的典型砖结构逻辑。

按照计划，该建筑被拆除，其组成部分被制成堆肥，并以完全安全的方式返回到土壤中。建筑所用的材料几乎完全来自于方圆240千米的工地，就像当地的食品运输一样，既节省了能源，又为附近的工人和企业提供了支持。该项目标志着我们这个时代的新优先考虑事项，其中改革建筑实践的紧迫性从未如此之大。

巴塞罗那基因项目

水母的基因可以提供更多自然的城市光源吗？

材料：转基因生物发光树、电池、水母（维多利亚多管发光水母）

设计师：阿尔贝托·埃斯特韦斯（Alberto T. Estévez，西班牙人），西班牙巴塞罗那加泰罗尼亚国际大学基因建筑办公室

状态：概念

这个方案从自然中寻找灵感，是对我们如何照亮城市区域的重新评估，也是对替代方法的研究。基于跨学科的研究，它探索了在公共空间中创造具有自然发光能力的植物。具体来说，“巴塞罗那基因项目”涉及将维多利亚多管发光水母的发光蛋白质产生基因引入几棵树的DNA中，以使生物发光。建筑师强调了这种自然过程取代传统照明的潜力，因为传统照明依赖金属、化石燃料和工业制造而产生沉重的生态负担。

生物发光是指生物（如许多海洋生物）产生光并发光的能力，是由某些蛋白质实现的。这种自然现象在工业和商业上的潜在应用是多种多样的，而且与日落后我们最依赖的那种光不同，产生这种光的化学反应只要消耗很少的能量就可以实现，且没有有害的废物。“巴塞罗那基因项目”的愿景是增加对生物发光的使用，并更有意识地核算传统照明产生成本和废物的方式。

上图 96

转基因生物发光树木的艺术渲染，照亮了安东尼·高迪（Antoni Gaudí）的米拉之家（Casa Milà）前的街道和人行道。

上图 97

生物发光植物可以用来降低建造和维护基础设施的成本，如交通繁忙的道路。

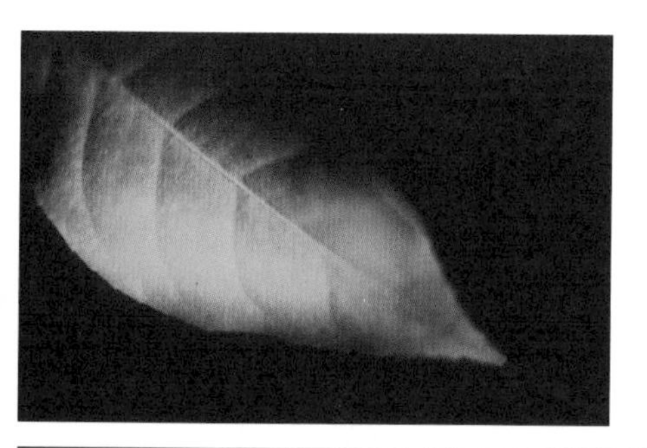

上图 98

生物体内产生光的自然过程已经被很好地理解，并且发生在几种真菌和许多海洋生物中。编码光反应的基因可被插入宿主生物体内。

右图 99

这些有生命的光可以改变城市景象，利用生物体的效能和它们的内部反应——这种现象提供了极好的材料和能源经济。

一个中心公园

在悉尼，宏伟的垂直花园、强大的水循环能力和创造性的光线分布相结合，产生了一个具有前瞻性的（即使是独特的）多功能高层建筑。

材料：各种材料和383种植物，包括当地的刺槐

设计师：让・努维尔工作室（法国），合作建筑机构或建筑师：PTW 建筑设计公司（澳大利亚）；福斯特建筑事务所（英国），帕特里克・布兰科（Patricck Bland，法国）

状态：已完成

该综合体包括两座住宅塔楼，以及由零售商店和餐厅组成的商业裙楼，占地6060平方米。623套公寓坐落在117米高的地方，在两座塔楼中较高的那座中有34层。它们矗立在肯特啤酒厂（最后为卡尔顿和联合啤酒厂所有）的旧址上，肯特啤酒厂在经营了170年之后于2005年关闭。场地紧邻奇彭德尔绿地，一个宽敞的公园和正在迅速发展的区域。

该建筑最显著的特点是垂直花园包裹着两座塔楼的东北立面，由帕特里克・布兰科设计。绿色植物通过毛毡网附在建筑表面，植物的根可以固定在上面而不需要土壤。为了养活这些植物，一个复杂的远程控制灌溉系统将毛毡浸泡在矿化水中。这些垂直花园由大约383种植物和大约38000株植物组成，它们随着季节的变化而变化，在原地生长几年后，它们看起来生机勃勃。绿色立面的总面积达到1100平方米，枝叶繁茂，让人想起郁郁葱葱的山坡。

这个综合体的地下室里有大型膜生物反应器，这是一个结合了物理过滤和生物处理的水循环系统。后者依靠细菌和原生动物等微生物的作用来处理废水，使其具有多种安全用途，包括灌溉绿色外墙。这种精心设计的生物工程技术与啤酒厂的发酵工艺遥相呼应，该酒厂在同一地点矗立了近两个世纪，每天都要使用数万亿个酵母细胞。

另一个视觉上与众不同的元素是悬挑式定日镜，悬挂在较高的东塔楼的第28层，将光线反射到花园、零售中庭和人行走廊。该系统由两部分组成，光线通过安装在较矮的西塔楼屋顶上的镜子反射到悬臂表面的下腹部。这些屋顶上的镜子可以跟踪太阳的运动，以最大限度地提高反射效果。

该综合体因其设计和可持续发展的特点赢得了无数的赞誉，包括现场发电，尽管它依赖化石燃料。总的来说，从生态的角度来看，该项目的许多设计意图和后续成就是值得称赞的，但其社会意识是值得怀疑的。该项目拥有独特和极其昂贵的住宅（在其顶部五个楼房），这些住宅有单独的入口、地址和电梯。尽管这在当代高层建筑中并不罕见，但它反映了一个令人担忧的趋势：建筑师参与推动了超昂贵住宅的激增，这些住宅的优化目的不是居住或社区提升，而是个人投资，有时还包括避税。

上图 100

立面的特写，立面上植物的根通过毛毡网固定在上面，毛毡网周期性地浸泡在矿化水中以传递养分。

上图　101

该建筑群包括东、西塔楼，以及低层的零售购物中心。

右图　102, 103

综合建筑的纵向部分，显示北立面与种植区域（上图），使用屋顶反射镜和定日镜的光反射系统（下图）。

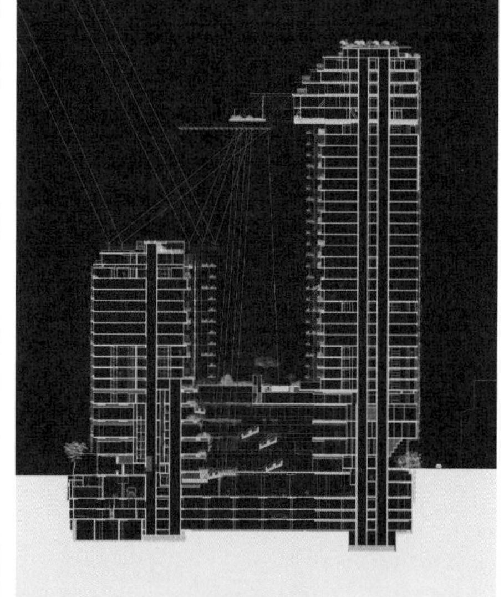

左图　104

上层露台以部分绿色立面为特色，可以俯瞰悉尼全景。

上图　106

两座塔楼和定日镜的景色。这个混合用途的综合建筑与邻近的开发项目相辅相成，旨在形成一个“城中村”，包括额外的住宅和学生宿舍。

左图　105

定日镜悬挂在东塔楼的悬挑部分，可以将光反射到下面的花园和中庭。光是通过西塔楼楼顶上的镜片反射到定日镜上的。

顶部图 107

通过原始细胞“程序化”的工作，威尼斯的景象得以稳定，这些原始细胞能够在结构支撑物上覆盖一层层的石灰石。

上图 108

威尼斯建筑下狭窄的木桩。原始细胞将努力拓宽这些支撑，减缓下沉的过程。

左图 109

鸟瞰图设想了一个稳定的威尼斯，在原始细胞的石灰石分泌物的帮助下，贝类和草组成的天然暗礁生机勃勃。

未来威尼斯

我们能否利用自然过程来防止威尼斯被它下面的软泥所吞没？

材料：原始细胞、模型、渲染图

设计师：瑞秋·阿姆斯特朗（Rachel Armstrong，英国人），英国伦敦格林威治大学/英国伦敦大学学院巴特利特建筑学院高级虚拟与技术建筑研究实验室

状态：概念

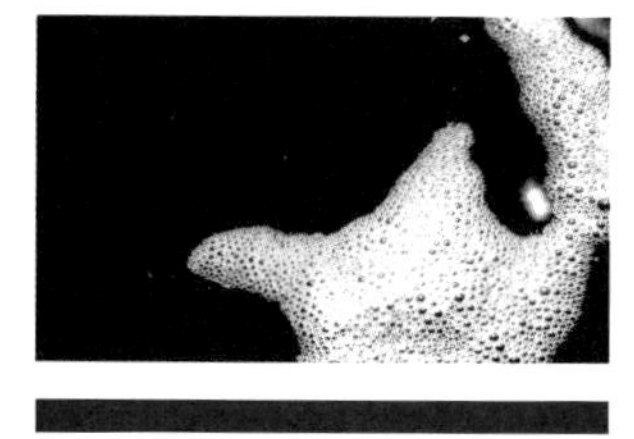

上图 110

原始细胞的行为可以被引导以类似于一种新陈代谢，即利用光能并固定碳，最终形成类似珊瑚礁的结构。

这项提议旨在帮助以可持续的方式重建意大利的“浮动城市”。它预见一种新的建筑形式，这种形式可以自我修复和紧密结合周围自然环境的变化，有效地将人类活动的产物（二氧化碳）代谢成用于建筑的碳酸钙。建筑师的愿景是对建筑技术几百年来基本上没有变化这一事实——依靠蓝图、工业制造和工人团队来创造一个在生态上孤立和不健康的惰性物体——的回应。

“未来的威尼斯”提议使用细胞状油滴和有机材料，这些材料表现出类似于生物体的行为，以加固威尼斯大部分地区所依赖的支撑架。这些“原始细胞”可以通过编程来执行复制生物过程的功能，例如微生物胶合（珊瑚和珊瑚藻形成珊瑚礁的缓慢过程）。

来自加拿大多伦多滑铁卢大学的建筑师菲利普·比斯利（Philip Beesley）在2010年威尼斯建筑双年展上展示了他的作品《万物再生地面》。通过将这些沉积物留在支撑威尼斯城的脆弱的木质框架上，原始细胞将增粗并加强现有的支撑物，将它们的负荷分散到更大的区域，以减缓，甚至停止目前的下沉，据预计由于气候变化，下沉将加快。

这个人工暗礁将是在威尼斯周围的潟湖安装一系列钢制闸门来控制潮汐运动这一计划的替代方案。

第二章

生态物工程

工业与机械过程的替代物

对页图 111

见"微型生物之家"，第98页。

本章重点讨论自然与人工的生物过程如何被考虑作为更多传统技术过程的可行替代品。本章的案例包含被控制的系统，以及结合有机过程进行本地化制造的实验，以实现材料和能源的节约，同时减少对环境的影响。这些设计具有广泛的意义，是在人的尺度上实现的，比建筑或城市环境的尺度要小。这些作品大多是对工业革命的破坏性遗产的关注做出的回应，工业革命促使目前的制造、消费和处理标准的产生，但我们现在认识到这些标准迫切需要改革。

这里所描述的这种设计方法运用增多，与生物燃料的兴起和快速增长的生物技术经济有关。正如罗伯·卡尔森（Rob Carlson）在《生物即技术：生命工程的前景、风险和新业务》（*Biology is Technology: The Promise, Peril, and New Business of Engineering Life*, 2010年）中所描述的那样，美国经济的生物技术相关部门贡献了美国GDP的2%以上。在这个被定义为包括依靠基因改造的产品的领域中，主要组成部分是生物制品（医药应用）、农业和工业（包括燃料、酶和材料），其产品2012年的总金额超过3240亿美元。值得注意的是，这些方面的增长确实超过了其他领域，在2010年至2012年期间占美国GDP增长的6%。

对于设计者来说，相对于其他领域，工业应用方面特别有吸引力，因为食品和药物产品受到高度监管，而工业应用方面的进入门槛可能很低。正如《自然》杂志（2010年）所讨论的，一个车库生物学家（又称生物黑客）可能只需要花1万美元或更少的钱购买设备就能启动和运行，而且这个成本还在下降。如果在几个参与者之间分摊，例如生物学家、设计师和营销人员，启动生物技术的成本甚至比购买一辆汽车还要低。

随着修复生物系统所需的财政支出的减少，人们越来越希望用微生物和植物过程来取代低效的、传统的工业对机器的依赖，这是因为人们对环境问题有了更多的认识，也认识到潜在的经济回报。另一方面，石油和劳动力等商品费用不断增加也是促使这个改变发生的原因。这种改变在不同程度上被视为跨越了研究领域和专业领域，从生物化学和经济学到土木工程和工业设计。

与这种改变同时发生的是，开始出现一种新的价值创造概念。这种概念归因于能源的可再生性和对物体整个生命周期的影响的更全面的思考。生物学领域关于细胞功能的基础知识不断增长，以及对相关技术商业化的大量投资，也是重要因素。

设计师做这些尝试所采取的途径有很多，但是他们作为科学研究和公众之间的调解人的作用是公认的，正如保拉·安东内利在“设计与弹性思维”（2008年）中所描述的那样。如果想要把一个产品想变成现实，取得成功，相关的知识和创新必须与它的可用性结合起来。谷歌简洁低调的主页、iPad的触摸屏手势系统，以及看似明显但很绝妙的Facebook“赞”按钮都证明了直觉对于广泛采用而言的重要性。本章中所描述的项目的创造性表明，在不断扩大的生物学和技术的交叉领域中，我们可能正站在类似的高超设计成就的边缘。

生物砖

不起眼的砖块能否从威胁环境的材料转化为可持续的未来建筑材料？

材料：砂石料、细菌（巴氏芽孢杆菌）

设计师：金杰·克里格·多西尔（Ginger Krieg Dosier，美国人），美国北卡罗来纳州生物石匠公司

状态：原型

上图 112

微生物形成的生物砖（左）和标准混凝土砖（右）的比较。

下图 113

一台全尺寸 3D 打印机的原型，可将细菌、尿素和钙离子分层精确地放量到沙床上。

砖是一种无处不在的有效建筑构件，几千年来经久不衰，几乎从未改变。它固有的简单性——对于技能、材料或技术的要求不高，经久耐用，尺寸适合人手——这些特点令人欣赏。但是，尽管它的形式和功能已被掌握，但它的标准生产方法仍需要改革：高热能，通常用烧煤的窑炉，需要大量的农业土壤，会留下显著的生态足迹。

相比之下，生物砖利用在普通细菌中发现的一种自然过程来融合沙粒，从而创造出一种刚性的形态，其强度和耐久性可与传统砖块相媲美。在这里，建筑师将微生物与沙子、氯化钙和尿素溶液结合起来，利用“微生物诱导方解石沉淀”，使细菌将沙子的颗粒黏合在一起，石化形成砖块。

与所有的生命过程一样，这个过程对环境条件很敏感，还跟不上工业的步伐。温度、营养密度和pH值等因素都必须保持在特定范围内它才能发生，而且形成一块砖可能需要整整一个星期，而不是通常的两天时间。

生物种植砖的另一个挑战，是其会产生有毒的副产品：氨气。大规模的生产，将需要补充工艺来应对这种潜在的危险气体。虽然这是一个相当大的障碍，但它作为传统制砖的替代品是非常必要的。全球砖块生产的规模令人生畏：每年有超过1.23万亿块砖被制造出来，其中许多是在发展中国家，这些国家为此付出了巨大的生态代价——它们所产生的污染比同期世界上飞机造成的污染还多。因此，随着资源枯竭的加速，我们必须探索替代品。在自然界中，数十亿年来，微生物诱导方解石沉淀已经在地球上缓慢地创造了岩层，只是最近才引起了科学家和工程师的兴趣，使其为人类的目的所利用。设计师金杰·克里格·多西尔正在通过她的公司“生物石匠”（bioMASON）积极推进生物生产的建筑材料的研究和测试。

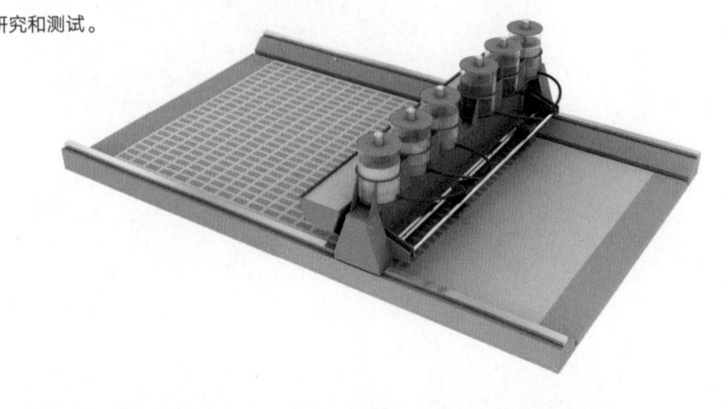

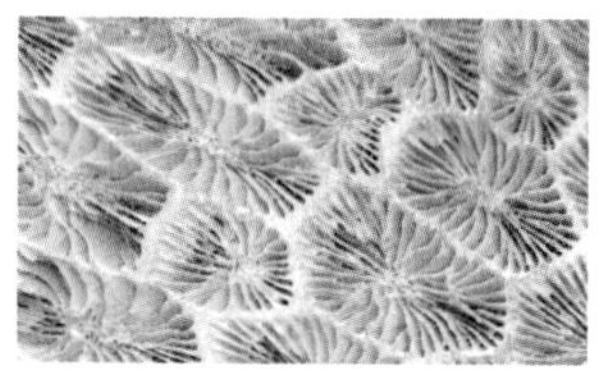

上图 114

扫描的细菌性胶结物电子显微镜图像。随着放大倍数的增加，方解石的菱形几何形状显示出来。细菌“化石 ”以杆状孔隙的形式出现在水泥中。

上图 / 右图 115, 116

全球大约 75% 的砖是在印度、中国和巴基斯坦生产的，在这些国家能源密集型的传统生产方法占主导地位。相比之下，形成生物砖所涉及的反应可以在室温下进行。

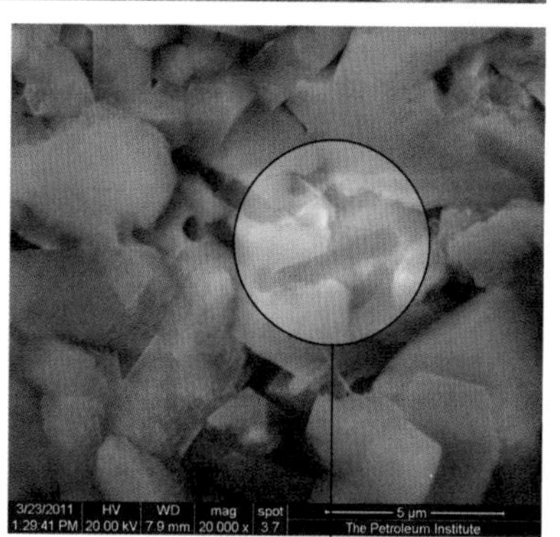

上图 117, 118, 119

藻珊瑚的横向切片，取自阿拉伯联合酋长国沙迦的一个乡土堡垒墙，显示了天然碳酸钙的形成模式。

生物混凝土

通过“修复”混凝土的裂缝，无论是现在还是将来，细菌能延长建筑物的寿命吗？

材料：混凝土、细菌（巴氏芽孢杆菌）、乳酸钙

设计师：亨克·琼克斯（Henk Jonkers，荷兰人），荷兰代尔夫特理工大学CiTG微实验室

状态：原型

上图 120

随着时间的推移，传统的混凝土会被侵蚀和削弱，水分将通过裂缝进入，使内部的钢筋生锈。

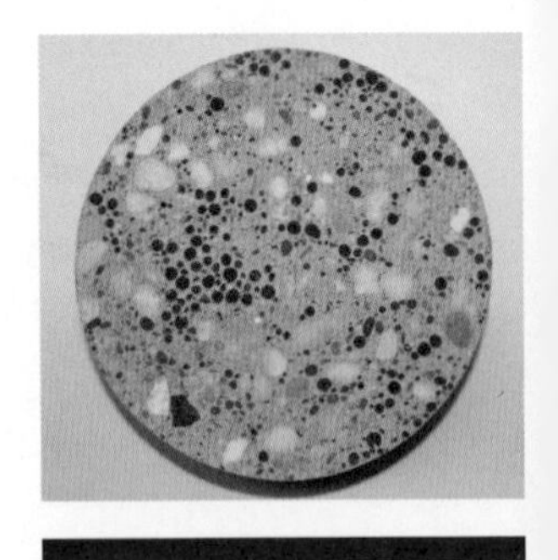

上图 121

含有微生物和沉积营养物质的生物混凝土。在实验室里制作样品是为了测试材料的性能。

传统的混凝土是建筑业的重要材料，在各种建筑中都可以看到它们。然而，它的缺点包括：严重影响环境，很容易开裂。在一位微生物学家的创想下，一种替代材料已经被研发出来，它能够自动填补随着时间推移出现的任何裂缝。它是通过在混凝土中添加特殊的细菌制成的。

自然界中有无穷无尽的细菌，许多细菌很适应人工环境，其中一些可适应极端环境，所以这些微生物被称为“嗜极生物”。从人的角度来看，混凝土可能看起来是一种对生命极其不利的环境——内部干燥且坚硬。然而，对这些细菌来说，它们几乎不构成挑战。一组经过挑选的嗜热菌不仅可以在贫瘠的条件下茁壮成长，而且还可以自然产生石灰石。这种能力可以被用来密封孔洞和加强薄弱区域。

这种含有顽强细菌的混凝土，被称为生物混凝土，可同时使经济与环境受益，因为传统的建筑材料无处不在，维护它的成本很高，而且需要通过燃烧石灰石来获得氧化钙（这是水泥的重要组成部分），它产生了巨大的碳足迹。自我修复材料将降低修复工作的成本，推迟重建的要求，并减少对水泥的使用，目前水泥的二氧化碳排放量在全球人为产生的二氧化碳排放量中占比超过5%。现在研究的主要目标在于找到合适的细菌，当它被整合到混凝土中时，可以在50~100年的使用周期中积极修复结构。

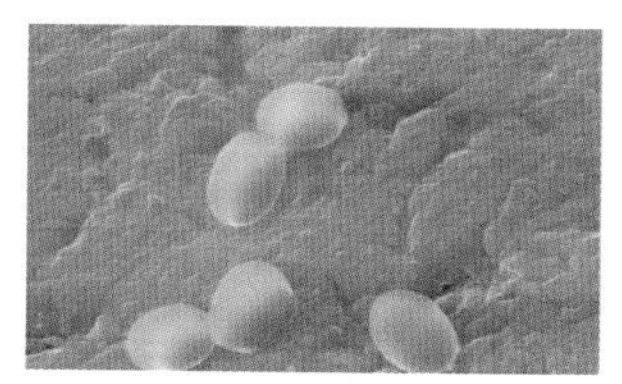

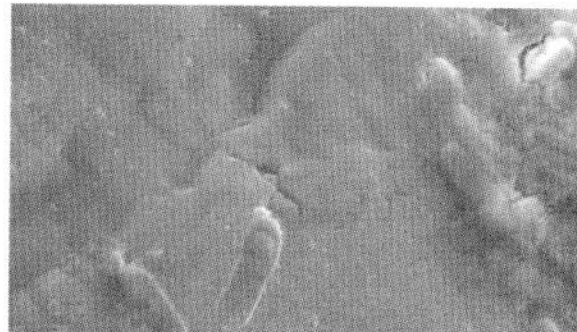

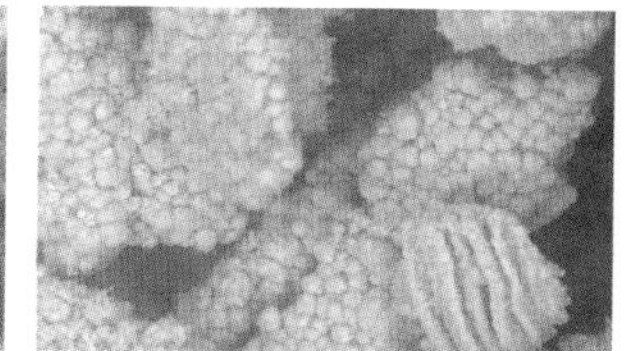

上图 122, 123, 124, 125

微生物诱导的胶结作用（此处显示为微观层面）在自然界中产生。

左图 126

有几种细菌具有适应性。它们能够生活在极端环境中，例如在矿物岩层的内部。

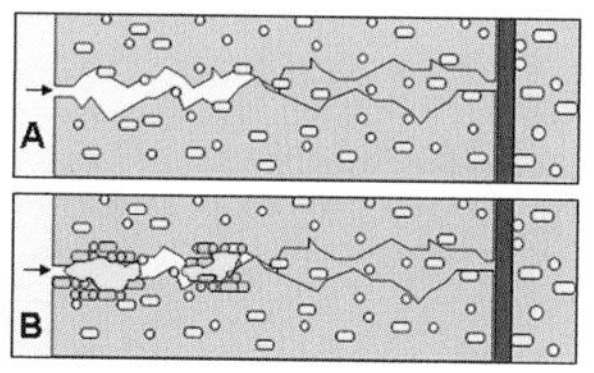

上图 127

混凝土的两个横截面展示了细菌活跃之前和之后的结构，并在材料中分泌石灰石，从而在水分和空气能够渗透到更的地方并造成进一步的损害之前封住裂缝。

最左图 128

亨克・琼克斯与荷兰代尔夫特理工大学的混凝土样品。

左图 129

实验室中的巴氏芽孢杆菌样品。

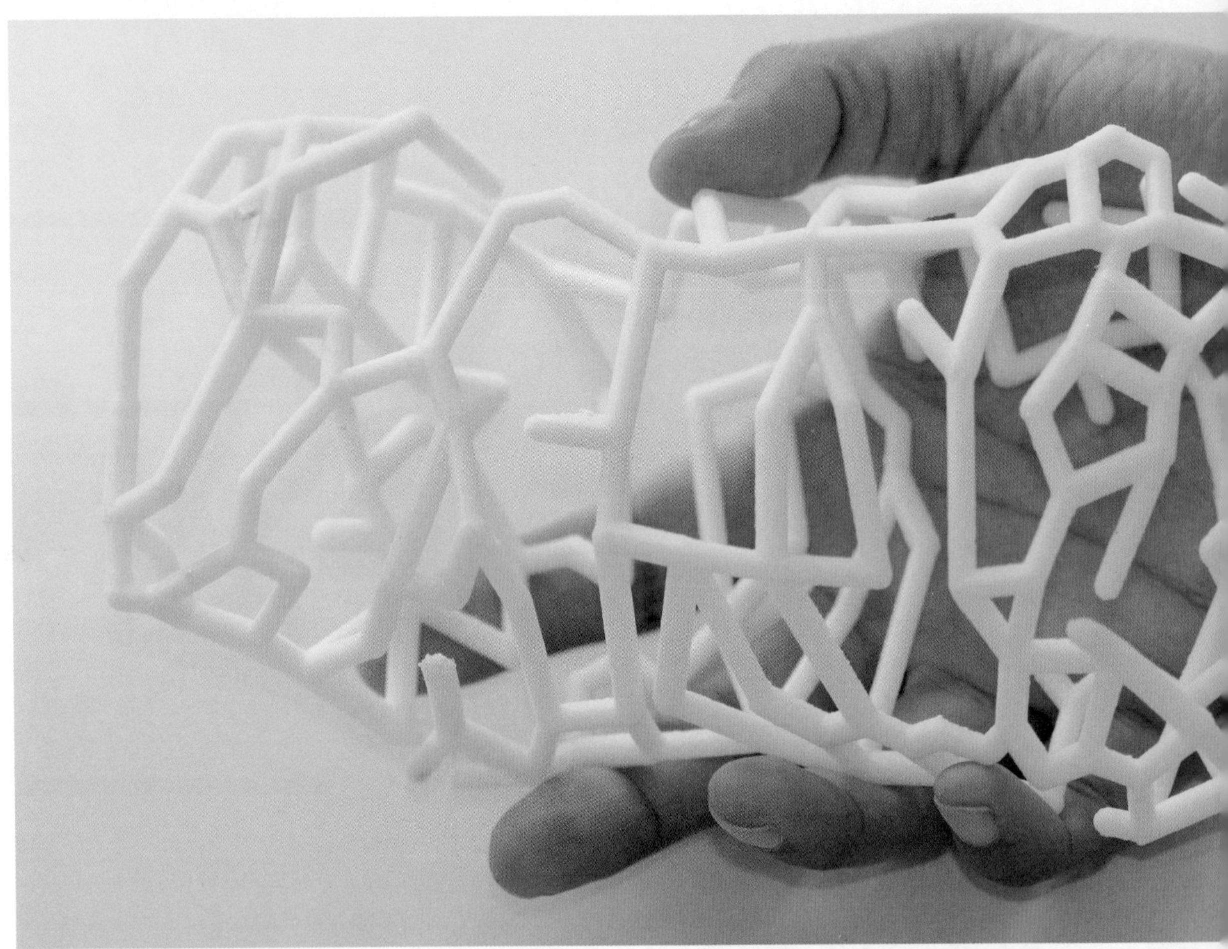

上图 130

一个利用进化计算设计的外骨骼的物理模型（见第 86~87 页顶部的工作流程示例）。

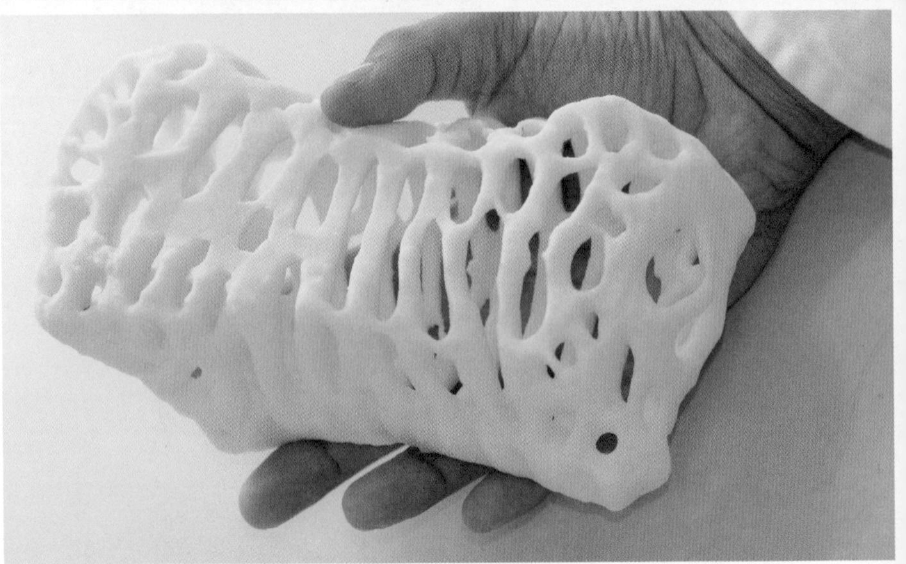

右图 131

使用从木质部细胞生长的观察结果中推导出的方程式设计的外骨骼物理模型。

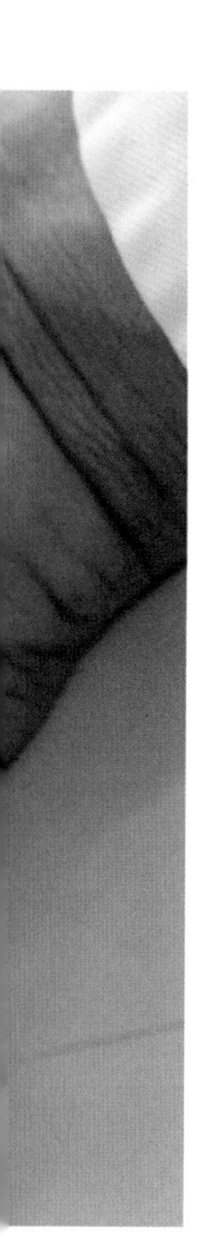

生物处理

一次利用植物细胞作为设计工具的探索。

材料：洋蓟植物的木质部细胞

设计师：大卫·本杰明（David Benjamin，美国人）/费尔南·费德里奇（Fernan Federici，意大利人），美国纽约哥伦比亚大学建筑、规划和保护研究生院/英国坎布里奇大学/美国纽约科内尔大学创意机器实验室

状态：原型

这个联合项目汇集了一位合成生物学家和一位建筑师，是由国家科学基金会支持的合成美学项目的一部分。它探索了应用生物系统作为设计工具的新方法，重点是使用细胞作为生物处理器。

虽然在设计和建筑中可能有许多识别和使用自然形式的例子，但该团队想要识别并利用自然的逻辑。与达西·温特沃斯·汤普森开创性的《生长和形态》（*On Growth and Form*，1917年）中首次提出的研究成果相呼应，这种探索深入外表之下进行挖掘，以利用从植物中发现的潜在优化过程。

“生物处理”利用木质部细胞生长的模式来解决建筑结构设计问题。目标之一是提取这些细胞在微米尺度上的复杂行为，并将其应用于米尺度的建筑。

在这个合作过程中，该团队研究了细胞的物理限制，以了解其外骨骼如何为建筑形式提供材料分配解决方案。为了做到这一点，团队生成了与木质部细胞外骨骼的生长相对应的数据集，然后将这些数据输入由豪德·里普森（Hod Lipson，纽约伊萨卡康奈尔大学的机器人工程师）开发的一个名为Eureqa的应用程序。然后这个软件得出一个与数据相近的数学方程，这反过来又成为为潜在应用程序创建新的类似细胞形式的工具。

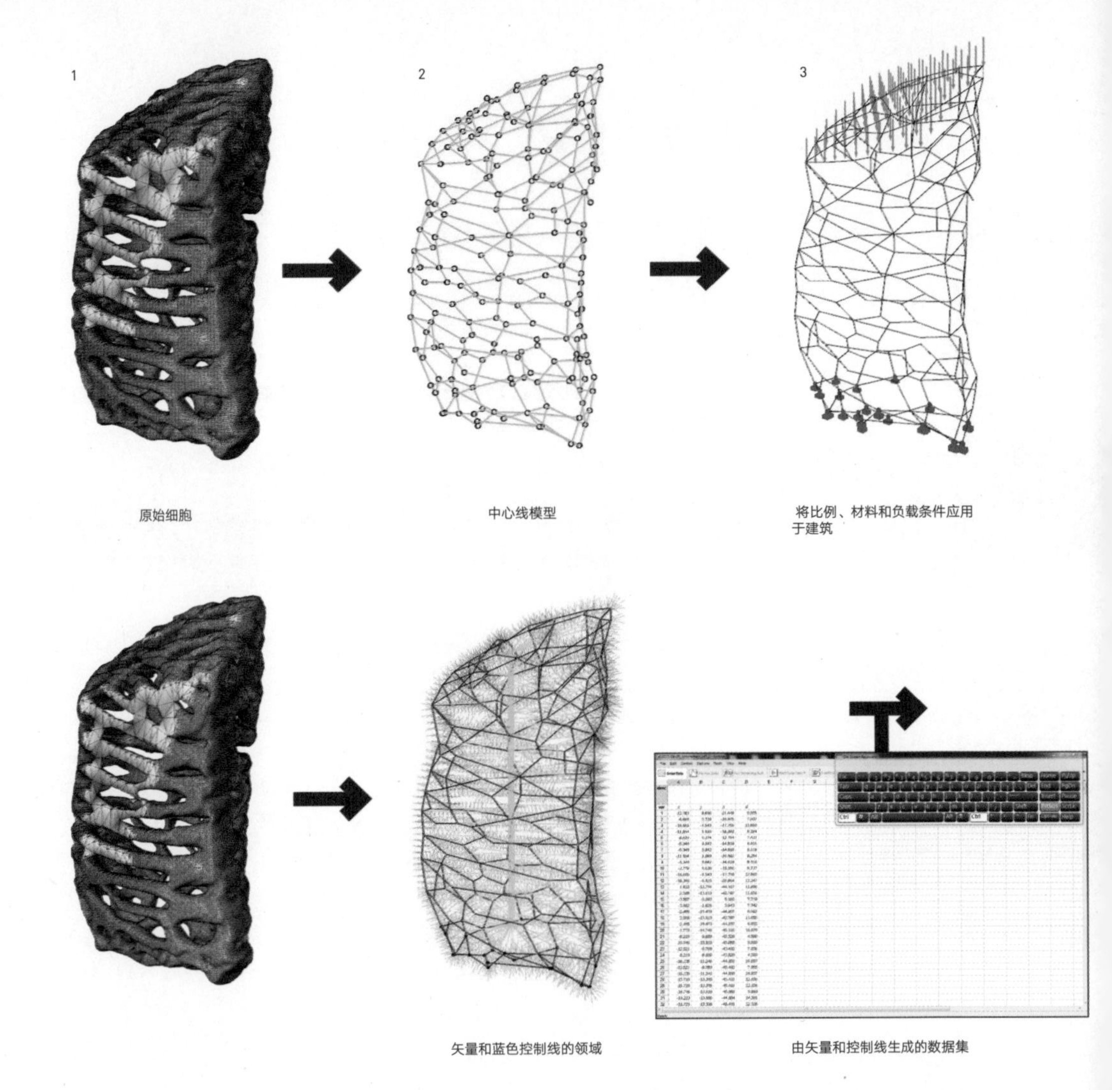

上图 132

这些工作流程利用计算工具展示了木质部细胞的生长逻辑。第一个工作流程从木质部细胞扫描开始，将其转换为数字模型，在电脑模拟中应用结构力，然后使用基因算法生成并评估各种可能的配置，以找到强度最大、材料最少的形式。在第二个工作流程中，通过分析天然细胞的距离、厚度和角度相关的数据，得出木质部细胞形成的方程式。然后，这个方程被用来计算自然系统如何创造形状更加复杂的外骨骼。

对页图 133

在最后一个工作流程中，木质部细胞被诱导填补一个定制的空间（如这里显示的 U 形空间），以便观察木质部细胞如何“解决”各种空间问题。

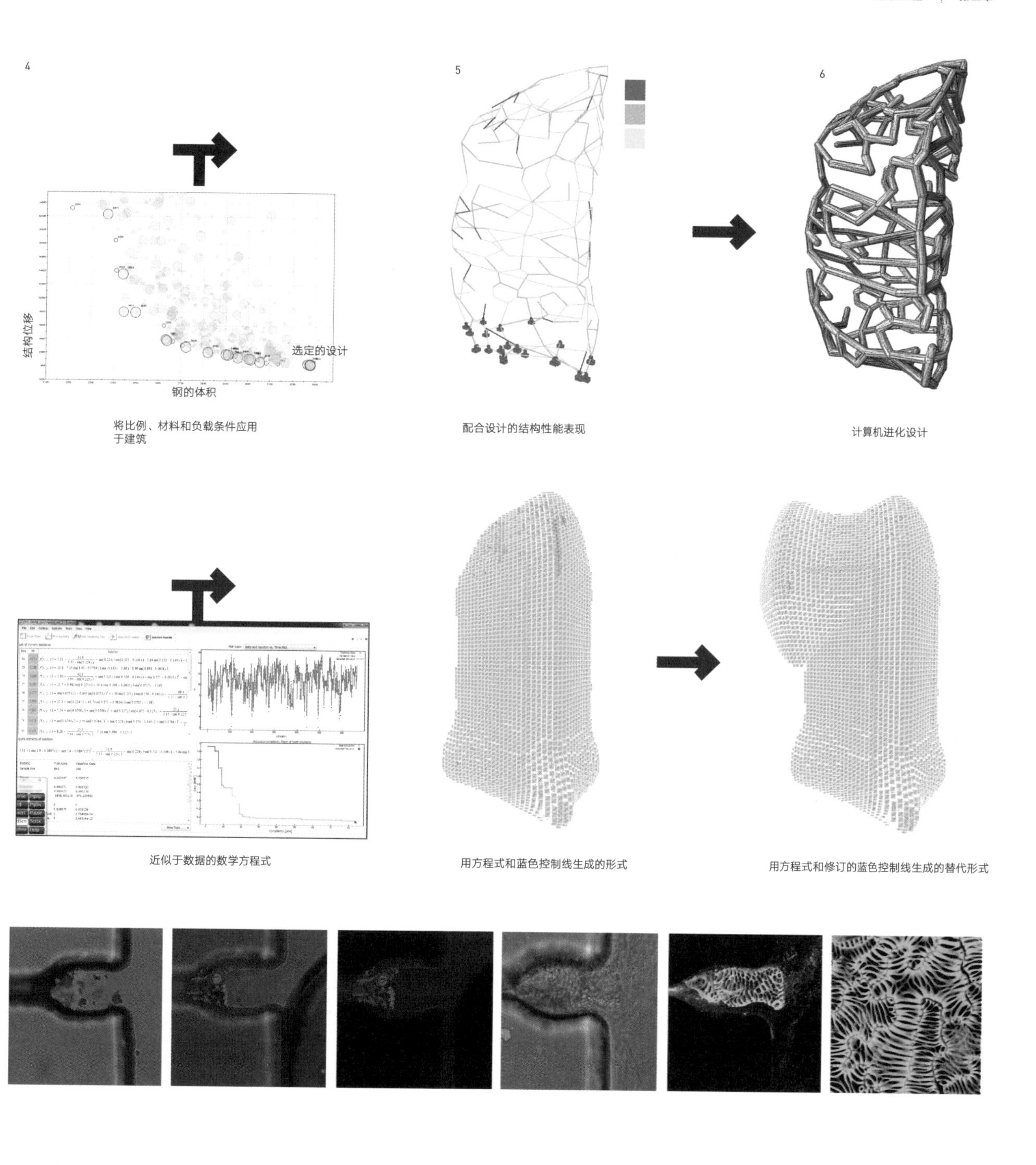

将比例、材料和负载条件应用于建筑

配合设计的结构性能表现

计算机进化设计

近似于数据的数学方程式

用方程式和蓝色控制线生成的形式

用方程式和修订的蓝色控制线生成的替代形式

一种激进的方法

利用微生物将沙子变成石头的能力挑战了工业设计和制造的传统。

材料：细菌（巴氏芽孢杆菌）、沙子、水、氯化钙、尿素

设计师：达米安·佩林（Damian Palin，爱尔兰人），英国皇家艺术学院/英国帝国理工学院/荷兰代尔夫特理工大学

状态：原型

在这里，艺术家/生物学家利用细菌的自然胶结过程（微生物诱导的方解石沉淀），用新形式的砂岩铸造日常物品。微生物（巴氏芽孢杆菌）在钙和尿素中分散后形成碳酸钙晶体，然后在松散的沙粒之间形成结晶，一种可以在模具中塑形的材料。

“一种激进的方法”——与目前人类生产手段的彻底决裂——提供了一种制造系统，如果它能够被规模化和掌握，就可以在远低于当前工业方法（如注射成型）所需的温度下进行生产。最大的挑战是在铸造过程中为细菌在模具中均匀地生存创造合适的条件。

如果分布和生长不均匀，微生物就会在铸型和终型之间产生明显的差异。因此，一种“不完美”的技术产生了一个不均匀的结果，但它反映了一个有机的形式，比使用标准的制造方法创造的更具有可持续性和发人深省。

上图 134

基础的凳子模具，其中倒入了骨料、营养物质和细菌的混合物。

上图 135

成品凳子，是由无数微生物经过长时间自然形成的，不需要高温或任何机械干预。

上图 136

正在向凳子模具添加营养物质和细菌，与需要合成材料和高热的注射成型工艺不同。

上图 137

成品中出现了不规则的毛边，这里显示的是从模具中取出的成品。

上图 138

设计师达米安・佩林。

藻类反应器

简单的海藻能否将生物燃料的生产和丰富多彩的设计带入我们的家庭？

材料：玻璃、水、海生藻类（包括四列藻、杜氏藻、新月梨甲藻）、淡水藻类（包括水藻）

设计师：马林·萨瓦（Marin Sawa，日本人），英国伦敦帝国学院

状态：原型

这个以纺织品为灵感的项目提议将海藻带入建筑环境，作为不断变化的装饰元素，以产生生物光。植物的光合作用和生物发光的过程被利用来寻找在现代家庭和户外城市空间可行的设计方案。设计师利用简单而强大的微生物来产生动态的色彩系统，对其周围的环境做出反应。

“藻类反应器”（Algaerium）是在家庭生物实验室里制作的，它采用了生物学和分子美食学（食品科学的一个分支学科）的知识，以培养适应设计环境的藻类菌株，作为绿色能源的来源。藻类被培育出来后，被封装在一个作为“生物皮肤”的球体中，使它们能够正常进行光合作用——吸收二氧化碳并产生氧气。

一个被模块化安装的透明、灵活的管道中，循环着藻类胶囊和精心准备的含有人工变色元素的水，对二氧化碳水平做出反应。此外，一些藻类是生物发光的，所以随着促进光合作用的太阳光水平的变化，系统的颜色也会发生变化；随着水的流动，一些微生物便会发光。

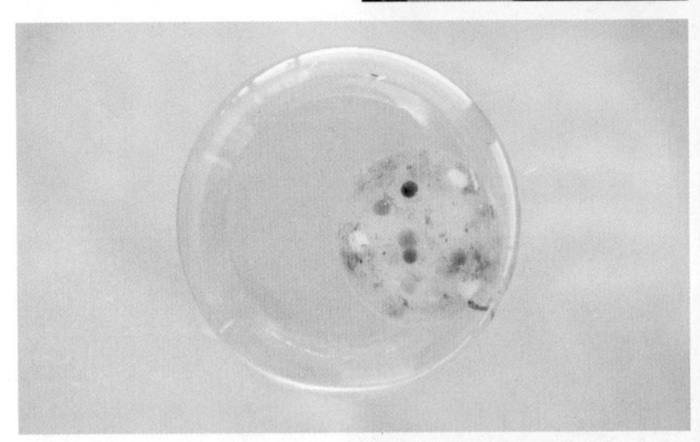

顶部图 139, 140

不同种类的藻类被单独培养，然后被聚集在一个生物圈内。它们被固定并维持在一个由光、水、二氧化碳和消毒条件组成的体外环境中，以防止受到外部因素的污染。

上图 / 对页图 141, 142

内膜和外膜分别由海藻酸盐和玻璃制成。后者使海藻能够被容纳并融入我们的城市环境中。这个“海藻荚”提出了一个替代传统盆栽的未来主义方案。

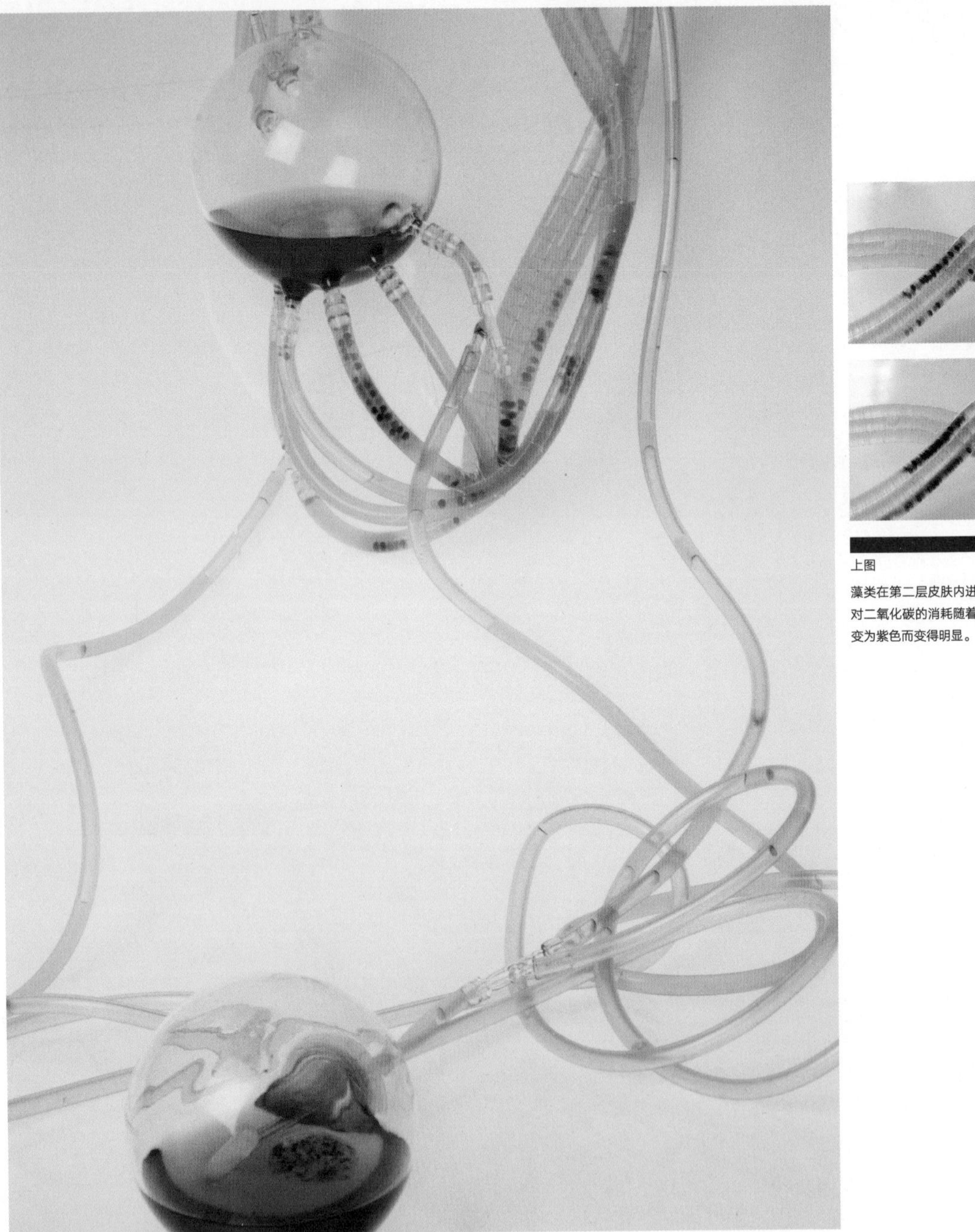

上图 143

四个球形容器由若干导管相连，导管里有活着的微藻（微藻被包裹在第二层有机皮肤内）及对其光合作用作出反应的液体。

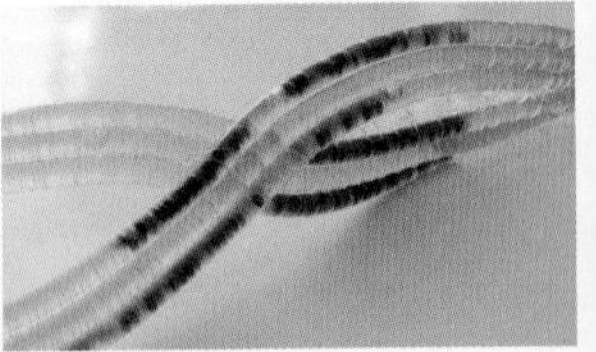

上图 144，145

藻类在第二层皮肤内进行正常的光合作用。它们对二氧化碳的消耗随着系统内液体的颜色从黄色变为紫色而变得明显。

上图 146

这个原型是对藻类、生物化学和纺织品编织的美学探索，用于空间装置，作为传统垂直绿化的替代形成，如常春藤。

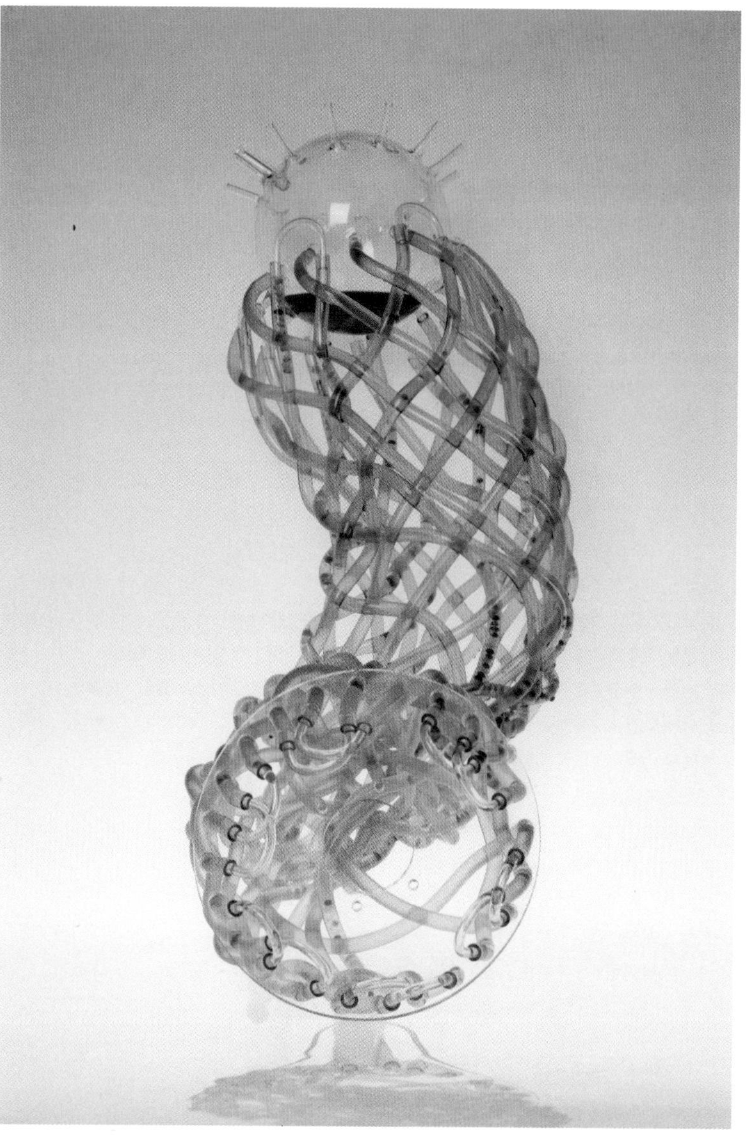

上图 147

在这里，球形容器充当了连接多个独立模块系统的连接点。

芯片上的肺

通过在人体外复制器官，我们能否减少临床试验中所需要的大量时间和成本？

材料：蚀刻在透明聚合物上的微流体通道、人类肺泡和内皮细胞

设计师：唐纳德·因格贝尔（Donald E. Ingber，美国人）/ 胡东恩（Dongeun Huh，韩国人），Wyss生物启发工程研究所、哈佛医学院、哈佛工程与应用科学学院，美国波士顿/波士顿儿童医院。

状态：原型

这一生物医学应用将活的人类细胞放入了一个模拟人类肺部功能的微小测试装置中。它使研究人员能够监测气囊和毛细血管之间边缘细胞的行为，这是身体与环境互动的一个至关重要的区域。正是在这个边界，吸入的颗粒和病原体被传入血液。在体外重新创造这个界面的好处是它有可能取代人类和动物受试者进行多种类型的药物测试和毒性筛选。

“芯片上的肺”由一系列蚀刻在柔韧透明的聚合物外壳中的微流体通道组成。一个中央导管容纳了两层人类细胞，中间有一层多孔膜。上层由肺泡（肺部深处的气囊，类似于微型的葡萄串，气体在肺部和血液之间通过）的细胞组成。下层由来自毛细血管的内皮细胞组成，毛细血管将富含氧气的血液输送到身体的其他部位。

柔韧的通道随着受控气压的波动而膨胀和收缩。这拉伸了细胞，并非常接近地复制了呼吸的条件。该装置的透明度有利于实时观察炎症或对被引入气流室的异物的其他反应。

到目前为止，细胞的行为复制了活体的行为，这表明在不久的将来，这种硬币大小的设备可能有助于大幅降低某些医疗测试程序的成本，同时解决伦理问题。该团队还开发了其他芯片上的器官，如一个跳动的心脏和一个正在蠕动的肠道，以及骨髓和癌症模型。2015年，纽约MoMA收购了“芯片上的人体器官”，作为其建筑和设计部的永久收藏。

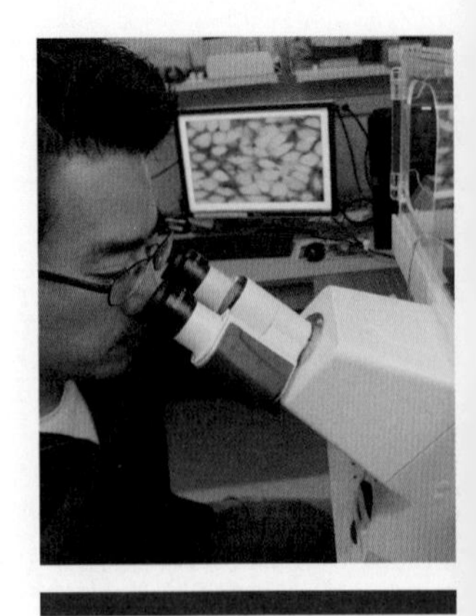

上图 148

这种“芯片”技术允许实时观察人体组织和器官对药物、病原体和其他制剂的反应。

上图 149

这个芯片在一个通道系统中包含了活的人类细胞，其方式是复制肺部的区域，吸入的颗粒、有机物和气体从这里进入血液。空气压力、温度和湿度都被谨慎地控制，以模仿人类的呼吸。

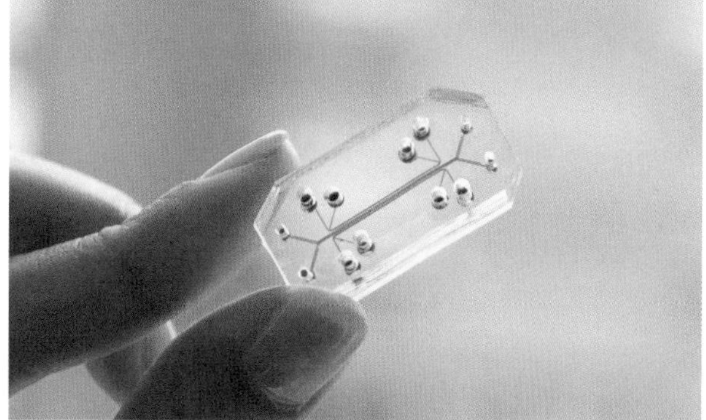

上图 150

观察结果表明，该设备中的细胞与活体实验对象的反应方式相同。该技术有助于加速医学研究，同时也能降低成本，并解决有关动物试验的伦理问题。

活性模块化植物修复

利用植物来减少对耗电机械通风的需求。

材料：杂交水培植物（包括英国常春藤、金叶女贞、波士顿蕨）、有机植物介质混合物、根瘤微生物群落

设计师：安娜·戴森（Anna Dyson，加拿大人）/贾森·伯伦（Jason Vollen，美国人）/特德·钠盖（Ted Ngal，加拿大人）/马特·金德烈斯帕格尔（Matt Gindlesparger，美国人）/皮特·斯塔克（Peter Stark，美国人），研究助理：阿胡·艾多甘（Ahu Aydogan，土耳其人）和埃米莉·雷·布雷顿（EmilyRae Brayton，美国人），美国纽约建筑科学和生态学中心

状态：概念

这个团队创造了一个原型，以帮助改善室内空气质量，同时减少耗能高的供暖、通风和空调系统的压力。众所周知，当代建筑材料和设计对建筑物的内部环境产生了负面影响，从而导致了许多人的健康问题。这种情况往往由于围绕这些建筑的城市空间的高污染而恶化。主动模块化植物修复系统致力于解决这一问题，它的设计既优雅又低能耗。

装有各种水培植物的模块容器被安装在墙上。植物使用的种植方法具有暴露其根部的优势，与盆栽植物相比，效率提高了三到四倍，因为盆栽植物的空气过滤是通过叶片进行的。在这种情况下，空气被引导穿过根部，吸收空气中的毒素，包括对人体有害的挥发性有机化合物和微粒物质。由于这些颗粒是在根部层面而不是通过叶子吸收的，所以植物不会被毒素污染。该空气净化系统的一个版本最近被安装在公共安全应答中心II（PSAC II），一座位于纽约布朗克斯的紧急呼叫中心。出于安全考虑，该建筑的窗户很少，因此空气净化系统的功能和美学影响尤为重要。

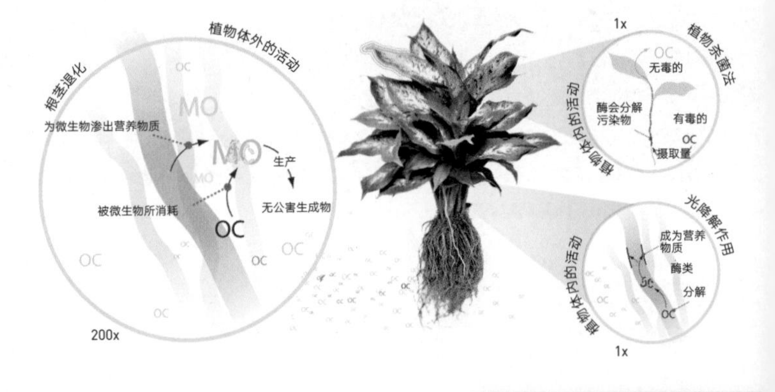

上图 151

通过暴露植物的根部并向其上输送空气，该系统利用了微生物的空气净化能力，消化毒素，从而防止其对人类产生有害影响。

上图 152

各种水培植物品种可以安装在模块化的塑料容器里，挂在墙上。

上图 154

模块化可以在有空间和光线的地方扩大布局，有助于减少对能源密集型的供暖、通风和空调产品的需求。

上图 153

该系统利用自然、低能耗的机械过程净化空气，而不是直接从周围的环境吸收和循环空气，以避免空气被污染。

上图 155

为一系列家用生物设备提出的设计概念，旨在创造一个能够过滤、处理和回收（下水道排出的）废物、污水、垃圾和工业废水的生态系统。

右图 156

“食品柜”是一张餐桌，其中心是陶制盒子，用于储存不同温度的食物。

微型生物之家

以生物降解为中心，家庭能否变得更加自给自足，减少对自然资源的浪费？

材料：混合介质，包括木材、陶瓷、沼气生物分解器、各种细菌

设计师：杰克·玛玛（Jack Mama，英国人）、克莱夫·范·海尔丹（Clive van Heerdan，英国人，生于南非），荷兰埃因霍温的菲利普斯设计公司

状态：原型

“微型生物之家”是一个概念，包括几个可以加热、冷藏和生产食物，以及降解厨余垃圾的集成电器。这些设备被设计以一种类似于生态系统的循环方式工作，目的是最大限度地利用通常在我们的家庭空间中流动的隐含的能量。设计师将住宅视为一台生物机器，用于过滤、处理和回收我们传统上认为的废物。

沼气生物分解器是这个概念的核心，它嵌入一个厨房岛台，其中包括一个切菜板、一个垃圾粉碎机和一个燃气灶。**沼气生物分解器**通过细菌在垃圾处理装置中分解有机物的过程来产生甲烷。燃气为灶台和系统中其他部分的灯和水加热部件提供动力。

食品柜结合了餐桌和食物储存单元。镶嵌在餐桌中央的陶制盒子被来自生物分解器的热水管加热，其厚度和体积各不相同，以提供不同的温度范围。

链斗式升降机是一个“升级回收”塑料的装置（只要塑料不含有毒化学物质）。塑料被磨成小块，可以被真菌自然消化，然后，可以收获和食用。蘑菇生长在一个可拆卸的车轮形状的支架中，便于取用。

生物灯是一个可以悬挂或壁挂的玻璃单元，通过硅管连接到底部的食物储存器。照明是由生物发光细菌——由来自生物消化器的甲烷维持——或由带化学成分的液体荧光蛋白提供的。这两种方法都是在低温下产生光，而不像浪费大量热量的白炽灯。

城市蜂巢的设计是为了让家庭养蜂。城市蜂巢可以安装在外墙上，外面的部分装有一个开口，以便蜜蜂进入和离开。在内部，一个空间被包含在玻璃容器中，它类似于一个蚂蚁农场，可以从家庭内部看到。昆虫找到一个预先存在的蜂窝结构，然后可以在上面建造自己的蜂窝，而橙色的光线可以进入内部的玻璃，这是它们所需要的。该装置包括一个用烟雾安抚居住者的系统，以便于从内部采用蜂蜜。

过滤式蹲便器的概念认为排泄物是家庭生态系统的一个必要组成部分，并强调了从依赖公共设施的卫生设施到再生的、本地化产品的重要转变。一系列的木炭、沙子和陶瓷过滤器将固体分流到生物分解器，并产生灰水用于其他用途。它的目的是展示人类废物的能源价值，并提高人们对水资源浪费的认识——冲水机制是基于印度苏拉布基金会开发的一升水冲厕所的技术。

右图 157

含有木炭、沙子和陶瓷过滤器的**过滤式蹲便器**，它排出了可以用来培育植物的营养物质，从而突出了我们传统上认为的废物的价值。

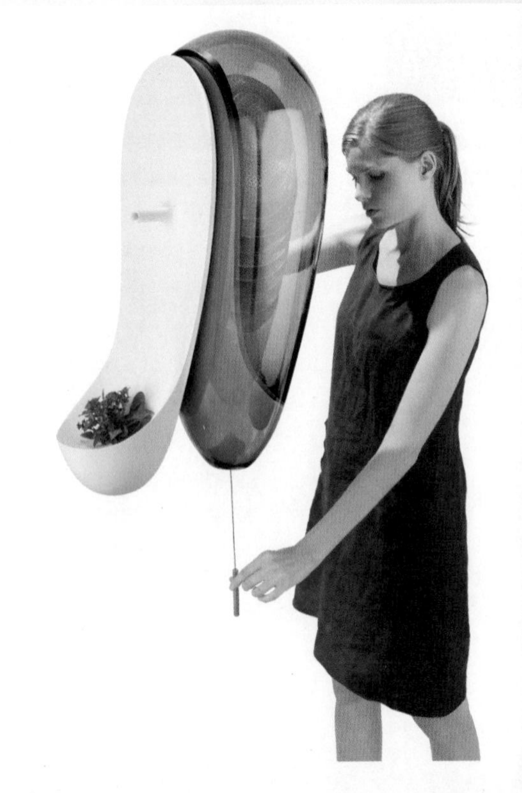

右图 158

安装在窗户上并向外开放的**城市蜂巢**，提供了蚂蚁农场概念的新版本。在室内的观察者可以看到蜜蜂建造和维护它们的蜂巢。

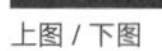

上图 / 下图　159, 160, 161

食品柜利用生物分解器的能量来改变其食物储存箱的温度。

上图　162

生物分解器是一个厨房废物处理系统。它容纳的细菌会吞噬不需要的有机物，并产生甲烷，为灶台和热水器提供燃料。

上图 163

这款以老式客运电梯系统命名的设备——**链斗式升降机**——可以分解某些塑料，使其被真菌消化，从而可以被收获和食用。

右图 164

链斗式升降机的内部研磨机的细节。塑料必须不含有毒的油墨和抛光剂，才能安全地培育蘑菇。

上图 / 左图 165, 166

生物灯由玻璃腔组成，里面装满了生物发光的细菌和营养物质，或维持照明所需的酶和蛋白质，其工作温度比白炽灯所需的温度低。

高空中的守护者

就像之前的炸弹和毒品嗅探犬一样，这些猛禽利用进化所赋予的古老生物工具，对抗当代的威胁——无人机。

工具：白头鹰、白尾鹰

设计师：斯乔德·霍根道恩（Sjoerd Hoogendoorn，荷兰人）/本·德·凯泽尔（Ben de Keijze，荷兰人）

状态：进行中

廉价无人机的普及在各种环境中都带来了新的安全风险，包括大型设备的运行、易碎或有毒材料的处理。在对此类风险敏感的环境中，机场也许是排首位的，因为无人机的干扰或碰撞有可能在商业飞机的起飞或降落过程中造成灾难性的故障。

与其他由新技术引发的安全考虑一样，专家们一直在努力解决在保护方面可以做些什么的问题。他们已经考虑了诸如激光、电磁脉冲、防御性警卫无人机或高速撒网等解决方案。但一个更巧妙和低技术含量的方法似乎是最可行的：训练鹰等猛禽来猎杀和击落空中的无人机。

率先为此目的训练和部署鸟类的公司是位于海牙的空中守护（Guard From Above）公司。他们的专家团队训练雄鹰将无人机视为一种新型猎物，在成功拦截后给予它们食物奖励。这个需要大约一年的日常训练，通过护理和调节来强化它们的行为。事实证明，白头鹰和白尾鹰是最合适的鸟类物种，因为它们兼具狩猎能力和对人类的适应性。

为了获得这些鸟，空中守护公司遵循严格的审查程序，与欧洲各地的动物园开展合作。正如创始人斯乔德·霍根道恩说，“不是每只鸟都具备成为真正的无人机猎手的技能和能力。”看到这些鸟儿在工作，就像看到炸弹和毒品嗅探犬的时候一样，它们有力地提醒我们，我们一些最好的技术很难与通过数百万年的进化所形成的能力竞争。

上图 167

需要长达一年的精心调教，才能训练老鹰捕猎和对抗无人机，就像它们是天然猎物一样。

上图 168

无人机在许多环境中都存在安全风险，如机场或处理有毒材料的地方。鹰具有天然的速度、敏捷性和攻击性，可以可靠地处理它们。

左图 169

白头鹰和白尾鹰对培训表现出相对的接受能力，候选的鹰来自欧洲各地的动物园。

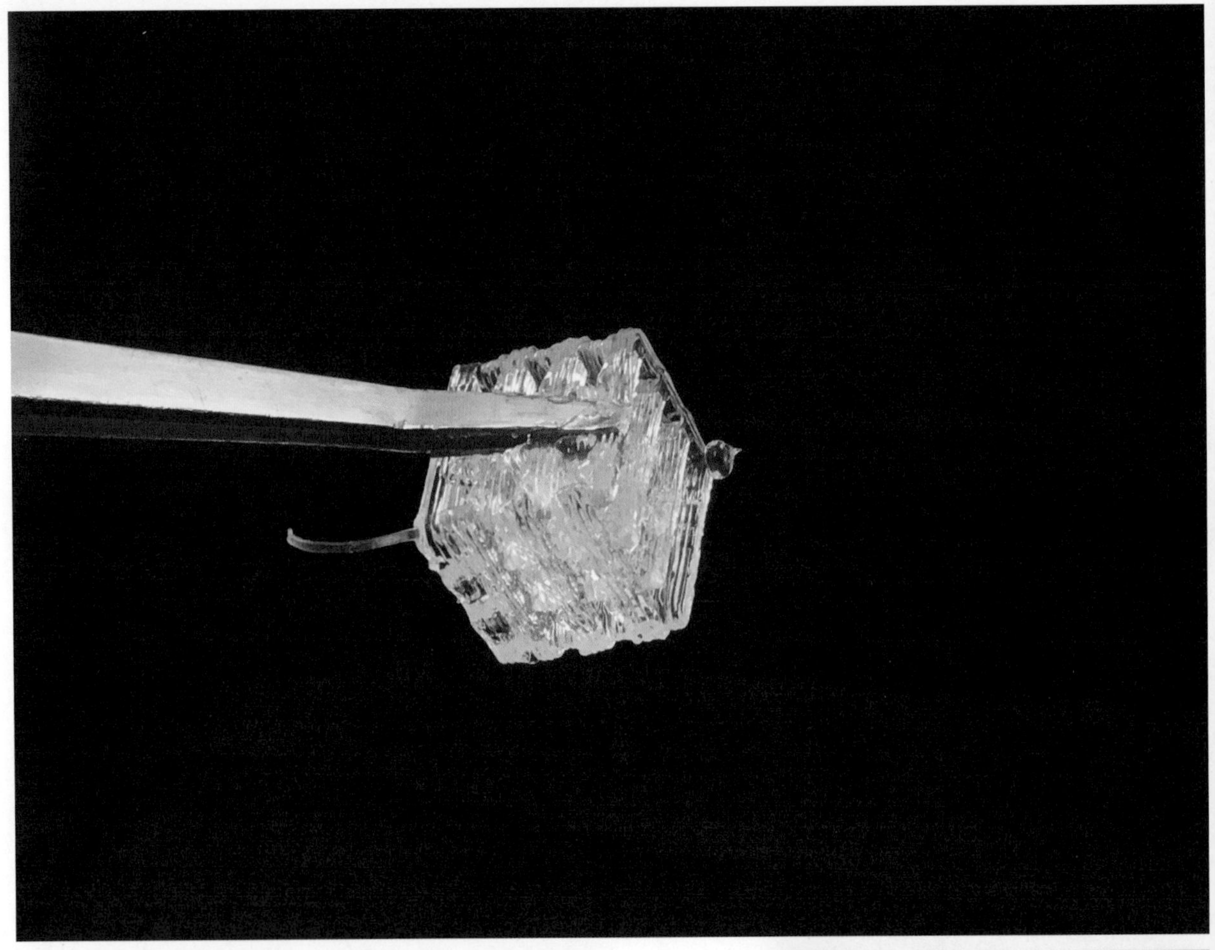

上图 170

尼尔森实验室已开发出一种方法来封装酵母细胞，使其在不繁殖或老化的情况下持续进行新陈代谢。

下图 171

在木桶或其他容器中进行批量发酵已经有几千年的历史，但也可以被取代。在法国热尔省的卡泽纳夫，这里的木桶装着正在发酵的葡萄酒。

用于生物催化的细胞水凝胶

嵌入水凝胶的酵母细胞能否无限期地发酵，颠覆从酿酒到制药的行业？

材料：聚合物、水凝胶、酿酒酵母

设计师：阿布希捷特·沙哈（Abhijit Saha，印度人）/特雷弗·约翰斯顿（Trevor G.Johnston，美国人）/瑞安·沙梵客（Ryan Shafranek，美国人）/杰斯·扎拉坦（Jesse Zalatan，美国人）/马克·A·甘特（Mark A. Ganter，美国人）/杜安·斯特丽（Duane Stortl，美国人）/阿莎金·尼尔森（Alshakim Nelson，美国人），美国西雅图华盛顿大学

状态：原型

长期以来，发酵过程一直被用于工业用途，从面包、葡萄酒和啤酒制造到最近的药物或燃料生产。几千年来，这个过程的步骤一直相对不变：无论原料是来自面粉、大麦、葡萄、蜂蜜抑或是其他，步骤都是将含糖液体与酵母细胞结合起来，慢慢消化糖。酵母细胞反过来繁殖并产生有用的化合物——例如，帮助面团发酵的二氧化碳，给啤酒或葡萄酒带来刺激性的乙醇，或者在今天的实验室里，可以用于医疗或工业的蛋白质或酶。合成生物学的突破扩大了这一古老技术的潜在用途，在最近改变酵母细胞以生产可治疗疟疾的青蒿素或新型可燃燃料等化合物的努力中实现了。

然而，对这一过程进行持续的限制是批量工作的需要。这包括生物学家和酿酒师都熟悉的一系列步骤，其中酵母菌群体消化可用的营养物质，繁殖，并最终以并不总是可预测的速度死亡，然后留下一层厚厚的沉积物，这些废物必须被清除。尼尔森先生和他的团队在他们的水凝胶悬浮酵母应用中所开发的技术避开了这种劳动密集型和不确定的过程。通过将细胞封装在水凝胶（水和聚合物的混合物）并使用定制设计的3D打印机进行挤压，以创建一个边长为1厘米的立方体，他们发现，酵母似乎可以无限期地工作，而不会繁殖或老化。由于尚未完全了解的原因，水凝胶内的限制向酵母发出了不繁殖的信号，同时保留了它的新陈代谢。水凝胶通过使糖进入和使废弃化合物排出来支持它的新陈代谢。

这一关键行为提供了批量加工一直缺乏的控制水平，无论是从大肠杆菌这样的生物体中制造有用的药物化合物（如胰岛素），还是试图用合适的酯类浓度制造葡萄酒以产生特定的风味。这一意义是巨大的，特别是如果有用化合物的连续发酵过程能够达到工业规模，具有机械精度和可预测性。尼尔森实验室正在继续它的研究，努力扩大水凝胶立方体的尺寸，并测试使用打印的、嵌入酵母的聚合物块可以生产哪些其他种类的医疗或工业化合物。

设计师们可能会将这项技术应用于日常使用的物品或设备，也许可以实现营养化合物、药品或酒精饮料的超本地化和无限制生产。用于以相对较低的成本在家中简单生产基本必需品的新容器或多腔室系统，可能近在咫尺。

对页图 / 下图 172, 173

嵌入酵母细胞的3D打印水凝胶块可以使营养物质进入，而细胞的新陈代谢产物则被排出。潜在的应用包括饮料、药品和燃料的生产。

环保摇篮

当寻找一种多功能和可持续的塑料替代品时，蘑菇是否可以？

材料：真菌菌丝体、当地农业废料（包括种子壳）

设计师：伊本·拜尔（Eben Bayer，美国人），加文·麦金泰尔（Gavin McIntyre，美国人），生态公司（Ecovative），美国纽约

状态：制作中

生态公司已经创造了一种有机物，可以替代传统的石油聚合物泡沫材料。石油聚合物泡沫材料通常可以持续存在几百年或几千年，占垃圾填埋场废物量的25%，而且通常含有有害化合物，如苯。这一新的替代品被称为MycoFoam™，有可能会被用于多种产品，从建筑材料、包装到汽车部件。这种低能耗的复合材料具有耐热性，并可以进行完全的生物降解。

“环保摇篮”（EcoCradle）是一种由MycoFoam™制成的包装解决方案，为聚苯乙烯提供了一种可行和可取的替代品。其生产过程依赖于蘑菇特别是菌丝体的自然生长。菌丝体是一种真菌的植物结构。这为材料的生长提供了一个活的框架。另一个主要成分是农作物废料（如种子壳），它被混合在供菌丝体使用的原料介质中，并被置于决定最终产品形式的模具中。菌丝体生长后可填补任何可用的空间，并创造一个刚性的聚合物矩阵。其结果是一种轻质、不可压缩的结构，在干燥条件下与竞争对手一样耐用，但当它被丢弃在堆肥上时就会开始降解。

这种材料在价格和生产时间方面与石油产品相比具有竞争力，它在黑暗中生长，在不到两周的时间内就可以长成。真菌菌株几乎可以以世界上任何地区的农作物和生物质废料为食。

上图 174，175

这种纯天然的材料可以种植出来，以填充定制的形状，使其用于包装。

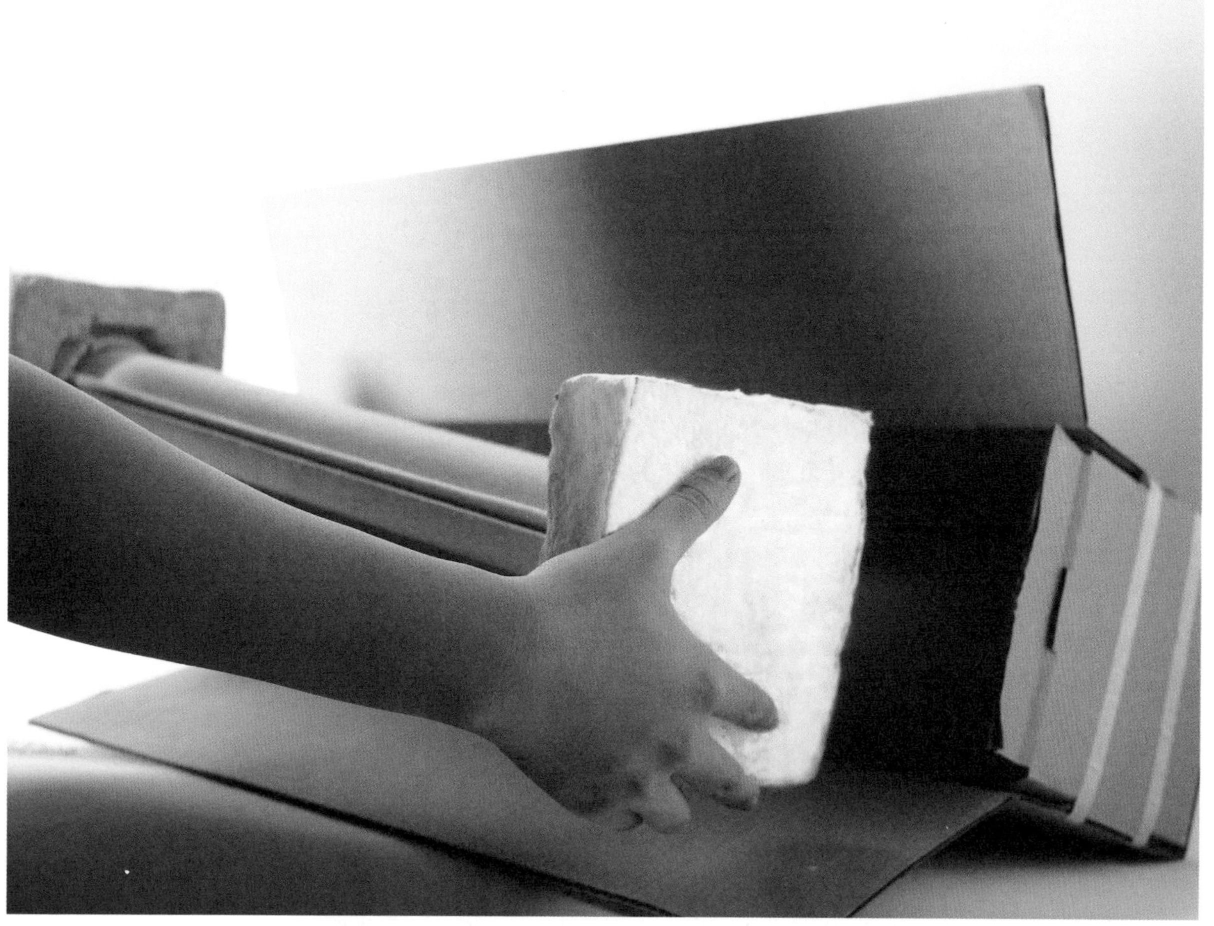

上图　176

聚苯乙烯的使用寿命很短，但它在垃圾填埋场可持续存在数百年。与聚苯乙烯不同，这种材料在使用后可立即返回土壤中，在那里它可以进行无害分解。

上图 / 对页图　177, 178

早期采用该包装材料的有戴尔、Steelcase、美国国家海洋和大气管理局。

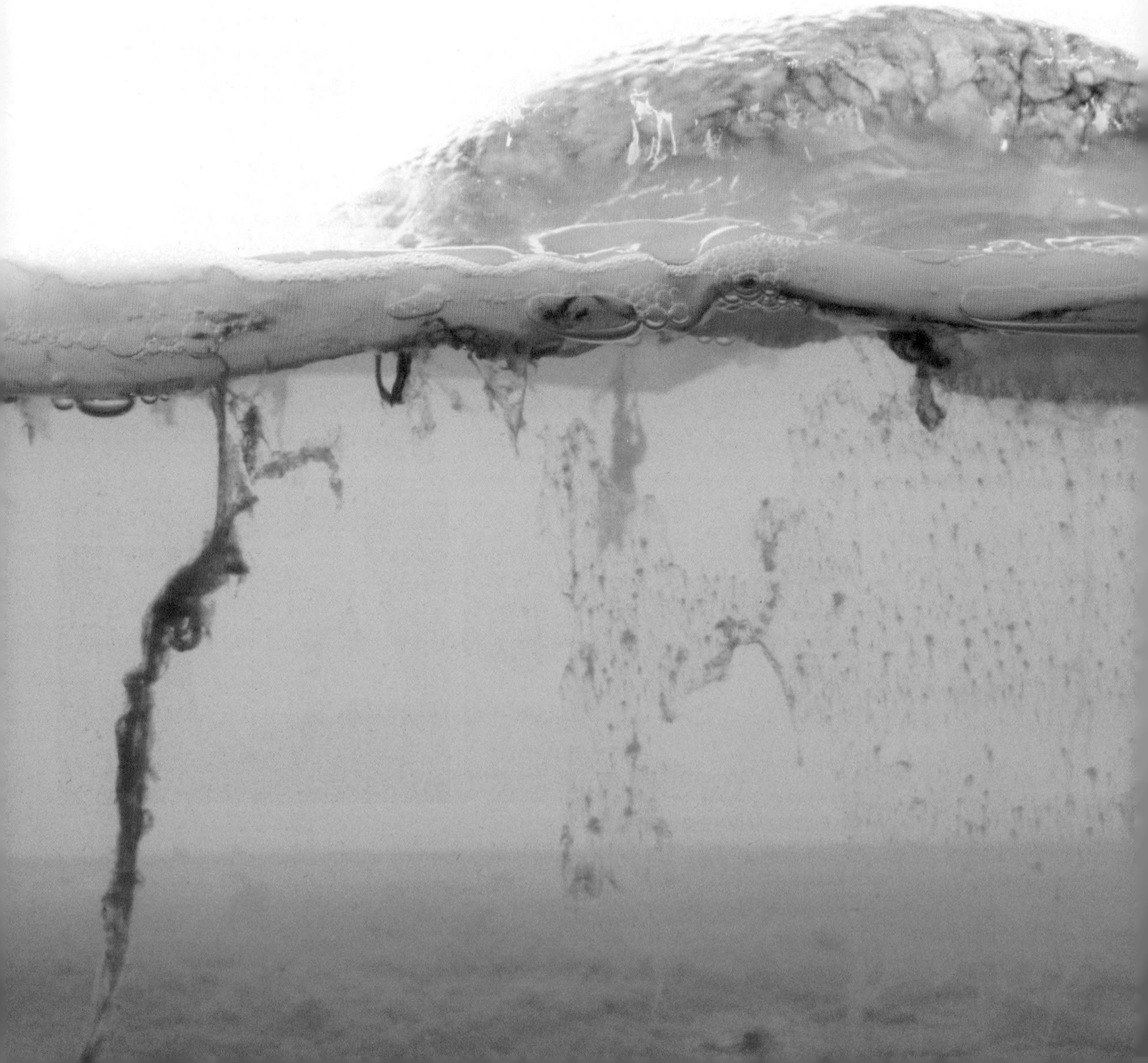

生物服装

细菌培养的衣服对环境影响较小，重新成为一种生态立场的时尚宣言。

材料：绿茶、糖、酵母、种植的微生物纤维素、天然染料

设计师：苏珊娜·李（Suzanne Lee，英国人），英国伦敦中央圣马丁艺术与设计学院

状态：原型

许多纺织品以植物材料或石油化工产品为原料。这个项目研究如何利用微生物种植生物材料，使其不仅用于时装业，而且用于需要织物的其他制造领域。

在糖的发酵过程，即细菌获得能量的过程（例如我们的酸奶生产的过程）中，一些菌株会产生纯纤维素的微纤维。这些纤维素相互粘连，最终形成一个致密但柔韧的层。在“生物服装”中，细菌被添加到一个含糖的绿茶溶液中，该溶液还含有酵母和其他微生物。两到三周后，在液体的表面形成一个大约1.5厘米厚的“皮肤”，它可以被移除，并以不同的方式使用。如果它仍然是湿的，就可以被塑造成三维形状，而如果让它变干，它可以以更传统的纺织品的方式进行切割和缝制。这种材料很容易用天然着色剂进行染色。

该产品在感觉上类似于人造皮革，但就像植物废料一样，在其使用寿命结束后可以用它安全地进行堆肥。设计师还在继续研究如何引导细菌产生特定形状的纤维素，同时保持其柔韧性。她还希望控制生物降解，使产品不会意外腐烂，也使材料具有防水性。

传统的纺织品生产、消费和处置都对环境有严重影响。然而，这项新技术有望成为一种更可持续的选择。一旦大规模实施，它还可以利用食品和饮料行业的废物流。

对页图 179

营养介质中的细菌以糖为食，产生薄薄的柔性纤维素链，最终在液体表面形成皮肤。

上图 180

这件衣服形似牛仔夹克，完全由培养的细菌纤维素手工缝制而成，然后用靛蓝染料处理。

上图 181

一件印有水果图案的短夹克，混合使用了黑莓、蓝莓和甜菜根。

当地的河流

增加家庭生产和储存食物是让鱼类资源和其他自然资源从过度开发中恢复的一种方式吗？

材料：吹制玻璃、水泵、接头、各种鱼和植物

设计师：马蒂厄·勒汉内尔（Mathieu Lehanneur，法国人），马蒂厄·勒汉内尔工作室，法国巴黎
受美国艺术空间的委托

状态：已完成

为了响应“本地主义”（对本地食品的偏好）的兴起，这个项目展示了一个微型养鱼场兼厨房花园，将鱼菜共生与鱼和植物之间的共生关系相结合。植物能够从它们下面的鱼缸里的鱼的排泄物中获得富含硝酸盐的营养物质。同时，它们还能过滤水中的杂质，并帮助其充氧，从而优化鱼类的环境。这种平衡就像一个微型的生态系统，反映了大型养鱼场使用的方法，这些养鱼场在养殖罗非鱼的池塘水面的托盘上种植了莴苣。

“当地的河流”的设计是对人们对新鲜食物（可追溯到当地来源的）的日益增长的需求的认可。在海洋过度捕捞的阴影下，预计我们对农场养殖的淡水鱼的需求会增加，该项目还提供了一个比“电视水族馆”更实用的选择。在这里，一顿饭所需食材在被烹饪端给它们的饲养者之前，会在相当于冰箱的地方短暂地共处一段时间。

对页图 182

这个水生家庭花园既有功能性又有装饰性——淡水鳗鱼和其他鱼类与香草园共处。

上图 183

冰箱水族箱不仅可以储存食材，还可以鼓励主人对食物链中的循环有更深的了解。

上图 / 右图 184，185

淡水鳟鱼、鳗鱼和鲈鱼很有吸引力，因为食客喜欢的许多咸水鱼类品种现在在世界各地都在减少。

苔藓桌

我们应该鼓励把苔藓作为一种可再生的能源，而不是把它当作麻烦的杂草。

材料：ABS塑料、亚克力、碳纤维、含铂金微粒子的碳纸、氯丁橡胶、苔藓、土壤

设计师：卡洛斯·佩拉尔塔（Carlos Peralta，英国人，出生于哥伦比亚）/亚历克斯·德赖弗（Alex Driver，英国人）/保罗·邦贝利（Paolo Bombelli，意大利人），英国剑桥大学化学工程与生物技术系、生物化学系、植物科学系、制造研究所/英国巴斯大学化学系

状态：原型

不起眼的苔藓在郊区的草坪上可能通常不受欢迎，但它们提供廉价电力的潜力可能会使它们获得新的生命力。这个由设计师和科学家组成的团队认为这些植物有望使用一种叫作生物光伏的新兴技术。

通过“苔藓桌”，他们展示了在不久的将来如何利用太阳的能量为小型设备供电，如灯具和钟表。虽然原型确实能产生能量，但它需要电池的帮助来为设备供电。在光合作用过程中，苔藓合成了一系列有机化合物，其中一些被释放到土壤中。反过来，共生细菌以这些化合物为食，在分解它们供自己使用时，向土壤中释放出稳定的电子流。带电粒子使用碳纤维吸收它们，可以被引导成可用的电流。

通过展示一件日常用品——桌子，该团队向广大观众提供了展示他们研究潜力的视觉简约表达。他们希望通过展示他们的作品，向人们传播对该技术的兴趣，以及未来像他们这样的跨学科合作的潜在好处。

对页图 186

为了展示利用土壤微生物活动的效用，设计师选择了一个日常用品，它既需要电源，又因包括一个有生命的组成部分而在美学上受益。

上图 / 右上图 187, 188, 189, 190

装有苔藓和肥沃土壤的花盆被放在桌子内的重复出现的容器中。

上图 191

每个花盆都装有一根碳纤维，它可以捕捉和引导土壤内有机活动所产生的电子流。

上图 192

“苔藓桌”目前还不能产生足够的能量点亮一盏灯，但它展示了这种技术的潜在未来应用。

上图 193

苔藓旺盛的生命力使其成为突出共生主题的设计的最佳选择：产生的一部分光能被发生光合作用的细胞重新吸收。

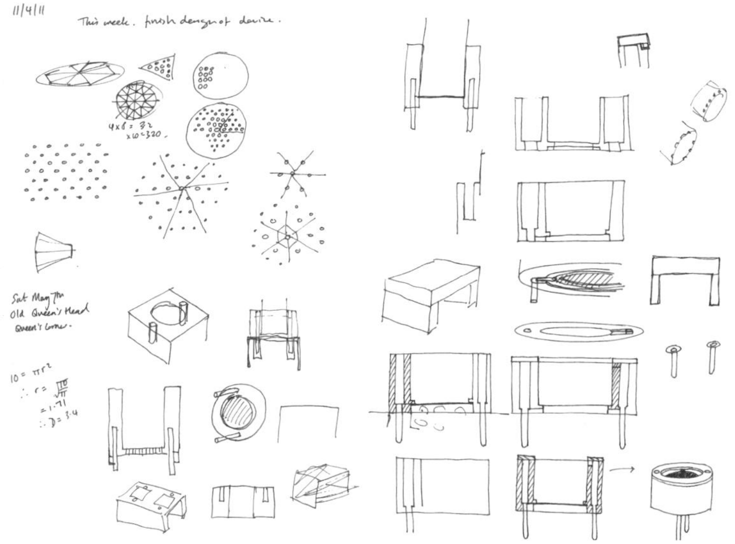

右图 194

设计概念的部分早期草图。

ZOA

诱导酵母制造胶原蛋白，并掌握如何加工胶原蛋白以表现出皮肤或肌肉的材料特性，而不需要动物或受到动物形态的限制。

材料：针织棉、涤纶垫片、生物制造技术皮革

设计师：苏珊娜·李（Suzanne Lee，英国人），艾米·康登（Amy Congdon，英国人），现代牧场公司(Modern Meadow，美国人）

状态：原型

这个项目是一个材料原型，它可能标志着皮革生产产生大量浪费的时代结束。赋予皮革理想的质地、弹性和耐久性的核心成分是胶原蛋白，它是动物体内结缔组织中的主要结构蛋白。就像一种生物胶一样，胶原蛋白将皮肤、肌腱和韧带粘在一起。这就是为什么我们使用牛等大型动物的皮来制造皮革产品，因为它们是化合物丰富的来源，尽管是低效的来源。

长期以来，很难找到一种替代材料，既能拥有动物胶原蛋白的材料特性，又能减少其对环境的影响。合成物往往不尽如人意，需要大量的石油化工产品，或退化速度更快。生物替代品，如微生物纤维素，显示出了良好的前景，但也面临着一些障碍，例如，如何使它们最耐用。其他使用哺乳动物细胞的在实验室培育的替代品已经被证明是能量密集型的，而且容易被机会性微生物感染。此外，实验室中的哺乳动物组织需要使用胎牛血清才能茁壮成长，而胎牛血清是从未出生小牛的血液中提取的。因此，大多数所谓的实验室培育的“肉”并不像听起来那样真正无害。

现代牧场公司的科学家和设计师转向了植物王国，使用用糖喂养的转基因酵母来生产胶原蛋白，然后用公司自己的独特方法对其进行提纯、压榨和加工。由于Zoa摆脱了动物形态的束缚，它可以拥有前所未有的形状、厚度和视觉效果。这些页面中展示的原型是纽约MoMA为2017年展览“物品：时尚是现代的吗？”（由保拉·安东内利策划）委托制作的。在这里，Zoa是以液体形式使用的，这使得它可以变形，并与其他材料结合，而不需要缝合。现代牧场公司附在原型上的标语是“一种新的动物诞生了”，以强调皮革纹理图案在这个过程中的灵活性，使他们创造出在自然界中看不到的形式。

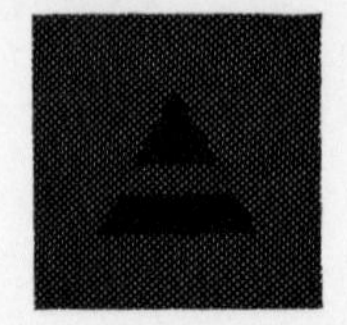

右图 195, 196, 197

摆脱了兽皮限制的生物制造技术所制皮革样品。这种材料可以滴在表面上，或以其他方式连接，没有传统的接缝。从样品中可以看出的字母，从上到下，都是“ZOA”。

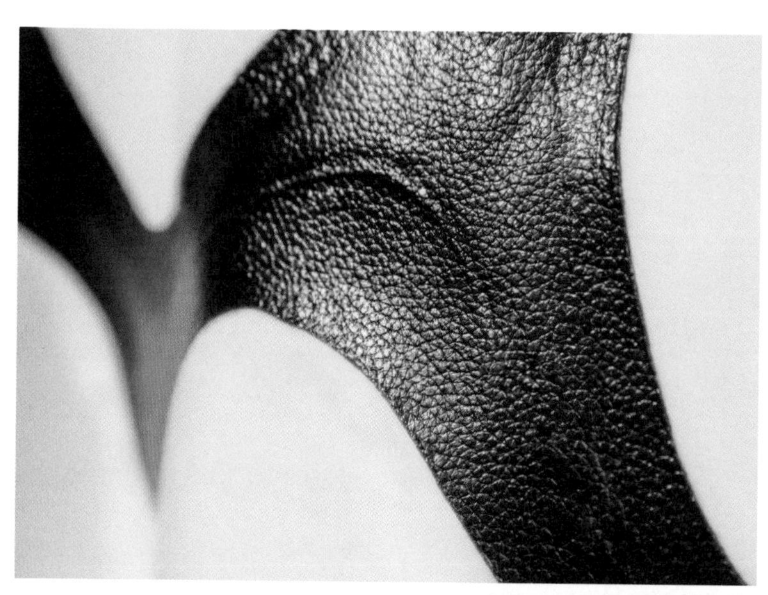

左图 198

为纽约MoMA制作的生物制造技术所制皮革样品的纹理在外观、质地和耐久性方面与动物皮革相似。

下图 199

Zoa原型中使用的棉、网和生物制造技术所制皮革的组合特写，它完全由植物或合成材料制成。

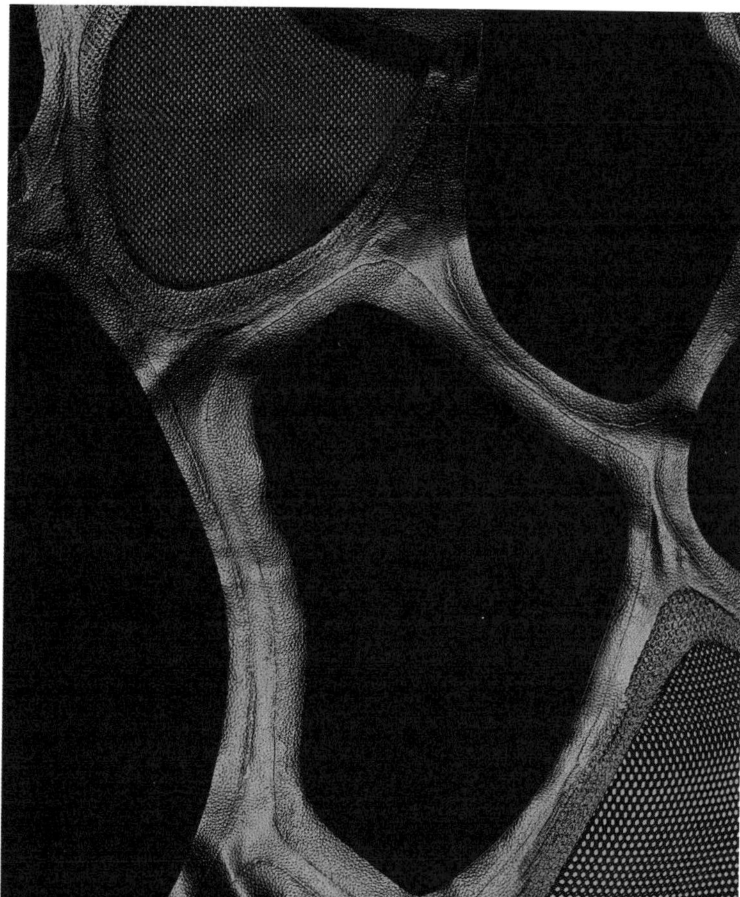

下图 200

现代牧场公司的首席创意官苏珊娜·李与高级材料设计师艾米·康登合作。

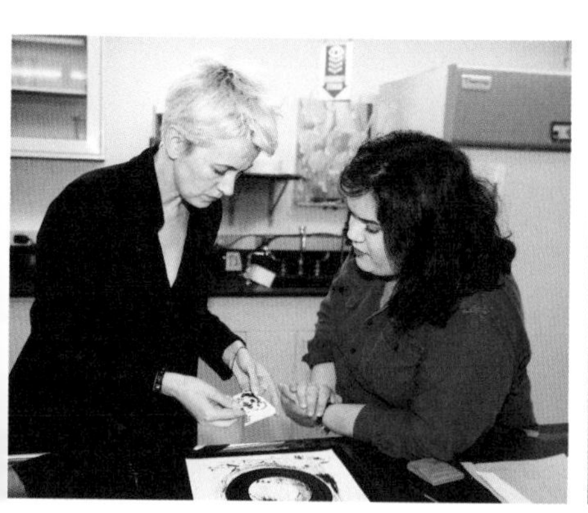

对页图 201

由酵母而不是动物产生的胶原蛋白制成的皮革产品没有疤痕、虫咬或因脱毛而产生的瑕疵问题。

右图 202, 203

（左）与生物制造技术所制皮革样品连接的间隔织物；
（右）马海毛上的生物合成皮革的样品。

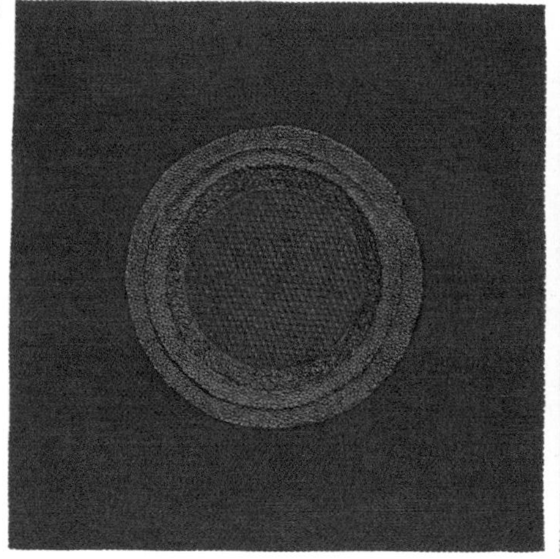

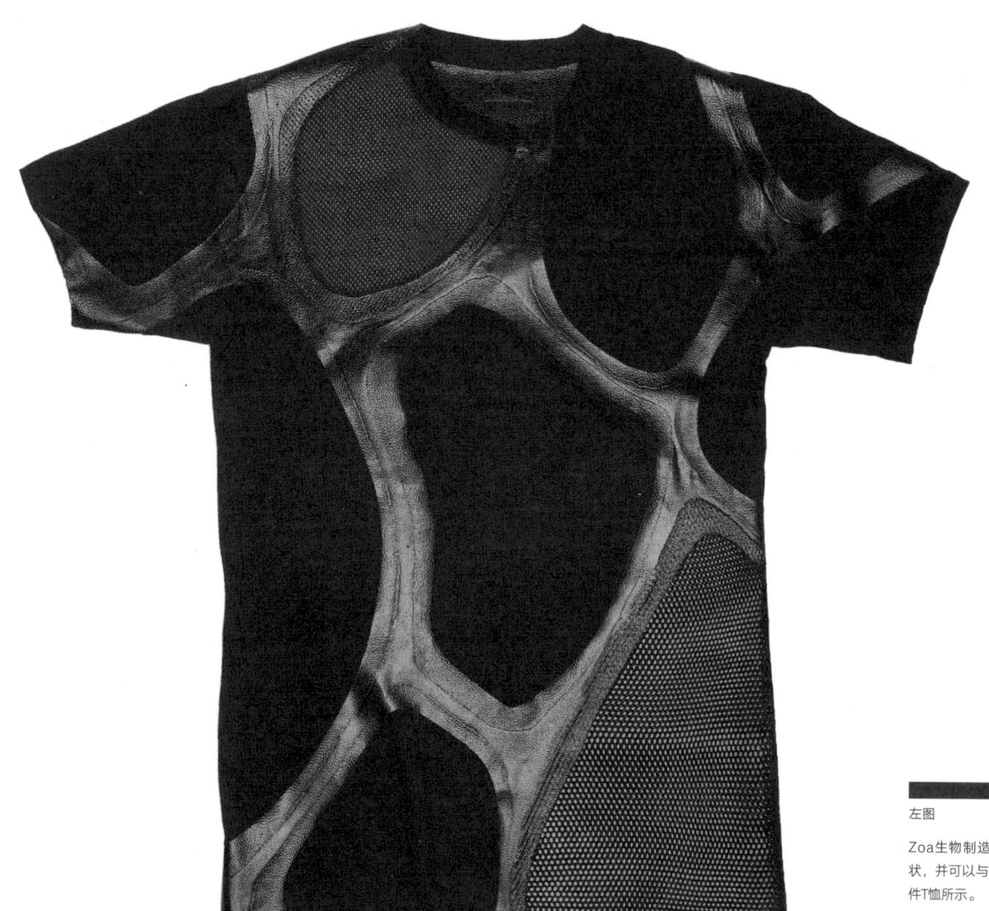

左图 204

Zoa生物制造技术所制皮革可以变形为任何形状，并可以与其他材料结合而不需要缝合，如这件T恤所示。

上图 205

由细菌驱动的照明设备和广告牌可以在城市中使用（这个艺术效果图显示的是纽约的时代广场）。

右图 206

含有梭梨甲藻的发光条被风吹动，照亮室外公共场所。

上图 207

含有生物发光细菌种群的有机的一次性部件被固定在市中心几栋建筑物的外墙上。

上图/右图 208，209

用生物发光细菌所照亮的城市内街道和公园以及自然环境的公共空间环境照明，也被用来照亮路标。

生物发光装置

可以为不同的公共空间配置的活照明。

材料：藻类、细菌（费氏弧菌）、菌丝体、各种类型的农业废弃物

设计师：爱德华多·马约拉尔·冈萨雷斯（Eduardo Mayoral Gonzalez，西班牙人），西班牙塞维利亚大学/美国纽约哥伦比亚大学建筑、规划和保护研究生院

状态：概念

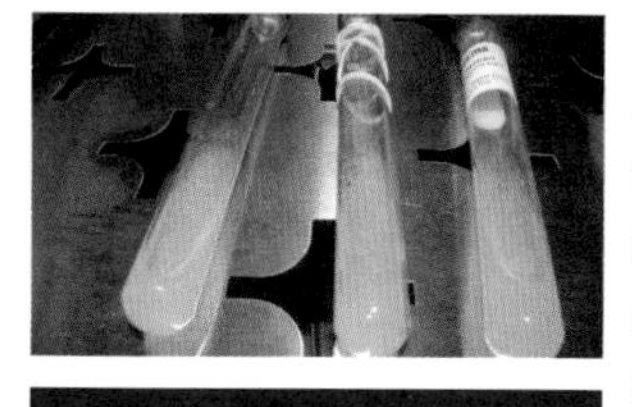

上图 210

在纽约布鲁克林的“一实验室”，在富含营养物质的琼脂中培养费氏弧菌。

该项目涉及设计和制造建筑上集成的发光装置，利用微生物种群的生物发光。其结果是不需要金属、工业制造或电力，也不产生人工废物的有机照明。该提案设想了生物发光在街道、公园、高速公路柱子、标志和庇护所上的几种应用。将生物体产生的自然化学反应应用到建筑环境中，有助于挑战传统的人造空间和自然空间之间的鸿沟，同时满足提高建筑的生态性能的迫切需要。

用于零电力照明的生物发光装置利用了一种在黑暗中自然发出淡绿色的细菌——费氏弧菌，以及一种在运动时发出蓝光的藻类——梭梨甲藻（Pyrocystis Fusiformis）。值得注意的是，这两种微生物在昼夜节律中产生生物发光，这意味着它们在夜间更加活跃，从而产生更多的光。

这些微生物可以在琼脂上生长，只要有营养物质，就会继续繁殖。建筑师在实验室环境中对它们进行了测试（与纽约布鲁克林的“一实验室”合作），以确定如何更好地将它们包裹并保存在受控栖息地中。不同形状的透明容器内放置不同的种群，以确定哪些设备是可行的——从简单的灯到广告牌。

这两种微生物都是在世界各地的海洋栖息地生长的自然微生物，它们可能被证明对基因改造有用，以支持未来的不同设计应用。

生物加密

细菌的DNA提供了一个数字存储的系统，在1克大肠杆菌中可以存储大约900兆字节的数据。

材料及工具：改良细菌（大肠杆菌）、加密方法

设计师：Yu Chi-Shing（中国人）/Yim Kay-Yuen（中国人）/Li Jing-Woei（中国人）/Wong In-Chun（中国人）/Wong Kit-Ying（中国人）/Chan Ting-Fung（中国人），2010年香港中文大学生命科学学院IGEM（国际基因工程机械竞赛）团队；2010年国际基因工程机械竞赛金牌得主

状态：原型

在以前的工作（Bancroft, et al., 2001）及2007年在日本庆应大学进行的一项实验工作（研究人员将一串简单的字母，即爱因斯坦的$E=mc^2$，编码到一种普通土壤细菌的DNA中）的基础上，这个学生项目将这种DNA编码的概念进一步推广。iGEM团队创建了一个数字存储系统，使用了DNA碱基对中的分子组合：鸟嘌呤、胞嘧啶、腺嘌呤和胸腺嘧啶。

“生物加密”涉及一种将数据分割成小的代码串的方法，与硬盘将信息分割成扇区以方便存储和恢复的方式不一样。由于在一个DNA分子中，500万个左右的不同碱基对中散布着大块的信息，考虑到细菌的微小尺寸，信息可以被压缩到一个神奇的水平：1克土壤中可以容纳4000万或更多细菌。

该团队还创建了一个精心设计的三层安全加密技术和一系列检查，以便对存储的数据串进行扰乱，但不干扰细胞功能。任何可能破坏信息的自然突变都会被检测和处理。如果这项技术能够得到充分的发展，它可以用来保护和储存大量的数据，而这要归功于这些多产并且强大的物种的自然冗余。作为一个新的信息储存板，这样的系统可能对编码转基因生物（如粮食作物）的来源数据有着至关重要的作用。

上图　211

香港中文大学iGEM团队使用的培养皿、烧瓶和燃烧器。

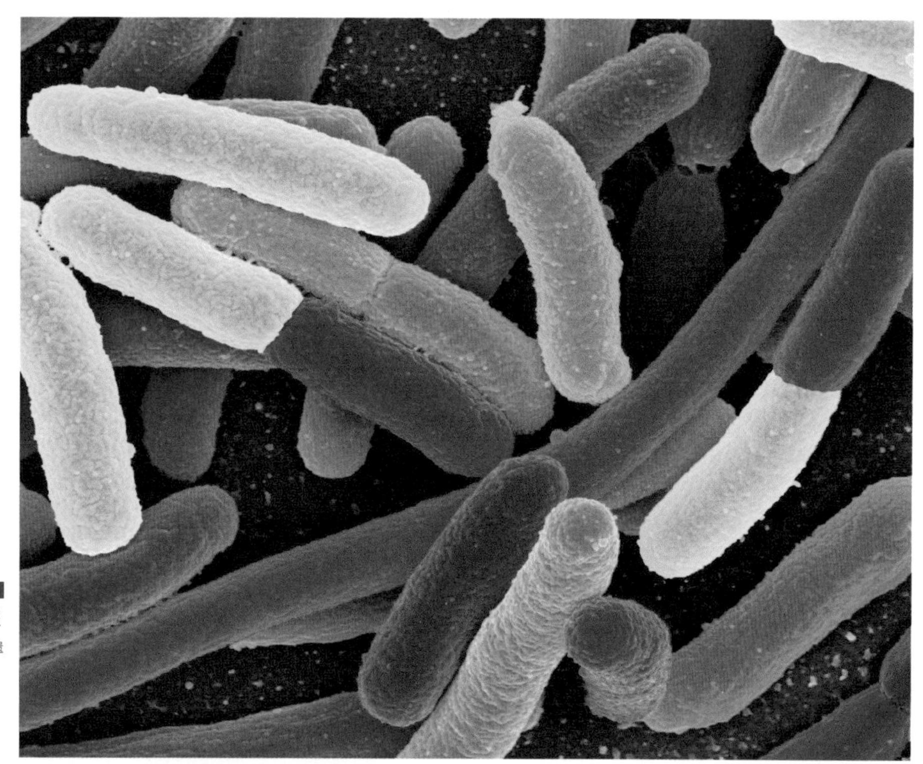

右图 212

多色细菌的艺术渲染，代表了在细胞水平上的遗传操作，以存储二进制代码的1和0。

上图 213

该团队设计了一个系统，将数字数据分割成扇形，并在单个DNA分子中的500万个不同的碱基对上传播。

上图 214

学生研究人员因在年度iGEM比赛中获得了金奖。

上图 215

开发了三层安全加密技术，以保护存储的数据，并检测任何导致DNA碱基对顺序意外变化的自然突变。

阿米诺实验室

一系列新的直觉设计的工具包使我们走向一个平台，使学生或成年非专业人士真正接触到合成生物学。

材料：用于初级生物技术实验的混合媒体工具包

设计师：朱莉·勒哥特（Julie Legault，加拿大人）/贾斯汀·帕哈拉（Justin Pahara，加拿大人）

状态：制作中

第一批个人电脑是在20世纪70年代开发的，其关键理念是：让资金雄厚的大学或公司以外的个人也能使用电脑处理信息，这将推动创新。创立阿米诺实验室的设计师们也遵循类似的思路，但他们没有开发科莫多宠物（Commodore PET）或苹果一代（Apple I），而是向市场推出了一系列工具包，使合成生物学的实践更加简单和直观。为了做一个更近期的比较，该公司的联合创始人朱莉·勒哥特希望“看到世界接受合成生物学，就像他们在过去几年里接受开源硬件Arduino黑客技术那样”。

阿米诺工具包作为小型生物工程平台，将使任何人都能学习如何利用DNA对生命系统进行编程，以创造新事物。它们包括DNA、细胞和试剂等湿件，允许用户构建和培养他们自己的协同生物体，例如，可以表现出不同的颜色、发光效果、气味和味道。这些属性在有用产品中的潜在应用是多种多样的。例如，培养出来的颜色可以用来给织物染色，制作涂料，或用于印刷；发酵工具包可以用来制作酸奶和定制饮料；生物传感器可以被设计以呈现不同的颜色或香味，由环境开关（如照明或温度）触发。

除了这些工具包的实用或商业潜力外，它们提供的最大价值也许是通过动手实验获得知识。这些工具包很适合在课堂上使用，并迅速在12岁及以上儿童的科学教师中流行起来。此外，该公司正在向美国和欧洲的几十个DIY生物实验室和创客空间提供订单。阿米诺实验室的一个核心目标是帮助人们了解这项正在影响数十亿人生活的技术是如何运作的，并消除人们对它的恐惧，因为正如创始人所说，了解生物学使我们能够更考虑周到和有意义地与我们的环境互动。

右图 216，217，218

表达品红和橙色颜料的转基因细菌，都是用Engineer—it工具包制作的。

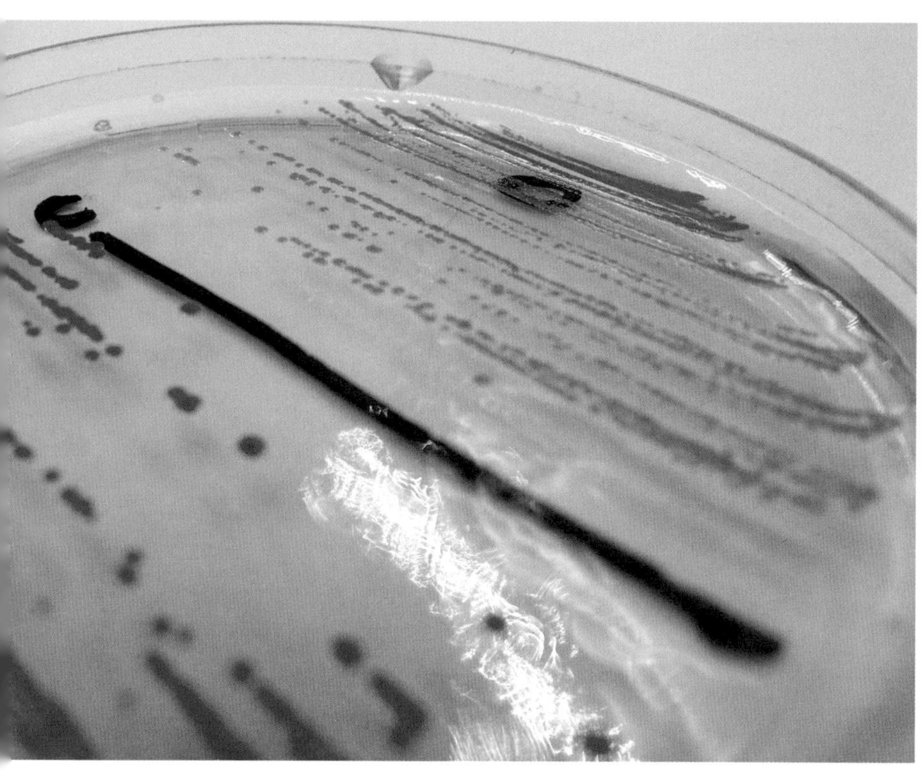

上图 220

作为学生练习的一部分，培养皿中充满了可以表现黄色色素的细菌。

左图 219

培养皿中生长的品红和红色细菌的特写，这些细菌是用Engineer-it工具包设计的。条纹显示了两种细菌的分离菌落。

下图 221、222、223

学校的孩子们使用DNA游乐场和Engineer-it工具包进行基本实验。

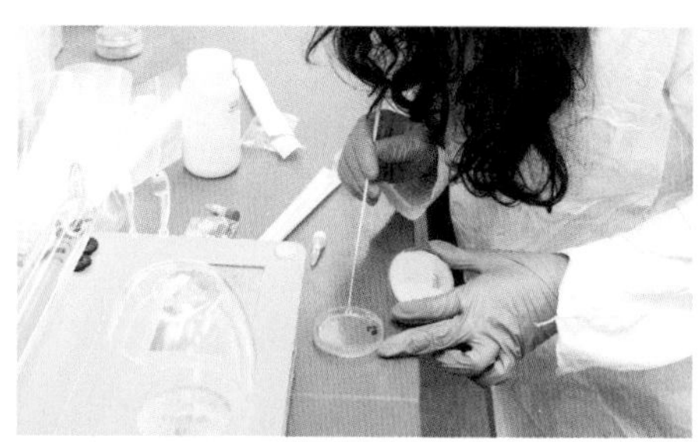

右图/下图 224，225

使用海藻制作的实验包括在法国卡马尔格地区的沼泽地和湖泊中收集不寻常的物种。这些藻类是纤维状的，可以在实验室或附近生长。

下图 226，227

这些3D打印的器皿在形式上受到1世纪罗马陶瓷的启发，是与阿尔勒古董博物馆的保护人员合作制作的。

藻类实验室和菌丝体项目

用3D打印技术来扩展与生物材料和工艺过程相关的有限的形式上的词汇。

材料：农业废弃物、菌丝体、藻类

设计师：克拉伦贝克和邓斯工作室，不寻常的设计者工作室，荷兰

状态：原型

埃里克·克拉伦贝克和马特耶·邓斯的工作室承接了各种项目，展示了他们的兴趣和专长，从设计户外公共空间和私人室内空间，到玻璃制品、香水和制作简单LED灯的DIY工具包。他们也是“多面手”工作室的典范，他们持续关注与生物的合作，并寻找新的方法，以生态友好的方式将其融入生产过程。

通过他们的藻类实验室，他们已经取得了可观的进展，使用当地的海藻来生产一种可3D打印的、可降解的生物塑料。在几个合作伙伴的帮助下，包括位于阿尔勒的项目LUMA的成员及荷兰科学家，在收获和处理这些生物的研究方面取得了进展。这些原型在设计上受到罗马餐具的启发，但与流传下来的古代陶器不同，这些基于海藻的物品将更快地降解并回归地球，而且没有当代塑料的有毒残留。

工作室的另一个长期努力方向是“菌丝体项目”，该项目专注于以一种最不寻常的方式打印家具，如椅子。他们在模具中使用一种接种了真菌孢子和营养物质的基质。经过几天的生长，菌丝体——真菌的线状根部结构——在模具中膨胀，增加了基质的密度和硬度。由此产生的结果是一些原型，它们从视觉上参考它们的起源，小但可见的真菌，通常通过子实体从椅子的不同点发芽。以这种方式制作的作品，如“面纱女士1.0”，是在设计中使用菌丝体等材料的潜力的有力而微妙的象征。

工作室的一个相关举措是分发产品“Krown”，该产品是一个工具包，包括灯罩的脚手架，以及用菌丝体填充其形状的基质和孢子。它依赖于生态公司早期研发的方法，其结果是设计形式简单得令人耳目一新，但又根深蒂固地具有多样性和复杂性，因此没有两个单元会完全相同。

上图 228

不同种类的海藻可以被种植、加工、部分干燥，并被送入3D打印机，从而形成可生物降解的形式。

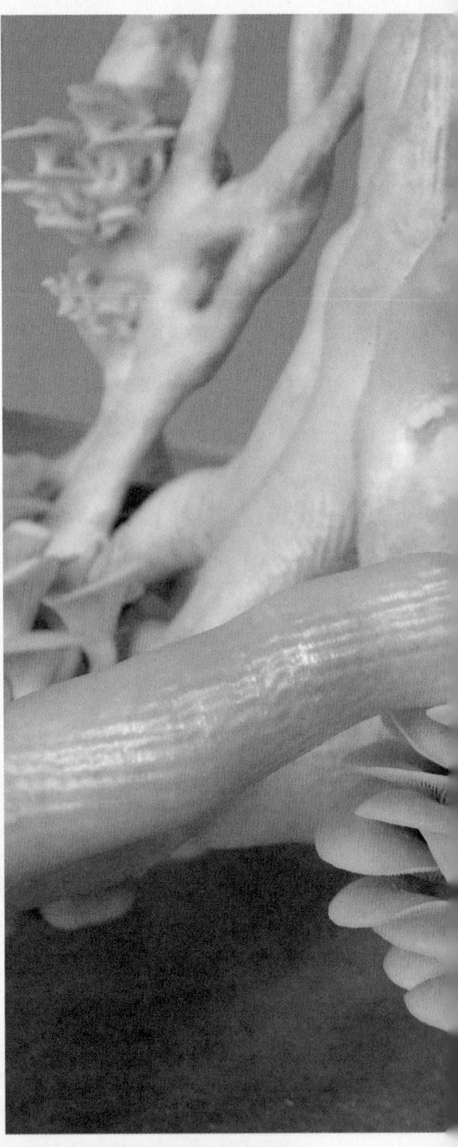

下图 229

“面纱女士1.0”凳子展示了3D打印外壳的集成，其中坚硬的体量中包含菌丝体。它在受到接种培养基挤压后变硬。

上图 230

“菌丝椅 ”的细节图。椅子利用了蘑菇根部或菌丝的内部结构。在这里，一束束带着孢子的真菌子实体从椅子外壳的小缝中钻了出来。

下图 231

从上面看“面纱女士1.0”，有一个有机的交织图案，与里面生长的微小真菌结构相呼应。

右图 232

“菌丝椅”的工艺研究，寻找生长介质、形式、印刷工艺和材料的有效组合。

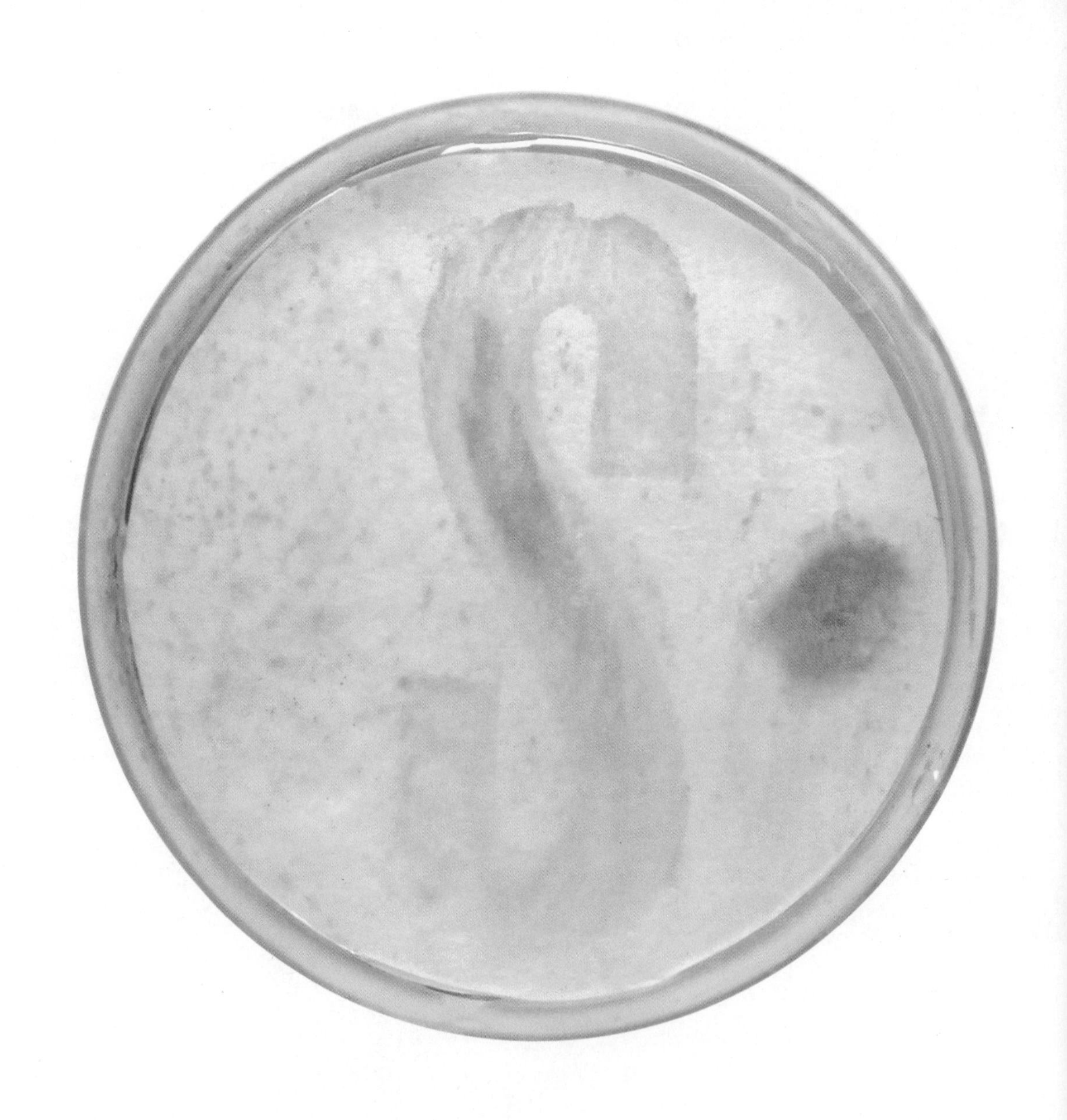

第三章

实验性功能

思辨物、教学工具与激发试验

见“共栖”，第152页。

本章介绍了一些警示性的故事、批判性的评论和实验性的技术，旨在引发对设计的潜在——通常是令人惊讶的——未来功能的讨论。尽管目标不同，但它们之间的统一方法是将生命植入新的机器。其中一些作品展示了技术将如何使我们陷入令人不安的伦理困境或招致意想不到的灾难，而其他作品则是字面上的教学工具，旨在说明生物学可能性，而不是简单地对其进行评论。许多作品来自设计师和生物学家之间的密切合作，并预示着学科之间的交流将在未来几年内成倍增加。

这一系列作品强调了实验在设计中的重要性，以及不断评估和扩展可能性（无论看似多么不可能）的重要意义。尽管这种设计与科学的联系越来越深，但它所采取的方法与科学实验截然不同。科学实验的特点是还原主义，而还原主义是消除潜在可能性并获得实验证明的知识的必要策略。相反，设计可以无限期地停留在概念阶段，甚至在想象阶段也是有效的，就像“合成王国”或“金鸽”的案例，它们帮助非专业人士理解由科学研究推动的技术进步可能带来的影响。这些项目探索了日益增多的学科交叉所具有的巨大和多样潜力，使设计师能够影响我们生活的现实和隐私的方面，从医疗诊断的方法到我们如何清洁我们的城市。在许多方面，他们解释了我们还没有用语言表达或负责任地评估的东西。有些作品存在于学生论文和艺术作品之间不断扩大的发挥空间，这个孵化区越来越受到设计、艺术和科学博物馆的支持，还吸引了网络媒体，因为新项目往往是富有想象力并具有争议的。

合成生物学和DIY生物运动的出现是影响这些思辨性项目创作者的重要发展。作为一种工程方法，合成生物学是一个蓬勃发展的领域，它将亚细胞机制——特别是蛋白质合成——简化为一系列的DNA序列，可以人工合成并引入宿主生物体。这对各学科的影响是巨大的，对设计来说尤其如此，因为合成生物学家的一个目标是将所有这些代码和过程“黑箱化”，以便人们最终能够像我们今天使用软件那样与生物体和基因一起工作，使用户能够拖拽按钮、链接和画图而不需要了解任何底层的HTML代码。

想象一下，设计者有能力以近乎无限的方法改造生物体，这既是令人窒息的乐观主义，也是令人恐惧的反乌托邦式的设想。同时，DIY生物欢迎那些可能缺乏正规科学指导的好奇的工匠们来到生物学界。在新的廉价实验室设备和蓬勃发展的网络社区的支持下，顽劣的DIY精神使他们的研究与工业的议程或学术界对出版的传统关注无关。这样的环境对设计者来说是肥沃的土壤，他们创造的作品可以质疑生物技术的发展方向并引发辩论。

都柏林科学画廊的“如果……”（What If...）展览，都柏林科学画廊的“合成：艺术与合成生物学”（Synthetic: Art and Synthetic Biology）等展览提高了人们对思辨性设计的兴趣。维也纳自然历史博物馆的“艺术与合成生物学”，以及纽约MoMA的“设计与弹性思维”和“与我对话”等展览，都增强了人们对思辨设计的兴趣。这类作品也经常在学生的作品中被观察到，特别是来自英国皇家艺术学院的交互设计项目和西澳大利亚大学的共生A。这些项目中的许多项目也意味着时代的转换，因为它们是青年才俊的作品，预示着设计将进入未曾探索过的培养领域与激动人心的未来。

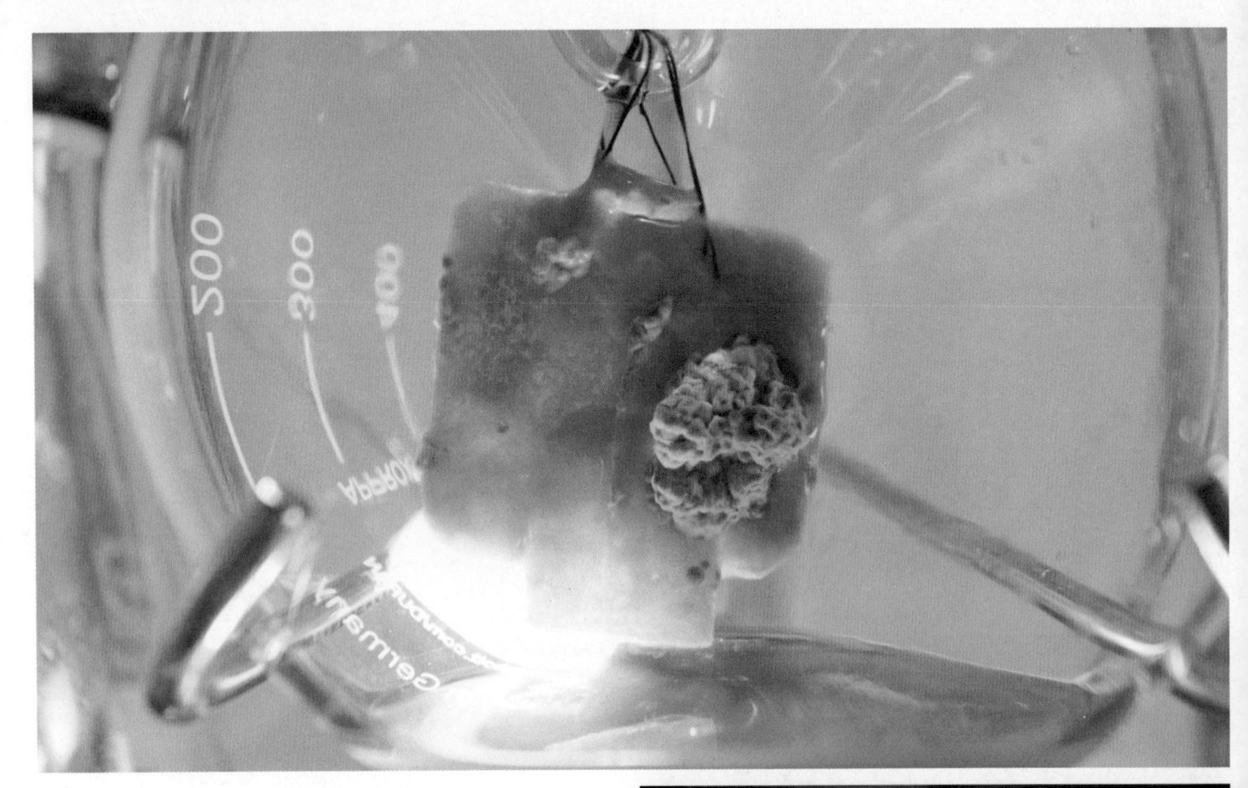

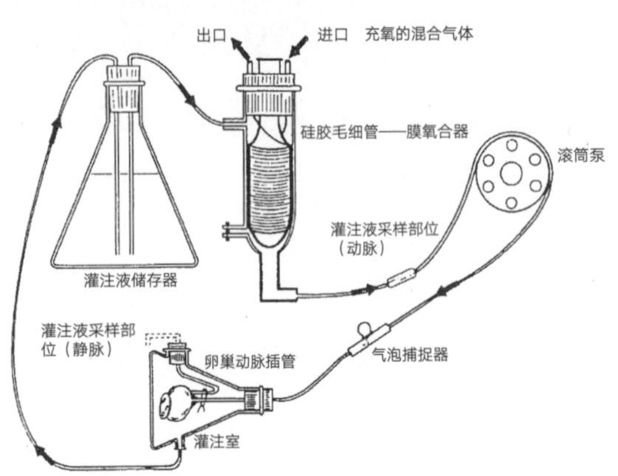

体外灌注系统（Dharmarajan et al. 1993）

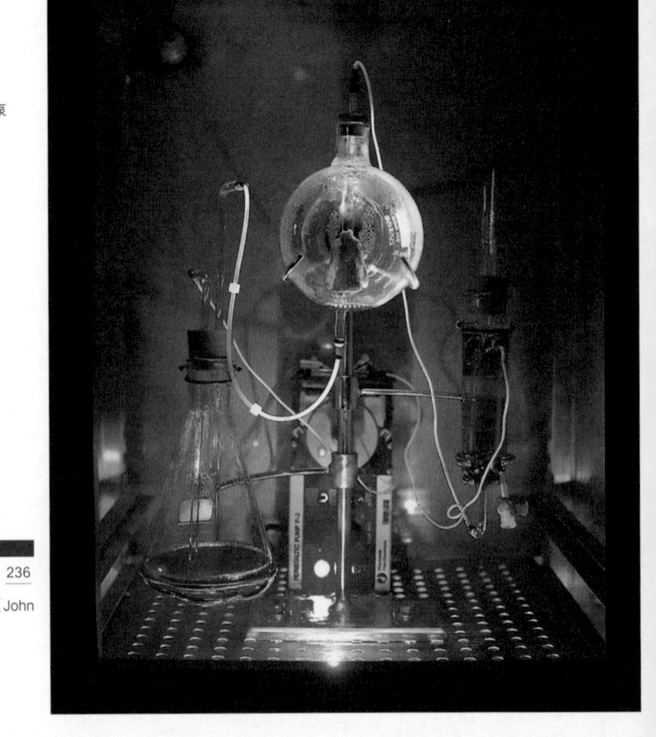

上图 235

西澳大利亚大学解剖学与人体生物学学院阿鲁纳萨兰·达玛拉詹（Arunasalam Dharmarajan）教授研制的原始灌注系统，为“无受害者的皮革”技术科学人体提供了灵感，2004年。

右图 236

2004年，澳大利亚珀斯约翰·科廷画廊（John Curtin Gallery）首次展出的作品装置图。

无受害者的皮革

在不久的将来，人类可能会创造出为人所用的活体。我们得承担什么样的责任？为什么？

材料：生物可降解聚合物、结缔组织、皮肤、骨细胞、营养介质、玻璃器皿、蠕动泵、管子

设计师：奥伦·卡茨（Oron Catts，澳大利亚人，出生于芬兰）/ 洛纳特·祖尔（Ionat Zurr，澳大利亚人，出生于英国），生物组织文化和艺术项目，由西澳大利亚大学解剖和人类生物学学院共生A实验室、艺术和科学合作研究实验室主办

状态：原型

对页图 234

一个被污染的“无受害者的皮革”的细节，展出于2010年东京森艺术博物馆的装置。

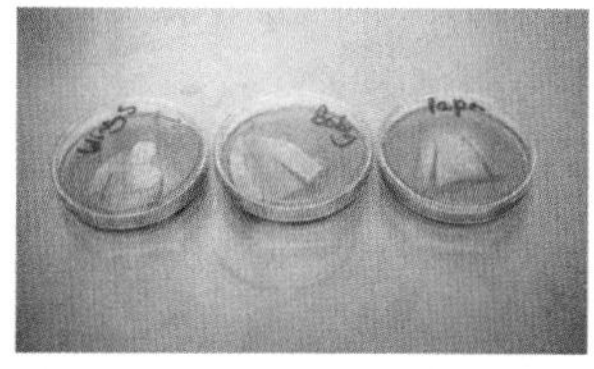

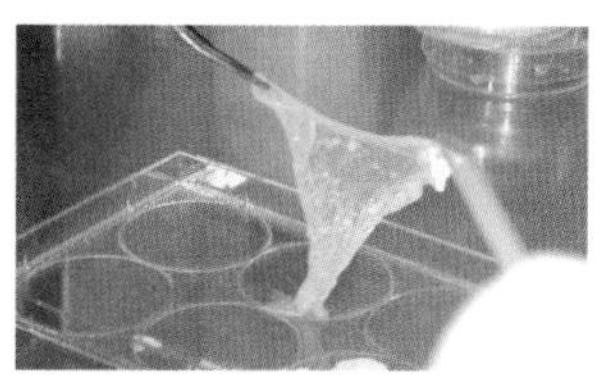

上图 237, 238

从上至下：2008在利物浦大学建立“无受害者的皮革”；2001年由TC&A培养的猪软骨细胞。

这些艺术家使用蠕动泵向器皿中注入营养物质，使用各种不同细胞类型在体外培养出一种缩小的“皮革”夹克。使用可生物降解的聚合物制作了一种形状就像微缩外衣的支撑结构，它随着活细胞慢慢生长和填充它而成形。这件夹克于2004年首次在澳大利亚珀斯展出后，还多次在不同类型的展览中展出，从科学博物馆到各种政治、生物和设计主题的艺术展。

“无受害者的皮革”最初是在“以科技为媒介的无受害者的乌托邦”（2000—2008）的旗帜下开发的一系列作品的一部分。这个项目探索了生物组织工程在体外肉和皮革创造方面的应用，同时质疑西方科技掩盖受害者的存在。艺术家们认为自己的角色为挑衅者或煽动者，他们设置一些有争议的情境和对象，来引发社会的讨论和批评。

2008年，这件作品在纽约MoMA的“设计与弹性思维”展览中引起了极大的关注。第一个展出的作品包括艺术家所描述的看不见“杀戮仪式”的意外“当众死亡”。“杀戮仪式”通常出现在其他生物艺术品展览，比如“半活体解忧娃娃”（Semi-Living Worry Dolls）和“猪翼项目”（Pig Wings Project）的结束处。当这些表演被放置在展示台上时，观众都知道艺术家的意图。在设计展的背景下，许多人将意外死亡解释为一种失败，单单只是表面上的功能停止。但是这部作品所引发的关于责任、道德和以人为中心的生物材料的广泛讨论是一种艺术上的成功。

编织和收获

展示了将基于自然的有机形状或几何形式转化为实际的活的设计的潜力，其图案让人联想到新艺术主义等风格。

材料：各种各样的草、图案模板、摄影

设计师：戴安娜·谢勒（Diana Scherer，德国人）

状态：生产中

在将植物学和摄影及设计和建筑的历史结合在一起的作品中，戴安娜·谢勒操纵植物根系的生长，以获得新的却又熟悉的形式。生产过程需要长达一年的时间，从生物学的材料研究开始：测试几种植物物种，如草和谷物，看看它们对精心塑造的环境反应如何，以促进可以得到特定图案的根的生长。谢勒使用经过特殊设计的模板，引导根部在地下以特定模式生长，一旦生长到一定程度，根部就会被切断，与植物的其他部分分离，并需要进行一定处理以保持它们的稳定。

作为这一过程的结果，这件作品的构成明显地参考了装饰设计的历史，尽管在方式上与传统不同。在这件作品中设计师运用有限的控制，打开了一扇通向生物学的不可预测的大门，并欢迎意外的不规则和不对称，使每件作品独一无二。这件作品受到了德国摄影师卡尔·布卢斯费尔德作品的影响，他最为著名的作品是他从19世纪末开始拍摄的用作视觉教学的植物特写镜头。和布卢斯菲尔德一样，谢勒充满敬意地对待生物形态，将其视为一个强有力的鼓舞人心的向导。

谢勒对于将这个过程的规模扩大，或者说功能增强，很感兴趣。例如，新研究的一个领域是种植有图案的服装（如连衣裙），以及探索处理根部的方法，以便它们可以作为挂毯长期悬挂。谢勒的作品在米兰的家具展、鹿特丹的荷兰博物馆，以及伦敦的维多利亚和阿尔伯特（V&A）博物馆都有展出。

右图  239, 240

“丰收，H3”（上图，细节）和“编织，I3”（下图，细节）都使用了一些图案，让人联想起灵感源自自然形式的19世纪风格，比如新艺术。

对页图  241

土壤和草是“编织，I4”制作过程中的积极参与者，形成了深思熟虑和意外相结合的形式。

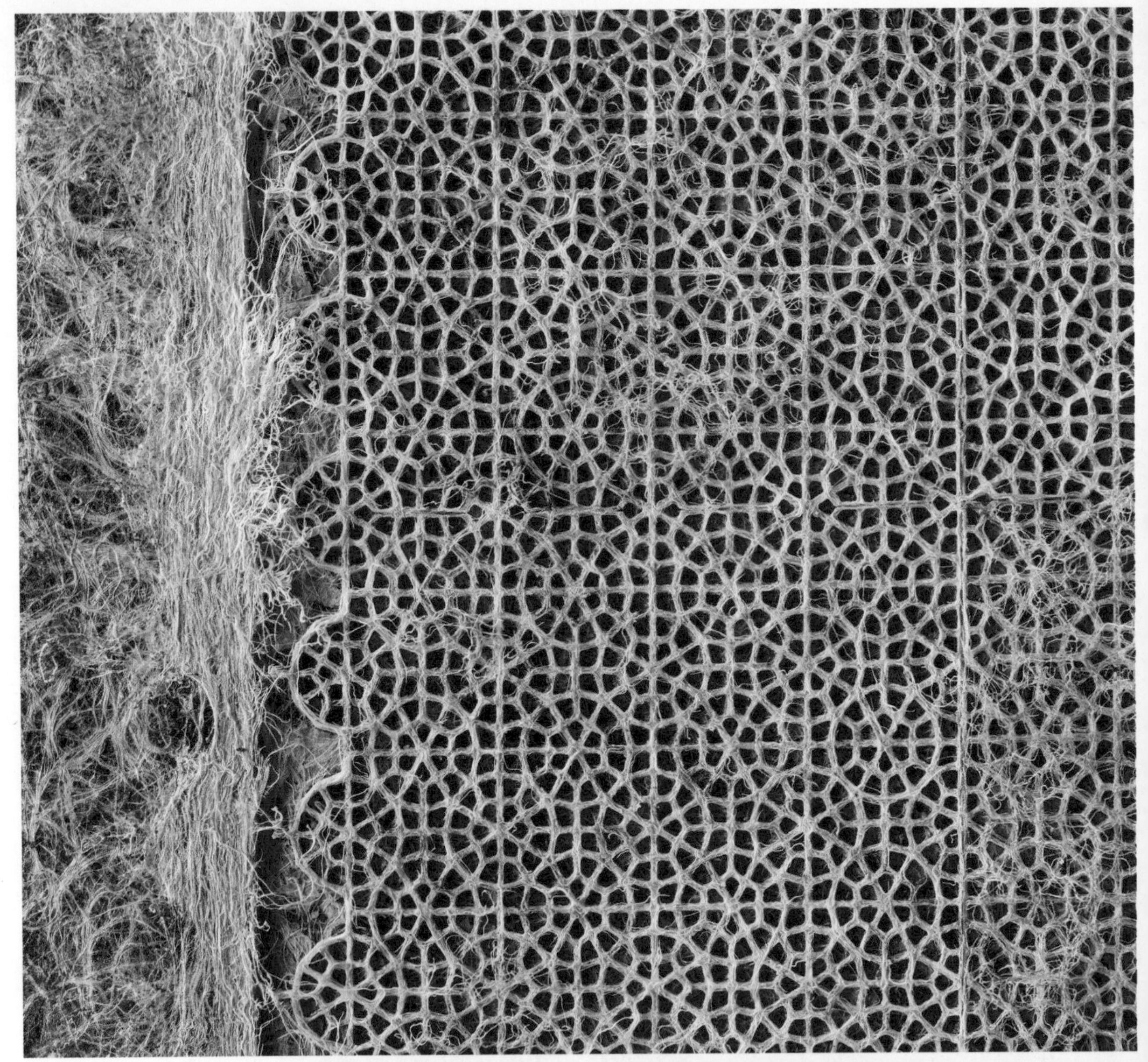

上图/右图 242, 243

在“编织，I1”（上图）和“编织，I5”（右图）中生长的根系细节。这些研究包括历经几个月的涉及多种植物物种和生长条件的设计研究。

右图/下图　244, 245

这件作品“根结2”探索了培育可穿戴服装的潜力，为2018年在伦敦V&A博物馆举办的“从自然中塑造”展览做准备。

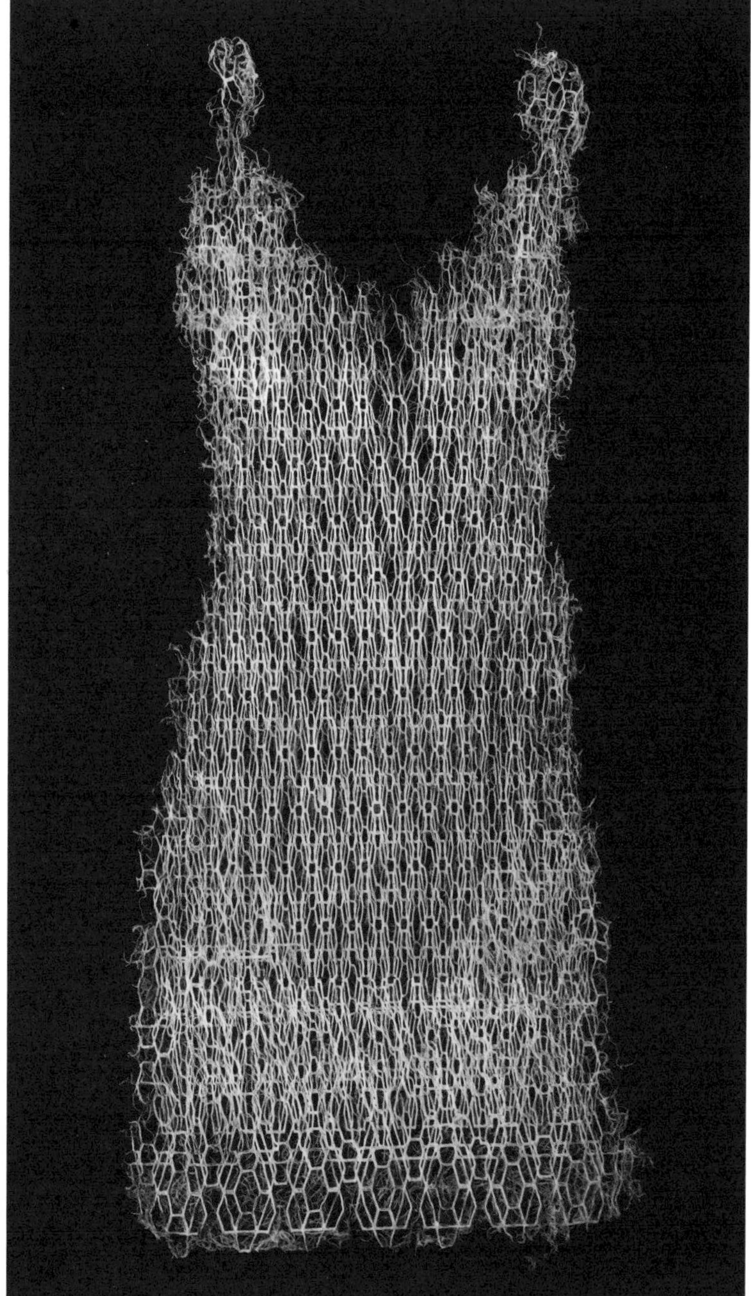

食肉型家用娱乐机器人

生命的循环在你自己家通过图形中显示出来。

材料：快速成型SLA、MDF、有机玻璃、电子媒体、电机

设计师：詹姆斯·奥格（James Auger，英国人）/吉米·洛伊索（Jimmy Loizeau，英国人）

状态：原型

这一系列的设备引发了关于机器人是什么以及它在家庭环境中会是什么样子的讨论。这些原型用于实用目的、戏剧和娱乐，扮演类似于外来食肉宠物的角色，如蛇、食人鱼或蜥蜴，由主人提供活猎物，并以“偷窥”的方式来窥探食物链的暴力。通过这些依靠捕杀活体动物而生存的自主独立的存在物的捕食天性，提出了关于人类作为调解人如何去干涉生与死的问题，将使用者推出机械代夺取生命的道德舒适区。

食肉型家用娱乐机器人使原本没有生命的家庭物品与家庭生命进行竞争，就像观看经过编辑的戏剧化战争的情景真人秀。这些程序的消费者，就像那些拥有生态缸（vivariums）的人一样，可能会产生排斥或娱乐的心态，或者两者兼而有之。我们作为偷窥者的共谋问题是这个由设计师编写的挑衅性剧本的首要问题。

桌子的上表面内置了一个与红外运动传感器相连的机械化虹膜。老鼠被留在桌子上的面包屑和食物残渣吸引，通过一个桌子腿上的洞形隧道爬上顶部。老鼠的动作激活了虹膜并触发陷阱，被捕的老鼠落入微生物燃料电池中，被慢慢消化，产生能量为虹膜和传感器供电。

这种**灯**利用了光线对苍蝇和飞蛾的自然吸引力。它的灯罩是以猪笼草的形态为基础的穿孔形状，昆虫可以进入通道，但无法逃脱。最终，它们会死亡并落入下面的微生物燃料电池中，为一系列LED灯提供电能，当室内灯关闭时，LED灯会自动打开。

时钟在滚轴装置上使用捕蝇纸来捕捉昆虫。当纸张经过刀片时，被捕获的昆虫被刮入微生物燃料电池，产生的能量可以为滚轮的转动及一个小型LCD时钟提供动力。

上图 246

该设备在蝇纸上吸引和捕捉昆虫，微生物燃料电池通过消化捕捉到的所有昆虫产生能量，为LED时钟供电。

对页图 247

这种灯模仿猪笼草，将昆虫吸引到一个被困的空间。

左图/下图/右图 248, 249, 250, 251

一只老鼠被食物残渣吸引，通过一条腿进入桌子。传感器捕捉到啮齿动物的运动并触发陷阱，捕捉、杀死并将其投入微生物燃料电池。

左图/上图/右图 252, 253, 254, 255

时钟所捕获的昆虫被蝇纸旋转着推向刀片，刀片将其刮下并放入下方的燃料电池中。

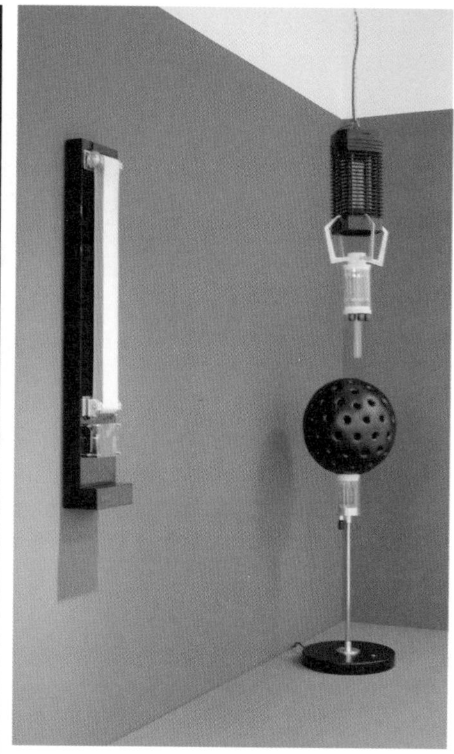

左图/上图/下图 256, 257, 258, 259, 260

这盏灯吸引并诱捕飞行的昆虫，这些昆虫会不可避免地死亡，然后落入下面的燃料电池中，燃料电池所产生的能量驱动灯发出诡异的LED光，这和生物发光没什么两样。

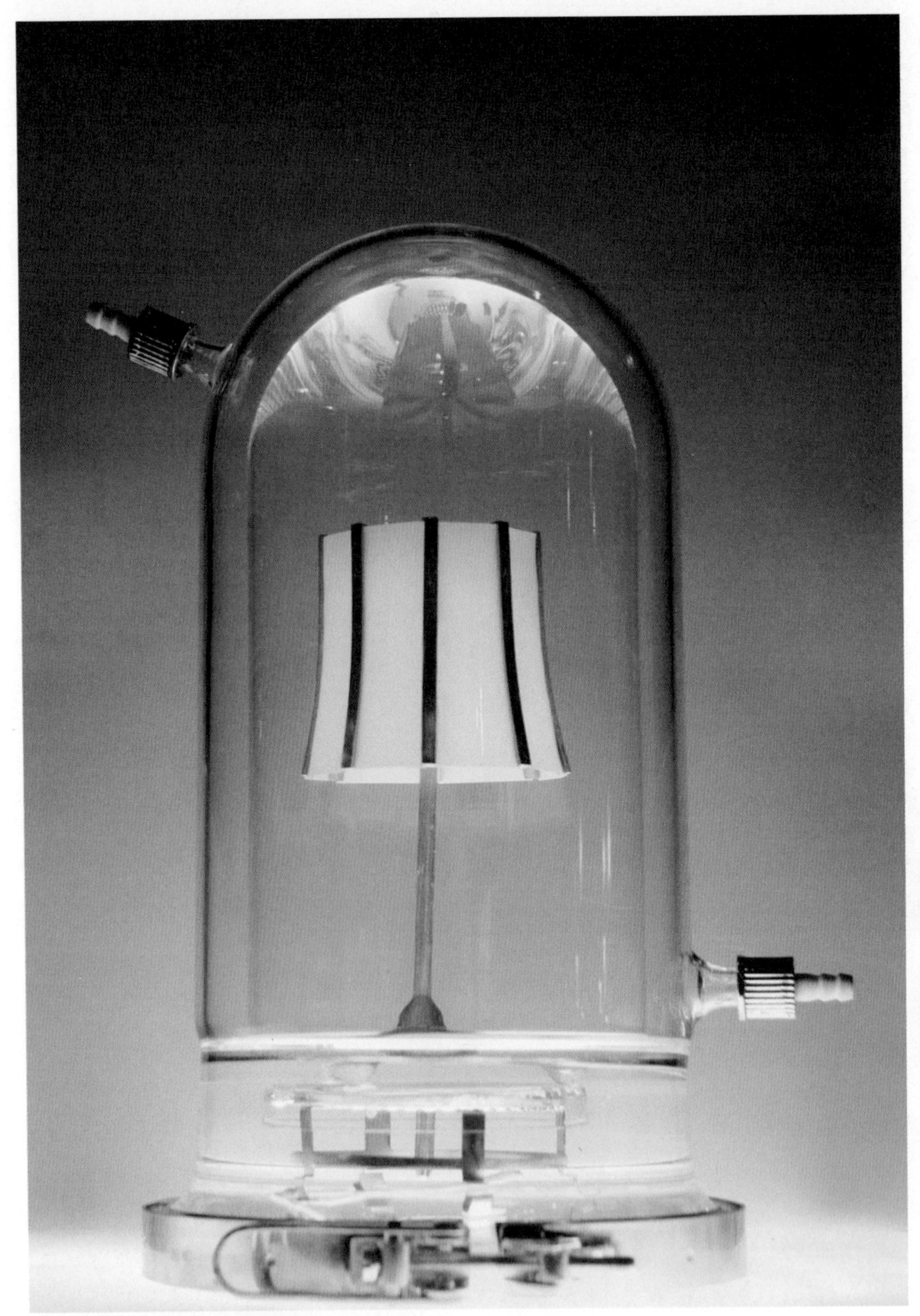

上图 261

在没有营养培养基的情况下，可以看到灯罩的钛肋，在钛肋之间是生物高聚物的基片，在基片上经过改良的细胞可以生长和维持。灯的底座下是一个可以使容器中的液体营养物质循环的小螺旋桨。

上图 262

和该灯配合使用的营养培养基。

半生命灯

通过基因改造将生物发光能力整合到活细胞中，创造出一种简单的照明设备。

材料：玻璃、钴铬合金、转基因中国仓鼠卵巢细胞、荧光素

设计师：乔里斯·拉曼（Joris Laarman，荷兰人），乔里斯·拉曼实验室，荷兰阿姆斯特丹/荷兰特温特大学/荷兰瓦格宁根大学

状态：已完成

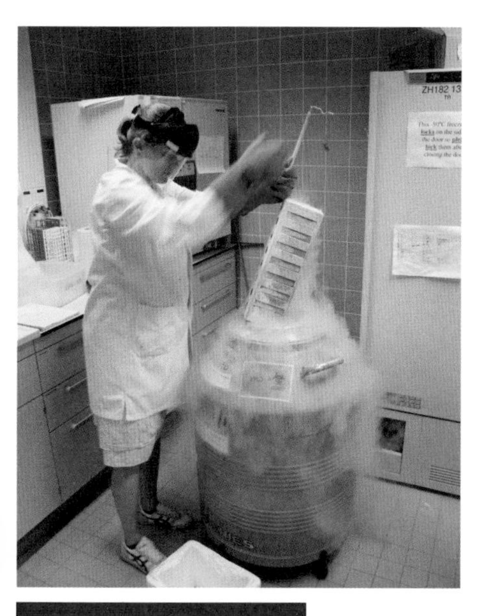

上图 263

用萤火虫的基因改良的中国仓鼠卵巢细胞样本，用于产生荧光素酶和荧光素，这两种基因都是触发发光反应所必需的条件。

这件作品探索了如何创造一个生物体，它有着容易理解的功能和吸引人的形式。该装置通过加入影响生物发光的转基因细胞而产生光。该基因细胞是20世纪50年代末首次从中国仓鼠卵巢中提取出的来源于CHO细胞系的悬浮细胞。该细胞系在现今研究中得到广泛应用，已成为和哺乳动物大肠杆菌一样地位的试验体，特别是在需要长期、稳定的基因表达和高产蛋白质的情况下，是当今生物研究的主力和最受欢迎的试验对象。

“半生命灯”通过引入萤火虫的荧光素酶基因使细胞在基因上得到了增强。这使细胞产生荧光素酶，荧光素酶的存在可以引起生物发光现象。玻璃容器中装满了培养转基因CHO细胞群的营养培养基。这些细胞生长在灯罩形状的生物聚合物上。该装置预计在未来会用于研究物体功能和生物关系的实验项目中。

在一份用于实验目的的对组织的脆弱性的说明中，这个设计在纽约市的首次亮相就因为细胞的死亡而被破坏了。这盏灯后来作为“乔里斯·拉曼实验室：数字时代的设计”展览的一部分，在荷兰格罗宁格博物馆和纽约库珀·休伊特·史密森设计博物馆展出。

共栖

会生长、变色，最终消亡的活字母，是否预示着未来将会出现充满生命力的活平面设计？

材料：细菌（大肠杆菌）、纸张、生长培养基、细菌培养皿

设计师：杰尔特·范·阿贝马（荷兰人），范·阿贝马实验室，荷兰埃因霍温（Eindhoven）/荷兰瓦格宁根大学微生物学系

状态：原型

这个实验项目是对媒体印刷行业产生的巨大资源消耗和环境污染的回应。除了采用大豆墨水和天然色素作为替代品来减少媒体印刷行业的铺张浪费外，“共栖”还采取了更激进的方法，利用细菌在细菌培养皿中培养字母。在这些实验中，由设定好的含有营养物质的生长介质来引导细菌的生长，培养物随着时间的推移会成倍繁殖，改变形状和颜色，最终死亡。

在一个非常大的海报框中，设计师将一个通常放置广告牌的公共空间，转化为一个可以调整温度和湿度以达到最佳效果的巨大生物培养皿。

为了控制细菌生长，使其产生清晰的字体，设计师通过试验印刷史上采用过的各种技术，从丝网印刷到使用木刻的活字印刷，得到了人们所熟悉的字符形状和比例。本质上，他创造了可能被称为第一种活字体的字体，这种字体将会随着环境的变化而不断变化。

这位设计师在瓦格宁根大学微生物学系学习如何安全有效地完成这件作品。

上图 264, 265

细菌的图像，这些细菌在培养皿中以熟悉的字母形状扩散和诱导生长。

对页图 266

海报框被改造用作生物字母的生长介质。生物字母随着生长改变形态和颜色等特征，最终随着营养物质的耗尽而死亡和分解。

A

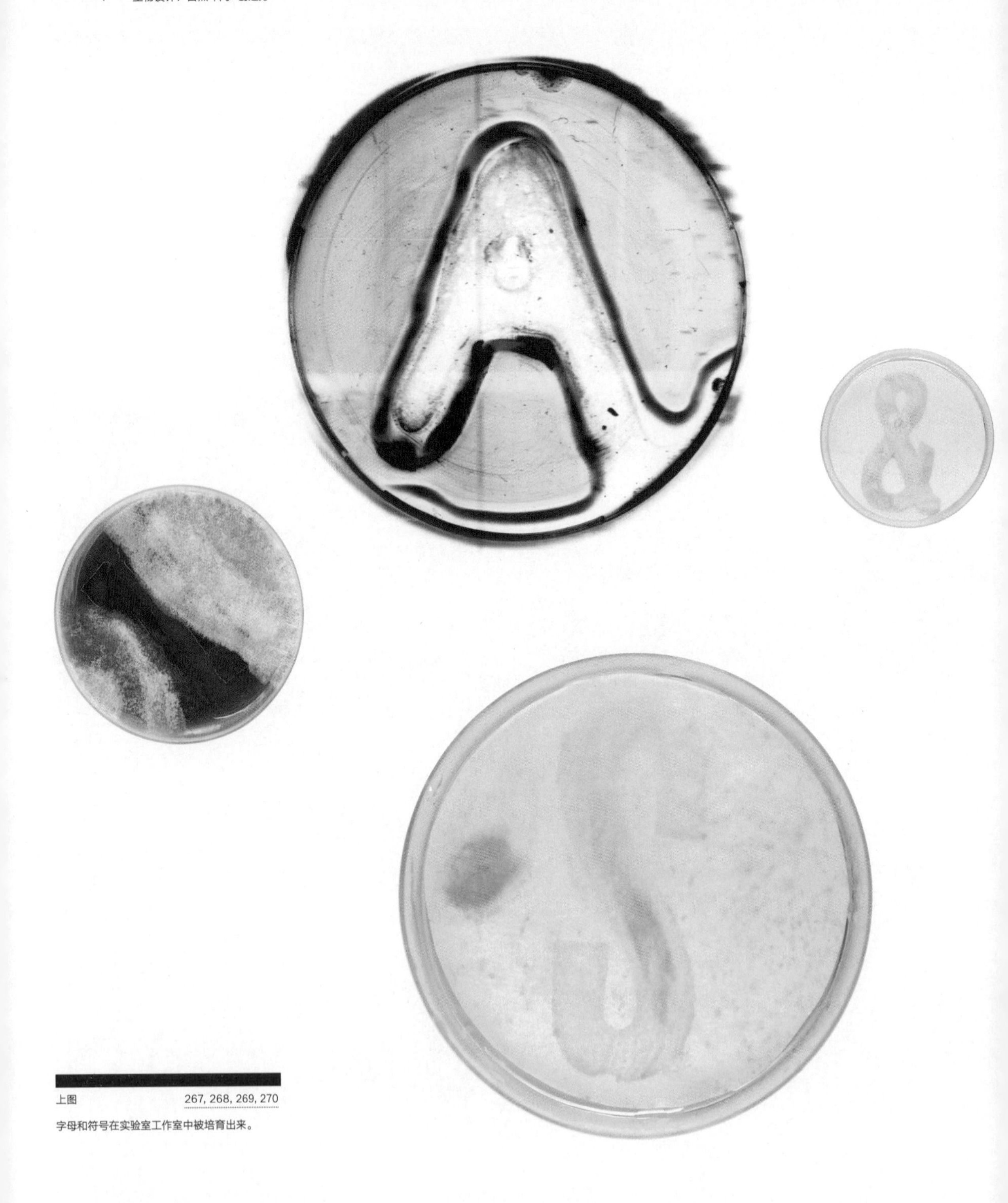

上图　267, 268, 269, 270

字母和符号在实验室工作室中被培育出来。

上图 271, 272, 273, 274

这位艺术家将传统印刷、活字印刷和丝网印刷技术相结合，探索利用生物来塑形。

电影《传染病》宣传广告

无害微生物用于宣传一部医疗灾难电影。

材料：营养琼脂凝胶、真菌（青霉属）、细菌（黏质沙雷氏菌）

设计师：格伦·德苏扎（Glen D'Souza，加拿大人）/迈克·塔卡萨基（Mike Takasaki，加拿大人）/帕特里克·希基（Patrick Hickey，英国人），罗威·罗奇，加拿大多伦多/路缘传媒，英国伦敦

状态：已完成

对页图 275

一个充满各种细菌和真菌物种的广告牌留下了不断变化五彩缤纷的险恶信息。

为了宣传史蒂文·索德伯格（Steven Soderburgh）2011年的电影《传染病》，该团队设计了一种新的电影广告牌，使用几种微生物和着色剂来创造动态图形。虽然这部电影呈现了在全球大流行病的威胁下社会结构被冲击的反乌托邦式的视角，但这些生物广告并没有对公众安全构成威胁。

该团队由一家创意机构和一家可持续媒体公司组成，设计了一个既能生长又能衰亡的标牌，创造性地将其与电影的不祥主题联系起来。为了完成他们的概念设想，他们在两个巨大的细菌培养皿中种植了多种颜色的细菌和真菌菌株。刚准备好的“细菌广告牌”被安装在多伦多市中心一个废弃的店面橱窗里，在那里微生物的万花筒发挥着它们的魔力。令人震惊的是，六天之后微生物生长成了类似于电影宣传材料上的标志和文字。从电影摄制组在摄像机上拍摄到的行人反应来看，电影《传染病》的传统广告经常引起人们的不适，但是这种利用了新媒介传递信息的创造性推广活动巧妙规避了这点。

上图/右图 276, 277, 278, 279, 280

广告牌被安装在多伦多一个废弃店面的墙上。它们在短短几天的时间里急剧增长和变化，与电影中关于失控流行病的情节相呼应。

上图 281

这些广告引起了路人的各种不同反应，有恐惧也有迷恋。

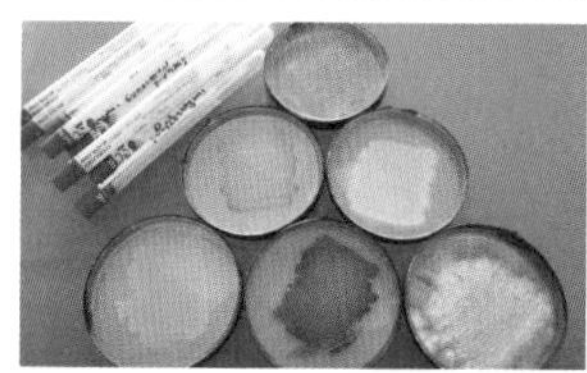

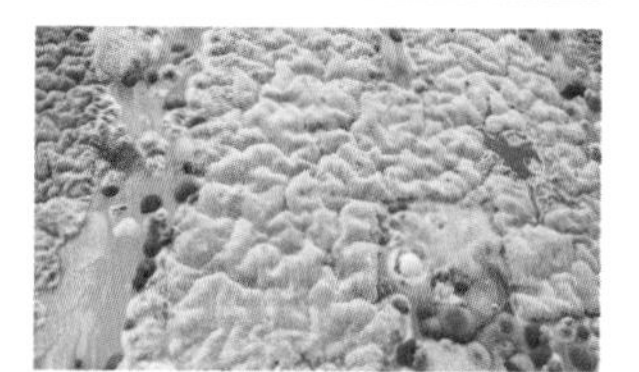

上图 282，283

从上到下：接种广告牌前的细菌和真菌样本的细节；在宣传后期，细胞开始衰亡。

细菌吊灯

这一生物枝形吊灯允许主人试验使用不同细菌的灯光效果。

材料：玻璃细菌培养皿、细菌样本、铝棒、光纤。

设计师：佩蒂亚·莫罗佐夫（Petia Morozov），莫罗佐夫·阿尔卡拉设计实验室，美国蒙特克莱尔

状态：制作中

这个项目的设计师们创造了一个定制的枝形吊灯，它可以对下面用餐的人们和周围的微生物环境产生实时反应。实际上这个有机吊灯是与家中的人、植物和其他生物一起生活和呼吸的，就像家里的宠物狗一样。它确实是活的，生长、繁衍和照亮自己和人类同伴的生活。

细菌吊灯的设计无论在形式还是机械功能上都是适应性很强的。吊灯服务人员可以帮助使用者用不同的细菌样本进行实验——例如从他们自身、院子里或晚餐的客人那里——以及增加、减少和改变组件。因此，吊灯的性质从来不是静态的。模块化设计可以包含100多个样本。不同大小的培养皿、数百根金属棒和4500米的光纤电缆都在细菌、材料和光的复杂和有机组合中一起工作。

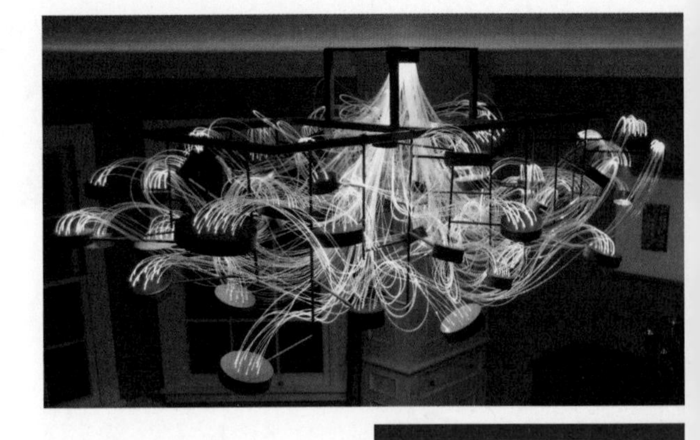

上图/对页图 284，285

细菌样本被放置在模块化吊灯的发光节点上的细菌培养皿中培养。根据不同样品的类型和颜色，照明效果可以微妙地改变，反映环境中微生物的多样性。

混凝土蜂蜜

思考可用来修复或建造建筑物的可飞行的3D生物打印机的未来，以及当它们成为人造入侵物种时不可预测的结果。

材料：数字效果图

设计师：约翰·贝克尔（John Becker，美国人）/杰夫·马诺（Geoff Manaugh，美国人）

状态：概念

这项工作探索了一个可能的未来场景，在其中，蜜蜂被改造成分泌混凝土的物种，被用来慢慢建造建筑物的装饰结构，或者进行建筑修复。该项目的设计师团队指出，并不是真的要改变蜜蜂的基因，使其具有分泌混凝土的能力，而是为了“展示空间和建筑的更多可能性”。但达成这个项目的科学因素实际上并不像看起来那么遥不可及。某些品种的蜜蜂的确可以产出一种性能与塑料相当的可再生材料。

这个实验的灵感之一，是在苏格兰罗斯林教堂的砖石结构中发现的一个有600年历史的蜂巢。这让人想起了阿奇格拉姆（Archigram）的“插入式城市”中的起重机，将不完整的美学与快速适应的城市形式相结合。近期的许多研究项目表明这个项目是可行的，它们包括对山羊进行基因改造以生产大量用于军事用途的蜘蛛丝，麻省理工学院的“丝绸帐篷”项目利用蚕来创造形状和材料，以及设计师汤姆·亚什·利伯蒂尼（Tomáš Libertíny）的花瓶和其他物品（第216页）。从本质上讲，蜜蜂被认为是打印机，这在逻辑上等同于在合成生物学等领域，如何通过编写生物的行为来生产有用物质。

这一项目主要吸引人的点，在于想象一个被称为“水泥蜜蜂”的新物种，当它们不可避免地独自繁衍或比我们活得更长时，会发生什么。也许我们会看到一系列遍布全球的蜂巢印刷结构的兴起，一个由形式、颜色和纹理组成的孟菲斯式的集合体，就像金字塔一样成为人类的建筑遗产，延续了文明，并给后世留下谜题。从计算机病毒到入侵植物，根据以往的经验预测，我们的创造物将达到超出人类预期的后果。

上图 286

在将蜜蜂想象成建筑打印头的过程中，我们可以想象它们最终逃跑，在各种结构上乱涂乱画，然后死亡，用它们改变过的体量和混凝土碎片在环境中留下痕迹。

左图 287

把蜜蜂想象成混凝土打印机，用其修复和装饰建筑：它们可能会按照熟悉的特定纹理来制作一层一层的混凝土装饰物和蜂巢。

下图 288

虽然长期以来城市的公共基础设施困扰于鸽子的骚扰，基因改造的打印蜜蜂可能会在装饰上打印错误，但反而使其生机勃勃，为其注入惊喜的变化。

上图 289

想象野生的混凝土打印蜜蜂获得了在印度拉贾斯坦邦为寺庙添加装饰的许可。

绿色地图

这个由三个部分组成的设计项目，体现了英国城市与自然空间之间逐渐变化的张力。

材料：混合介质墙体、人造草皮、胶合板、混凝土、各种植物

设计师：康尼·弗雷耶（Conny Freyer，德国人）/塞巴斯蒂安·诺埃尔（Sebastien，法国人）/伊娃·鲁奇（Eva Rucki，德国人），三巨头（Troika），英国伦敦

状态：已完成

设计师团队为2010年上海世博会设计了三个沉浸式装置——绿色城市、开放城市和生活城市。选址在几条通往但远离由希瑟威克工作室（Heatherwick Studio）创作的“种子大教堂”（Seed Cathedral）的人行横道上。“绿色地图”从过去、现在和未来三个视角讲述英国的自然与城市之间的关系。

其中两条人行道反映了英国将自然融入城市空间的悠久传统。第三个试图展望未来，提出大自然可能促进城市环境创新的道路。

绿色城市展示了英国城市环境中有时令人惊讶的绿地数量。这是英国四大城市伦敦、加的夫、贝尔法斯特和爱丁堡的一系列“倒置”地图，记录了每一片城市绿地，却忽略了建筑和基础设施。地图上的公园、花园和林荫大道都由人工草皮构成，这些草皮被嵌入人行道的混凝土顶棚中。

对页图 290

2010年上海世博会代表英国城市绿化的绿色城市装置。

开放城市旨在展示英国城市对天气的渗透性。在分布广泛且不起眼的城市空间中，几乎没有可以供人们避风雨的建筑，居民可以直接体验风、雾和雨。第二条人行道描绘了一座开放透明的城市。它包括代表了约300个英国传统建筑的悬挂在天篷上的透明树脂模型。最后，一盏盏小灯悬挂在天花板上，五颜六色的动画雨滴被洒在地板上。

生活城市在第三条人行道的天篷上种植了大片植物，重点展现了可能在未来城市中起到很大作用的物种。在科学家的指导下，研究小组确定了大约200种可能对城市生活产生积极影响的植物，其中30种被挑选出来展示。这些植物之所以被选中，是因为它们能够净化空气、去除土壤污染物、供应食物、隔离建筑物或提供生物燃料和塑料来源。

在项目的推进过程中，设计师团队偶遇了激动人心的生物技术和仿生学领域的研究课题。为了表现它们，团队制作了8种假想植物作为模型，并将其纳入种植计划。这些试探性种植的植物引发了有关回收、生物燃料生产和生物安全未来的问题的讨论。

上图/下图 290

人造草皮的斑块代表了英国四个城市拥有绿地的数量和位置，而忽略了它们的建筑环境。

上图 294, 295

设计师们研究了不同种类的植物，这些植物今后在净化空气、去除土壤污染物、提供食物或给建筑物隔热方面都可能对城市有益。

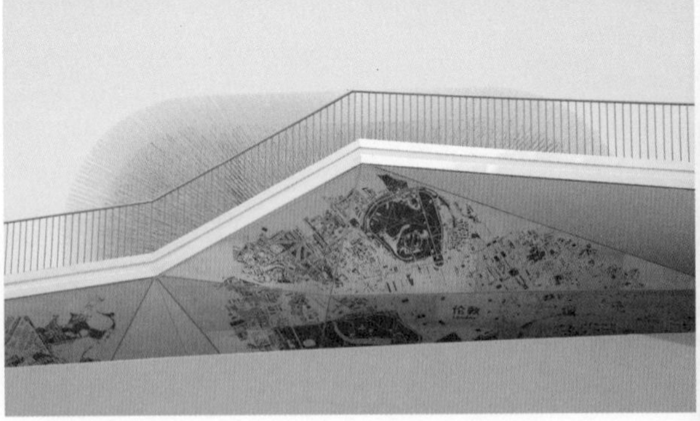

上图 296

这些地图展现了城市环境中令人惊讶的绿地数量。

上图 297

在这个虚构的故事中，携带改良肠道细菌的鸟类被释放到城市中，通过排泄肥皂来清洁我们的城市。

右图 298

鸽子会吃一种含有无害细菌的酸奶，这种酸奶会改变它们的新陈代谢。

金鸽

从的“会飞的老鼠”到城市环卫工人，合成生物学能改变我们对鸽子的看法吗？

材料：改良细菌（大肠杆菌）、鸽子、木材、乙烯基

设计师：雷维塔尔·科恩（Revital Cohen，英国人，出生于以色列）和图尔·范·巴伦（Tuur Van Balen，比利时人），英国伦敦，受到佛兰德文化部的支持

状态：概念

无处不在的鸽子长期以来被认为是一种传播疾病的鸟，它们在垃圾桶中觅食，并在人口稠密的城市空间随意排便。然而，它们是一种选择育种而繁殖的产物，用于各种用途，如参加娱乐比赛，以及过去战时传递情报。合成生物学可以为这种动物在城市结构中打开一个新的篇章。

这个项目意识到这些鸟可以成为城市生物技术的一个有用的潜在接口。如果它们的新陈代谢系统可以被改变，那么也许可以为它们增加新的功能。其想法是“设计”并培养一种无害的细菌（很像酸奶中的微生物），喂给鸽子来改变它们的消化过程，从而使它们的粪便产生一种类似洗涤剂的东西。

有两种装置的原型出现在了这个虚构的故事中。一种是让鸟类融入家庭建筑的环境中，在那里它们可以被喂养和照顾。另一种是鼓励鸟儿栖息在汽车的挡风玻璃上，并在玻璃上留下一定剂量的清洁剂。

这个项目通过操纵动物来实现以人为本的目标，讨论了未来合成生物学的伦理、政治、实践和美学后果。

该项目是与詹姆斯·查佩尔和伦敦帝国理工大学合成生物学中心合作开发的。

右图 299

鸽子用肥皂粪便清洁城市，可以使其再次对人类有用。

生命支持

长久以来人类和动物之间有着密切的关系，但这种共生的关系在未来生物科技背景下会得到怎样的发展？

材料：皮革、泡沫、丙烯酸、铝、橡胶、实心枫木、粉末涂层钢、填充兔子、蠕动泵、乙烯基管、针、干草

设计师：雷维塔尔·科恩（Revital Cohen，英国人，出生于以色列）和图尔·范·巴伦（Tuur Van Balen，比利时人），英国皇家艺术学院交互设计专业，英国伦敦

状态：概念

几千年来，人类一直在驯养动物，利用它们来获取食物、友谊、安全，甚至利用它们来帮助身体有残疾的人，例如用导盲犬帮助失明人士。“生命支持”提出了一种设想，将家宠作为“外部器官”发挥作用，惊人地延伸了动物服务于人类的传统。

人们喜爱他们的宠物，但他们会喜爱他们的呼吸器吗？“呼吸辅助犬”原本是为了赛级犬而饲养的纯种灰狗。大多数赛级犬在五岁左右就从赛场退役（每年有数千只狗被安乐死），然后它们将会被训练成呼吸助手。肺病患者会领养呼吸犬作为呼吸机的替代品。这只狗将配备一个背带，利用的它的胸部运动挤压出的气流通过气管输送到主人的肺部。病人和宠物之间这种扩展的共生关系将把人类最好的朋友转化为人类最好的辅助呼吸器。

“生命支持透析羊”是一种能够过滤主人血液的转基因羔羊。科学家们从患者的DNA中提取负责产生血液和免疫反应的部分，并将其替换为绵羊体内的等效遗传物质。然后将产生的重组DNA插入绵羊卵中，植入母羊体内。转基因羊羔自出生起就会被患者饲养，患者白天照顾它，晚上则用它作为透析机的替代品。睡觉前，羊的肾脏将连接到患者的静脉，蠕动泵将患者的血液推入羊的肾脏，羊的肾脏对血液进行清洁后，再由血液泵将干净的血液输回患者体内。

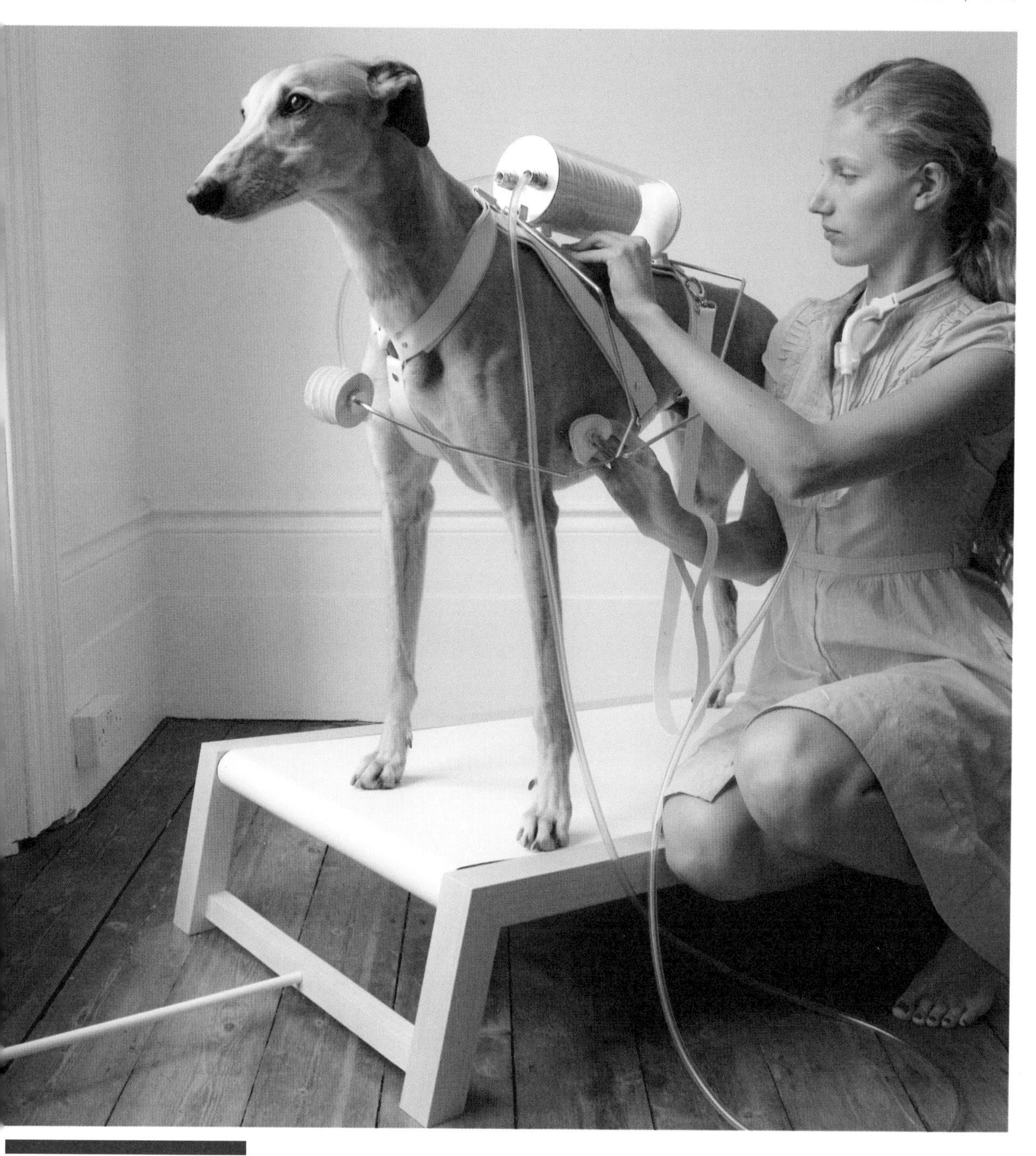

上图 300

在这个虚构的场景中，狗被配备了一个背带，能够转移其胸部运动的力量，将空气泵入人的肺部，就像一个活着的替代隔膜。

上图 301

为了速度而繁殖的灰狗在其短暂的比赛生涯结束后成为一种服务动物。

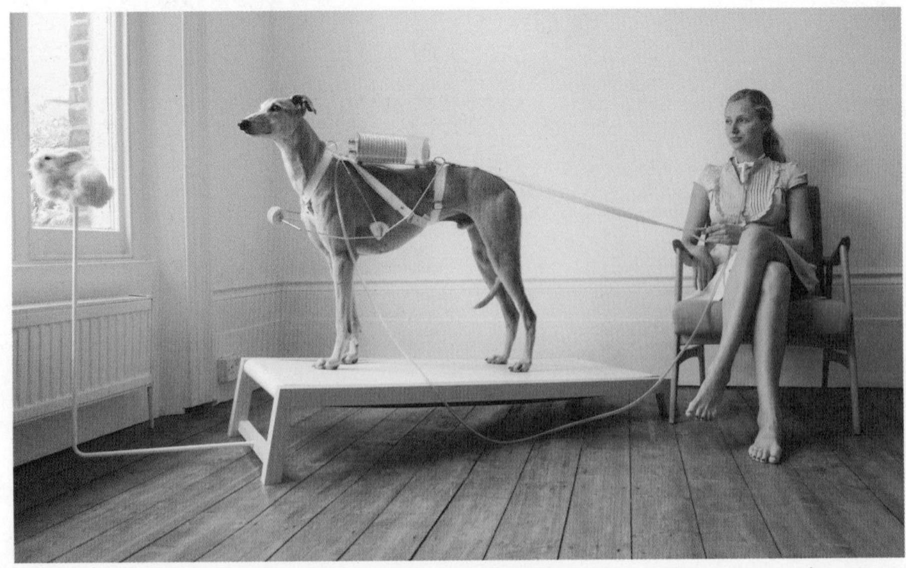

左图 302

这只狗定期在跑步机上锻炼，以便为虚弱的主人输送氧气。

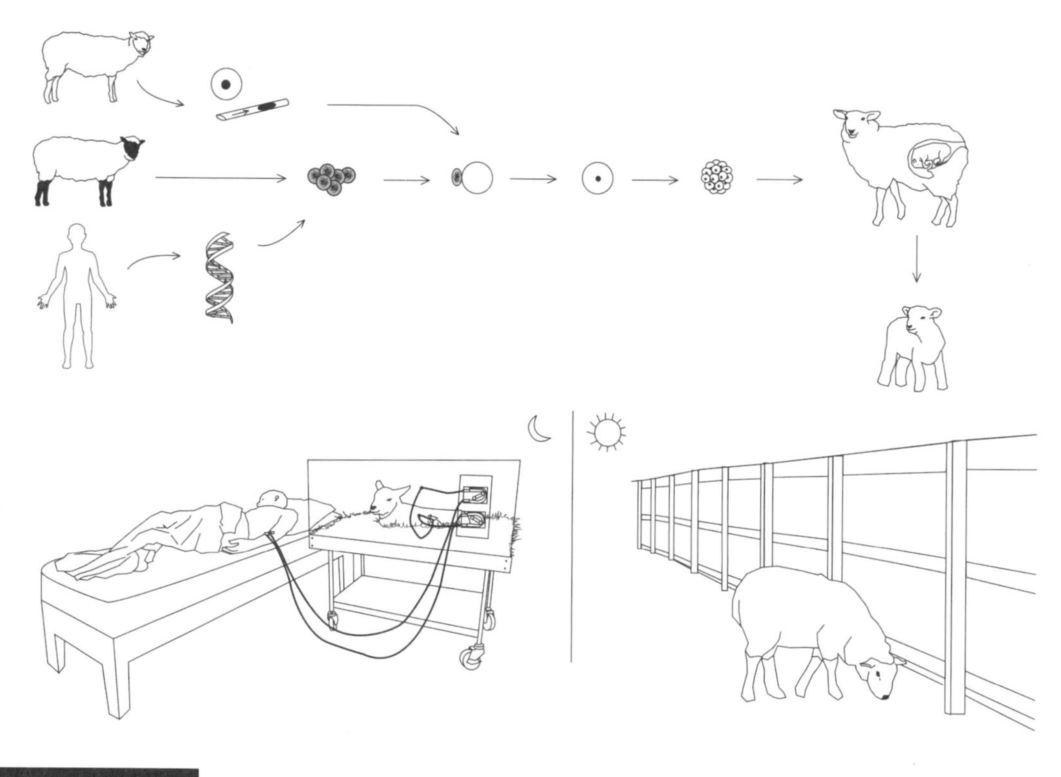

上图 303

在这种类似共生的关系中，绵羊的DNA与患者的DNA一起被扩增，从而培育出可以过滤人类血液的转基因后代。

右图 304

在夜间，绵羊将充当活体透析机的角色，用肾脏帮主人过滤血液后再将干净的血液输回给主人。

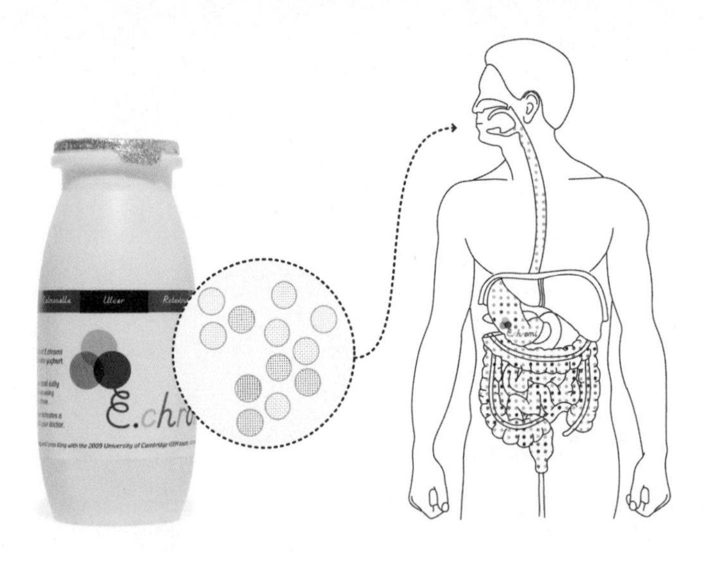

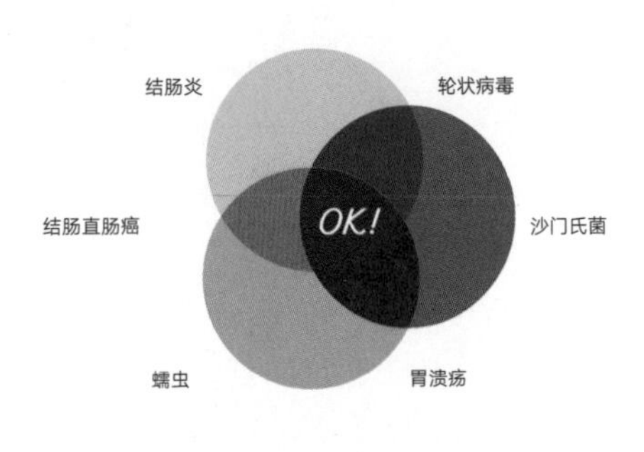

上图 305

在这项思辨性的工作中，被改造成生物传感器的细菌，在类似酸奶的培养基中被摄入。无害的微生物在肠道中定居。如果出现指示某种疾病的化学标记物，粪便将会被细菌染成特定的颜色，表明需要治疗。

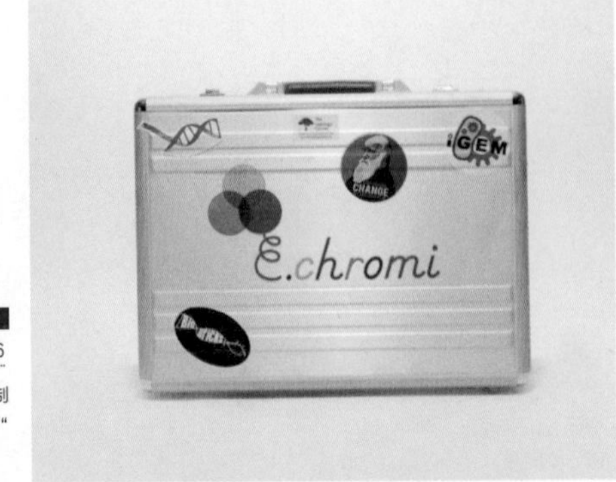

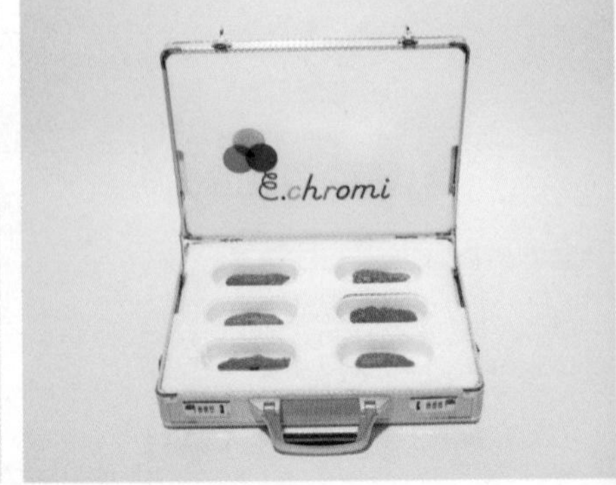

右图 306

为了说明胃肠道生物传感器的概念，设计师们制作了带有颜色编码的粪便样本，并将其命名为“粪便目录”。

E.CHROMI

从生物传感器到生物恐怖主义，合成生物学很容易带来尚未被认知的益处和灾害。

材料：基因工程细菌（大肠杆菌）、石蜡、铝、聚乙烯泡沫、丙烯酸外壳

设计师：亚历山德拉·戴西·金斯伯格（Alexandra Daisy Ginsberg，英国人）/ 詹姆斯·金（James King，英国人）/2009剑桥iGEM团队：麦克·戴维斯（Mike Davies）、舒娜·古尔德（Shuna Gould）、司明玛（Siming Ma）、维维安·穆林（Vivian Mullin）、梅根·斯坦利（Megan Stanley），英国剑桥大学

状态：概念

一群理工科大学生通过基因工程改造了一系列可以作为颜料的细菌。为了达到这个目的，他们创建了生物砖（BioBricks）——定制DNA序列——并将其插入大肠杆菌中。这些生物砖的每一个部分都是从现存生物体中选中的基因组成的，每一部分都指示着细菌在特定情况下产生一种颜色（红色、黄色、绿色、蓝色、棕色或紫色）。“程序化”的细菌可以起到生物传感器的作用，例如，当遇上特定毒素时会变成特定的颜色。这项工作为团队赢得了2009年iGEM竞赛的大奖。

设计团队与科学家合作，共同在实验室探索该系统的潜力。他们绘制了一个时间表，预测下个世纪这种基础技术的可能发展方式。这些预测包括食品着色剂的广泛使用、专利的争议问题、有前景的个性化药物、恐怖主义和异类天气。这些愿景并不一定令人满意，它们探讨了不同未来情景中E. chromi可能的使用途径，从而影响我们的日常生活。这项合作项目期望以一种创新的方法，负责任地从基因和人类规模来考虑，潜在的可能性，无论是积极的还是消极的，都被富有想象力地探索潜在的可能性。

其中一个推测结果被展示在彩色的“目录”和公文包道具中，这些道具描述了未来细菌作为内部医疗诊断系统发挥的作用。患者会摄入含有一定剂量的工程微生物的饮料，这种微生物会在肠道中产生反应，根据患者肠胃里的化学物平衡情况呈现出不同粪便颜色。即时可见患者胃肠道的健康状况，不同颜色还可诊断蠕虫、结肠直肠癌或胃溃疡等疾病。

合成王国

人类创造的新物种代表着美丽与恐怖的结合。

材料：各种介质，包括图形、树脂、玻璃

设计师：亚历山德拉·戴西·金斯伯格（Alexandra Daisy Ginsberg，英国人），英国皇家艺术学院交互设计专业，英国伦敦

状态：概念

几千年来，生命之树一直在缓慢地生长和进化，一些显著的变化甚至需要10万年的时间。人类的突然崛起干扰了自然进化的规律，其中最明显的例子是我们导致了大量物种灭绝。然而，通过合成生物学我们有机会创造新的“物种”。

“合成王国”着眼于为了人类的自然目标开发、使用或滥用新生命形式的后果。虽然目前我们在制造业依赖石化和贵金属，但很快我们就可能从不同的生物体中选择心仪的特征，找到对应的有价值的DNA，复制合成并插入不同的“生物基底”，如细菌的DNA。随着生物合成领域的发展，一个新的分支可能会从生命之树上萌生：人工合成生物的分支——生物的第四王国。

这种新的生物技术和人类想象的一样有无穷无尽的可能性，比如培养将药物输送到身体特定位置的细菌，或者培育产生用于修复受损韧带组织的蜘蛛丝的山羊。作为具有代表性的创新技术，合成生物学有着阴暗的一面，关于转基因食品和动物克隆的争论就证明了这一点。

对这一研究领域未来的担忧因生物体的复杂构成而加剧，我们对生物仍然只了解一小部分。生物学关于繁殖和生存的讨论完全脱离了我们应有的道德标准，如法律和底线。我们如何控制这种能力对我们的未来至关重要。这个项目描述了几种关于未来潜在的重大突破，以及意外后果的可能性。

对页图 307

第四个王国“合成生物”被添加到地球上的当代生命树中。这些人工培育的物种预示着进化发展的新时代。

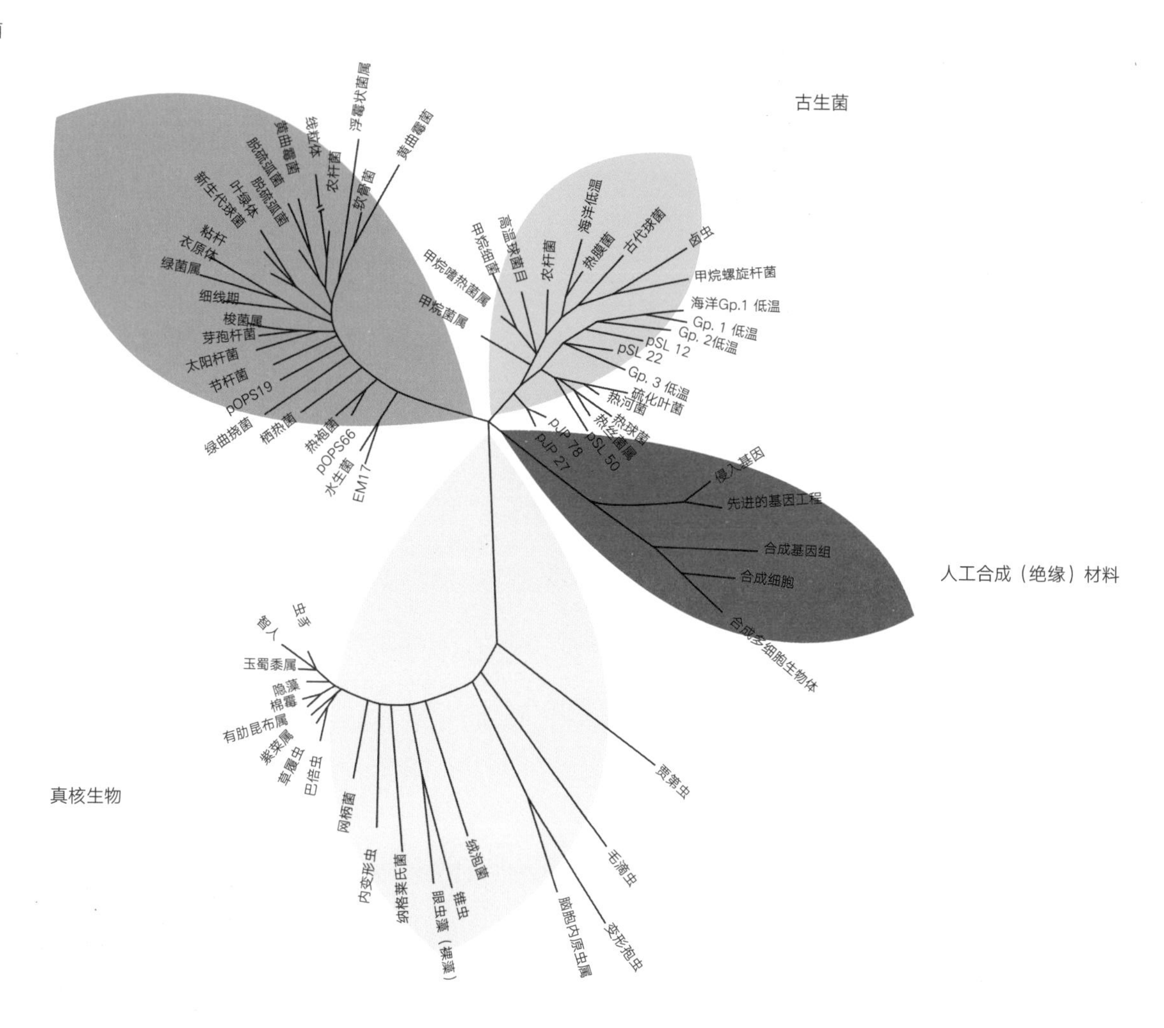
细菌
古生菌
人工合成（绝缘）材料
真核生物
浮霉状菌属
黄曲霉菌
线粒体
黄曲霉菌
脱硫弧菌
农杆菌
软骨菌
脱硫弧菌
叶绿体
新生代球菌
粘杆
衣原体
绿菌属
细线期
梭菌属
芽孢杆菌
太阳杆菌
节杆菌
pOPS19
绿曲挠菌
栖热菌
热孢菌
pOPS66
水生菌
EM17
甲烷菌属
甲烷嗜热菌属
甲烷细菌
高温球菌目
农杆菌
海洋低温
热腹菌
古代球菌
卤虫
甲烷螺旋杆菌
海洋Gp.1 低温
Gp. 1 低温
Gp. 2低温
pSL 12
pSL 22
Gp. 3 低温
硫化叶菌
热河菌
热球菌
热丝菌属
pSL 50
pJP 78
pJP 27
侵入基因
先进的基因工程
合成基因组
合成细胞
合成多细胞生物体
智人
玉蜀黍属
隐藻
棉霉
有肋昆布属
藜菜属
草履虫
巴倍虫
网柄菌
内变形虫
纳格莱氏菌
眼虫藻（裸藻）
锥虫
绒孢菌
脑胞内原虫属
变形孢虫
毛滴虫
贾第虫

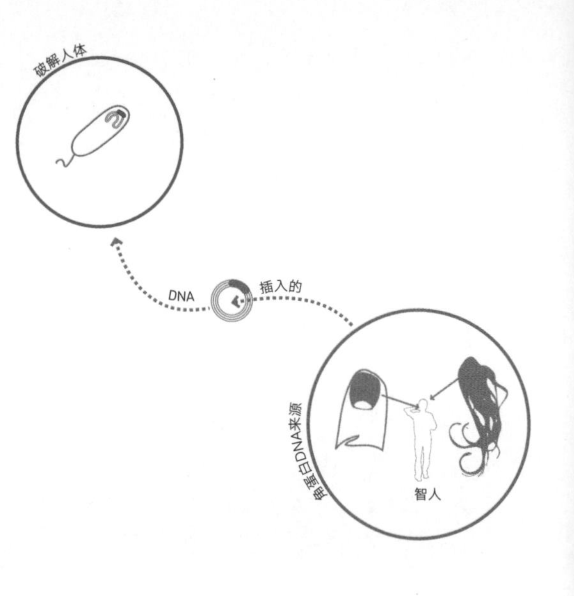

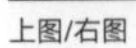

上图/右图 308, 309

角蛋白是在头发和指甲中发现的一种蛋白质，可以想象它被改造成分泌角蛋白的细菌，用来生产取代石油衍生的塑料的可生物降解的产品。

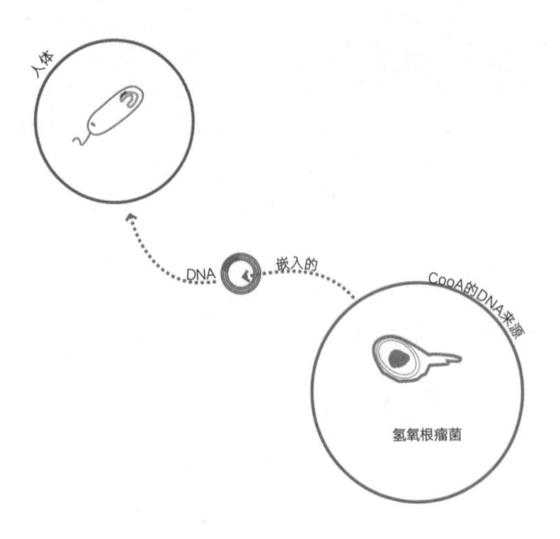

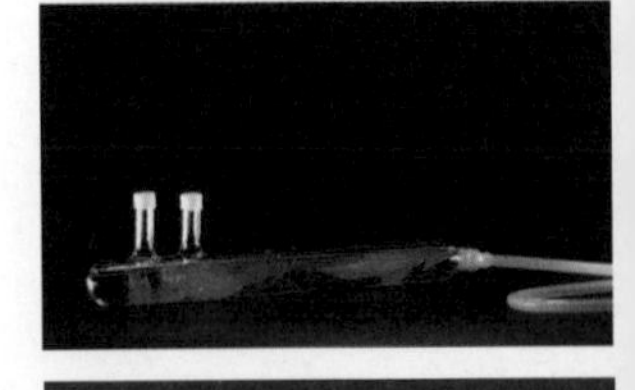

左图/上图 310, 311

左图：触发颜色表达的遗传密码被插入细菌宿主的“人体”中。上图：一个嵌有转基因微生物的一氧化碳传感器的模型。

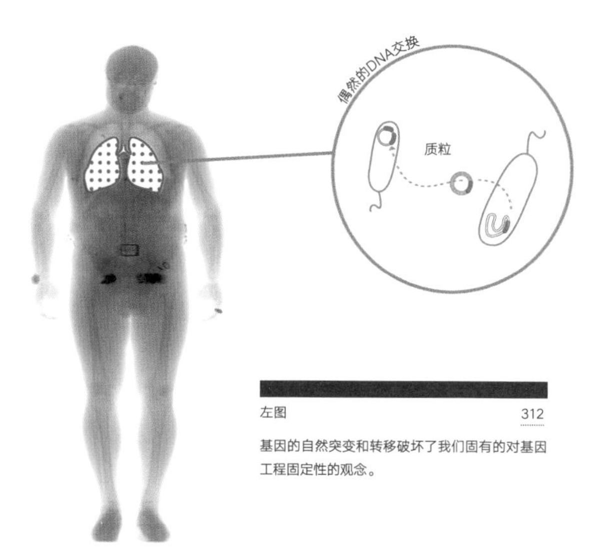

左图　312

基因的自然突变和转移破坏了我们固有的对基因工程固定性的观念。

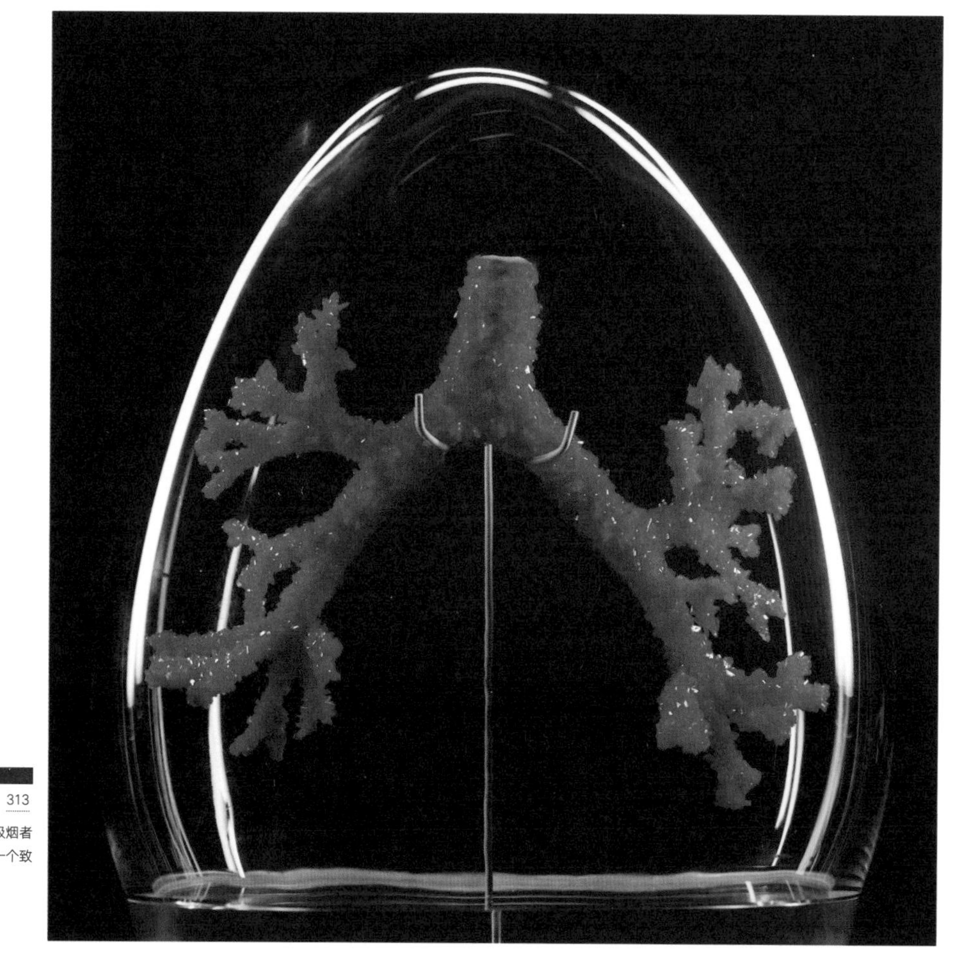

右图　313

在这个虚构的描述中，生物传感微生物对吸烟者的肺部造成了巨大的破坏，将它们结晶成一个致命却异常美丽的雕塑。

生物工作室

用我们自己的细胞或动物的细胞在实验室里培育物品，预示着一个个性化和可再生时尚的新时代。

材料：混合介质，包括数字刺绣支架、硅胶、珐琅、水晶、皮革、丝绸

设计师：艾米·康登（Amy Congdon，英国人），伦敦中央圣马丁艺术与设计学院未来材料项目

状态：概念

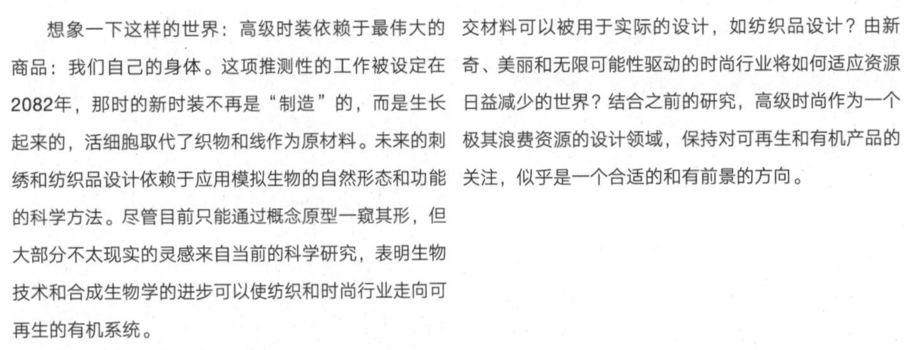

想象一下这样的世界：高级时装依赖于最伟大的商品：我们自己的身体。这项推测性的工作被设定在2082年，那时的新时装不再是“制造”的，而是生长起来的，活细胞取代了织物和线作为原材料。未来的刺绣和纺织品设计依赖于应用模拟生物的自然形态和功能的科学方法。尽管目前只能通过概念原型一窥其形，但大部分不太现实的灵感来自当前的科学研究，表明生物技术和合成生物学的进步可以使纺织和时尚行业走向可再生的有机系统。

设计师对未来的看法与其他领域的发展是一致的。数字刺绣已被用于医疗植入物的生产，其模仿生物进程的能力推动了纺织品设计的进步。快速细胞建模，也称为生物喷墨打印，目前正在探索一种“打印”器官的方法，但它也可以作为具有实际应用价值的、高效大量复制活细胞的一种手段。这些生物医学方法可用于制造完全由活细胞合成的纺织品。

“生物工作室”在探索当前的生物技术在未来几年可能发挥的作用时，提出了时尚界尚未回答的问题。如果我们能培育出一种合乎道德的、没有受害者的象牙或是一种跨物种的毛皮，世界会是什么样子？什么样的杂交材料可以被用于实际的设计，如纺织品设计？由新奇、美丽和无限可能性驱动的时尚行业将如何适应资源日益减少的世界？结合之前的研究，高级时尚作为一个极其浪费资源的设计领域，保持对可再生和有机产品的关注，似乎是一个合适的和有前景的方向。

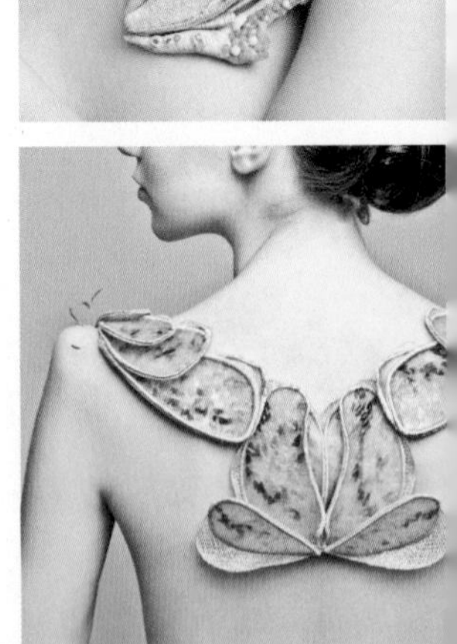

上图/对页图 314, 315, 316, 317

未来的首饰，毛皮和象牙一样的材料可以在活细胞中培养。

上图 319

寄生假体——为帮助身体调节温度而被设计的寄生虫通过毛发在皮肤表面显现出来。

左图 318

自发突变——为调节大气中的毒性水平而被设计在体内生活的微生物在皮肤表面显现出来。

设计虚构

合成生物学的兴起，带来了有关生命占有和自我改变的伦理问题。

材料：混合培养基，包括DIY生物工具、家庭培养的寄生生物

设计师：娜赛·奥黛丽·切扎（Natsai-Audrey Chieza，津巴布韦人），英国伦敦中央圣马丁艺术与设计学院未来材料项目

状态：概念

下图　320

自发突变——在家里使用可定制的基因培育的时尚皮肤，在身体上显现出各种印花、图案和结构。

上图　321

生物收藏品——一个由主人培养和定制的装饰性菌叶吊坠。

该项目的定位是，生命科学的应用将在21世纪汇聚，以描述不同的生产方式。这一发展将产生巨大的变化，并在很大程度上受到设计师的影响，他们可能还需要成为材料科学家、工程师或合成生物学家，以实现他们的目标。“设计虚构：合成时代的后人类”呈现了一系列虚构的作品，讲述了三个未来场景的故事，激发了对科学伦理及其对生命的利用的讨论。它还预测了设计师在2075年的角色，在工作室兼实验室工作。

在开源的DIY干细胞生物学变得像计算机一样普遍的情况下，**自发突变**研究了一种亚文化的美学潜力。**寄生假体**表明，后人类将由“本土”寄生生物基因合成，这将使其快速适应变化或新环境成为可能。**生物收藏品**引发了人们对令人担忧的基因材料市场的道德问题的质疑，这种市场可能会将我们的身体视为“农场”。这一问题的代表是珍贵的基因急救柜。

该项目的研究是由设计师切扎与伦敦大学学院分子结构与分子生物学研究所的分子微生物学教授约翰·沃德博士和罗蒂·戴维斯博士合作的，目的是选择并安全地培养微生物。

上图 322

生物收藏品——从细菌中生长出来的、仍然活着的装饰物引发了各种问题。

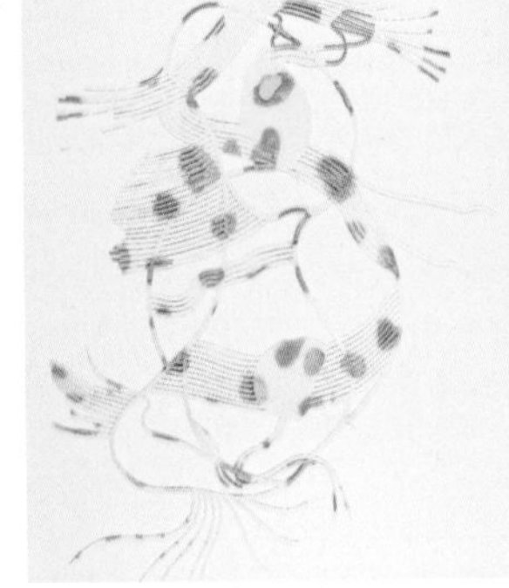

上图 323

自发突变——利用干细胞技术以数字方式打印在皮肤表面的生物文身，实现了清晰的图案。

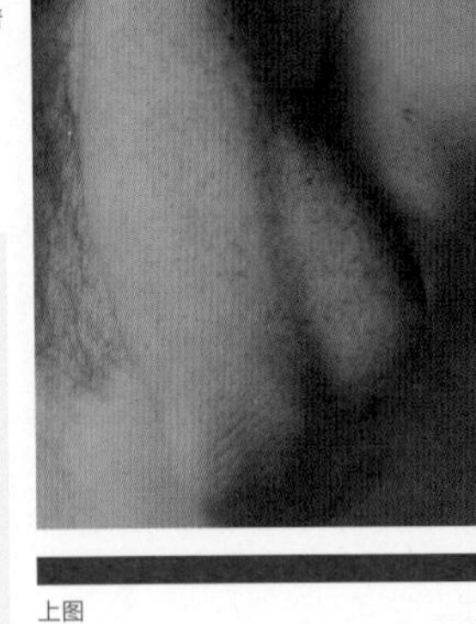

上图 324

寄生假体——经设计生长在皮肤上的寄生虫释放出一种抵抗性色素，使身体免受高水平的辐射。

上图 325

自发突变——通过DIY合成生物学进行的身体改造，产生了新的身体特征。

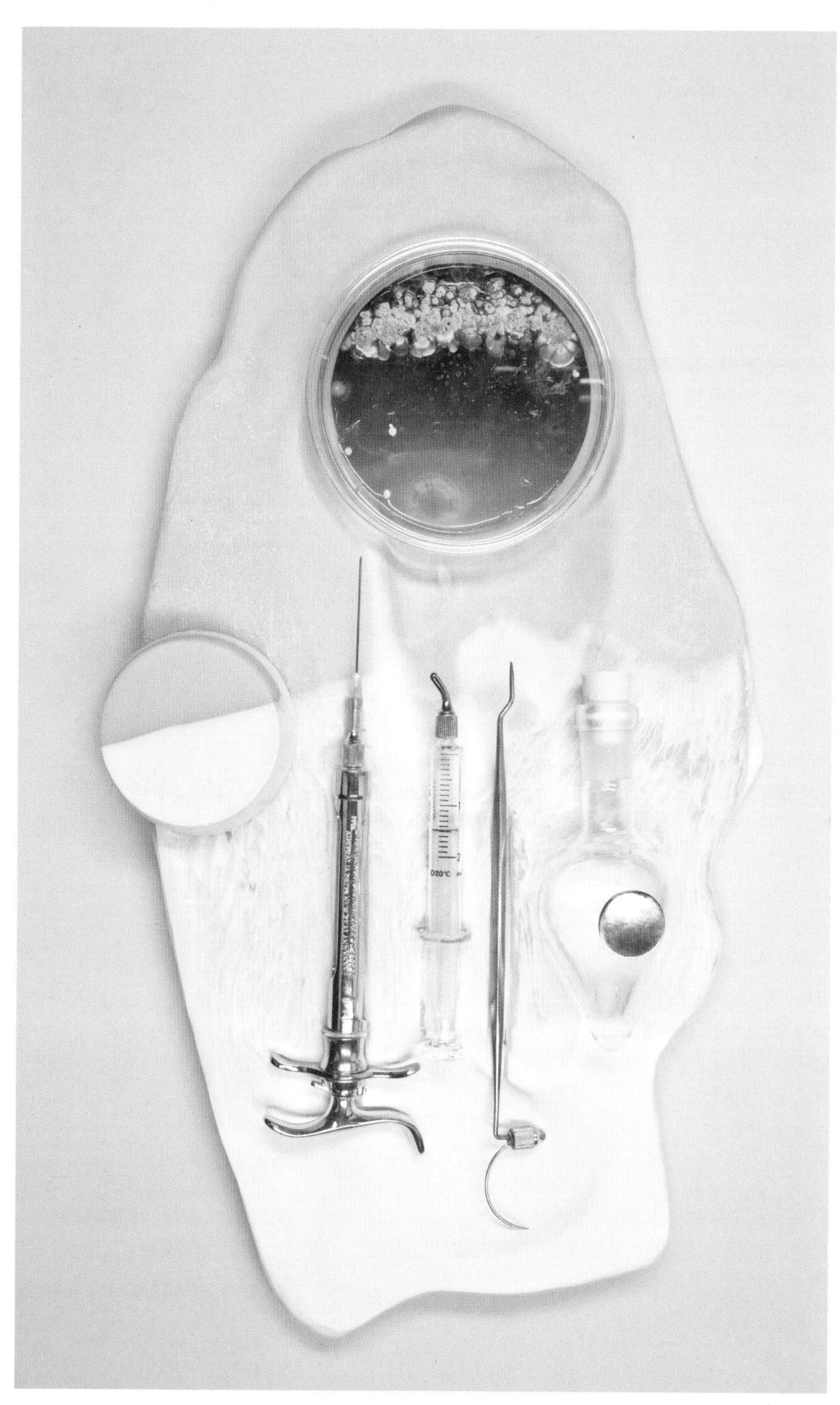

上图 327, 328

在定制基因的帮助下，时尚的皮肤能够显现各种不同的颜色、图案和纹理。

左图 326

一个包含自我身体改造所需要的最低限度的工具和原料的家用工具包。

植物小说

植物能否在城市越来越难满足的阴影下帮助我们恢复自然平衡？

材料：高质量的数码照片、木框、银箔

设计师：康尼·弗雷耶（Conny Freyer，德国人）/塞巴斯蒂安·诺埃尔（Sebastien Noel，法国人）/伊娃·鲁奇（Eva Rucki，德国人），三巨头，英国伦敦

状态：已完成

这些设计师从城市发展为一个社会概念的角度出发，探索了自然在西方的作用，而城市本质上是与其周围环境相矛盾的。看似不可阻挡的发展、越来越复杂的技术和日益提高的文化修养，要求我们控制和征服自然。这种追求促使现代自然科学不断地提供新的创新，以改善我们的福祉。然而，这些进步以污染、资源枯竭和生物多样性丧失等形式给环境造成压力。

“植物小说”将事实、小说、神话、历史和激进的思想运用到我们与自然、文化和城市的关系中。它提出了五个场景，每个场景都围绕一个虚构的植物物种形成，这些植物被放置在不久的将来的伦敦，每个场景都是为了改善一个熟悉的人为环境。在这里，研究小组设想植物可以自我分解产生生物燃料或者分泌独特的色素用于安全防备，爬行动物可以感知病毒，以及灌木可以从垃圾填埋场的电子电路中回收黄金。这种描述揭示了我们倾向于与自然建立短视的、自私的关系。

对页图 329

“哭泣的窃贼”植物展示了纤细的银发，在崭新的生物世界里被收获。

下图 330

透明刺身可以在没有鱼的血管、皮肤或器官的情况下生长，为人类提供丰富的风味和营养，它所需的资源消耗比鱼类要少得多。

底部图 331

实验室珍珠是填充了养殖动物脂肪的球体，外部柔软，类似于鱼子酱或木薯粉，如果经过精心腌制和调味，可能达到类似于意大利Lardo di Colonnata的风味特征。

上图 332

不久的将来，实验室培育的肉可能会摆脱我们习惯的结构特性、图案和形状的限制。它将成为厨师们释放创意的画布。

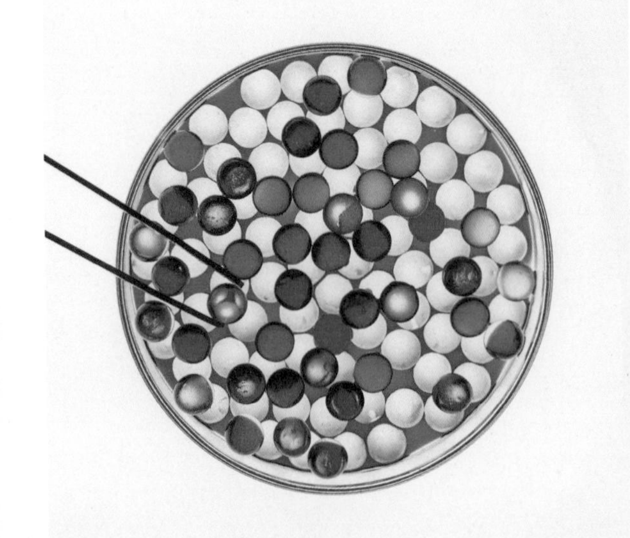

上图 333

这些双瓣贝被想象成在微生物反应器中生长，浸没在温暖的血清海洋中。它们的质地和口味将根据不同的海洋和河口而不同。

种肉餐车

既然随着科技的发展，实验室生产的食物变得越来越先进并且唾手可得，为什么我们的食物要被限制在活生生的动物上？

材料：混合介质，包括数字效果图、原型、食物主题表演

设计：Next Nature Network（荷兰）

得到荷兰电影基金会、荷兰文化媒体基金会、荷兰产业基金会、阿姆斯特丹市、Stichting Doen的支持。关联网址是与Submarine Channel协同合作的结果。

状态：概念

下一个自然网络（Next Nature Network，NNN）是一个组织，是一个对科技及其与自然融合的未来进行广泛和批判性思考的平台。用新技术在实验室里培育取代动物组织的人造肉是完全可行的。这些具体化的、仔细拍摄出来的思想实验——有些幽默或古怪，有些认真且完全可行——帮助厨师、科学家和设计师思考生物技术在烹饪方面的创新潜力。

值得注意的是，NNN的总部设在荷兰。荷兰是一个农业生产率极高的国家，尽管其土地面积约为美国土地面积的1/200，但总出口额仅次于美国。荷兰作为研究食品和农业相关技术的中心，2016年，包括植物、乳制品和装饰花卉在内的行业，销售了价值超过930亿欧元的产品。人们普遍希望荷兰在未来几十年能拿出关键的创新成果，预计到2050年世界人口将增至90亿，肉类等产品的需求将迅速变得不可持续满足。

“种肉餐车”邀请您在其餐厅预订一张2029年开放的虚拟餐桌，包括一个网络界面，上面有概况介绍、厨师和科学家的访谈，以及推断出的2029年会出现的菜肴的简介。其中包括在没有鹅的情况下所培育的鹅肝制作的“友好鹅肝”，用超长的培养组织串成的针织牛排，以及可以作为主菜的在体外培育的肉冰淇淋，将冰淇淋天鹅绒般的质地与肉类丰富的风味相结合，通过从北极熊等动物身上采集活体细胞培养制成。其中最可行的一种猜测，很可能即将出现，就是透明生鱼片，这种生鱼片没有真鱼的血管、神经或器官。

上图 334, 335

肉类冰淇淋的概念有助于介绍体外培养肉技术代表的可能性，在阿姆斯特丹（顶部图）的冯德尔公园和荷兰设计周（上图）上，其作为“超自然”（Transnatural）展览的一部分进行了展示。

前景度假村

随着时间的推移，患有特殊疾病的人可能会帮助寻找治疗他们自己的方法。

材料：许多道具，包括勘探者工具包、照片

设计师：萨沙·波夫莱普（Sascha Pohflepp，德国人），英国皇家艺术学院交互设计专业，英国伦敦

状态：概念

“生物勘探”研究是寻找植物或动物生命，用于研究和开发新型药物。这一活动在殖民时期十分盛行，因为农作物、药草和香料在国内市场上具有商业可行性。现在，对于那些显示出潜在有用特征的生物体进行收集和基因测序的工作正在进行中，这一实践引发了法律纠纷和众多伦理问题。

这种概念性的工作越来越多地利用了可访问性和可负担性的生物研究，并得到越来越多的参与性互联网文化的支持。非专业生物勘探正在变得越来越可行，它呼应了一个蓬勃发展的新分支的土食者运动，重点是寻找和复兴被低估的谷物、蔬菜和其他已经不再用于商业生产的植物。

“前景度假村”是一个虚构的南美洲目的地，它集酒店、一流的实验室和医院于一体。在发现一个具有遗传潜力的物种后，引起了广泛的关注，从而发现了大量有前景的物种。该网站为他们提供了一个探索亚马孙雨林的基地。

随着业余科学的日益普及，这种叙述呈现出一种潜在的现代殖民主义形式，与发展中国家的石油开采或钻石开采的企业投资没有太大区别。度假村的服务是对个人参与新信息——尤其是涉及疾病或死亡的信息——生成的趋势的回应，可能很快就会变得司空见惯。虽然这个项目是推测性的，但在不久的将来，个人极有可能为了自己的医疗利益而参与基因研究，甚至得到资金不足的公共卫生系统的鼓励。

右图 336

在野外采集DNA样本是当今药物研究的常规做法，但可能很快就会成为所有科学家的追求。

上图 337

一个勘探者工具包，里面有从世界上以前被忽视的地方收集来的植物样本。

上图 338，339，340，341

在这种推测出的情况下，勘探者收集的基因样本可能被重新用于工业或医学，以造福人类。

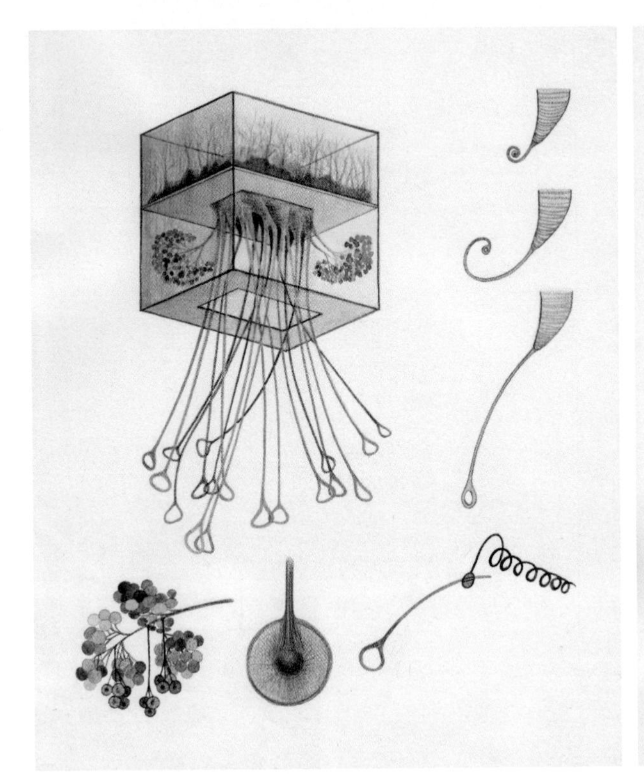

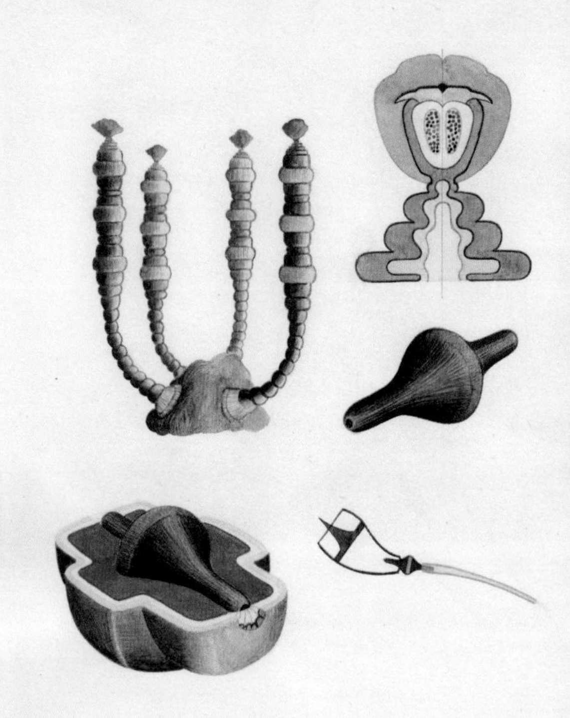

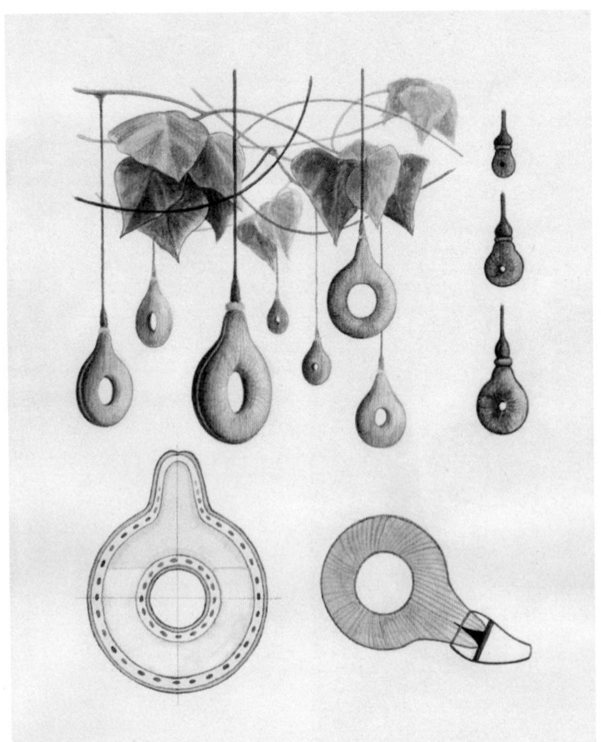

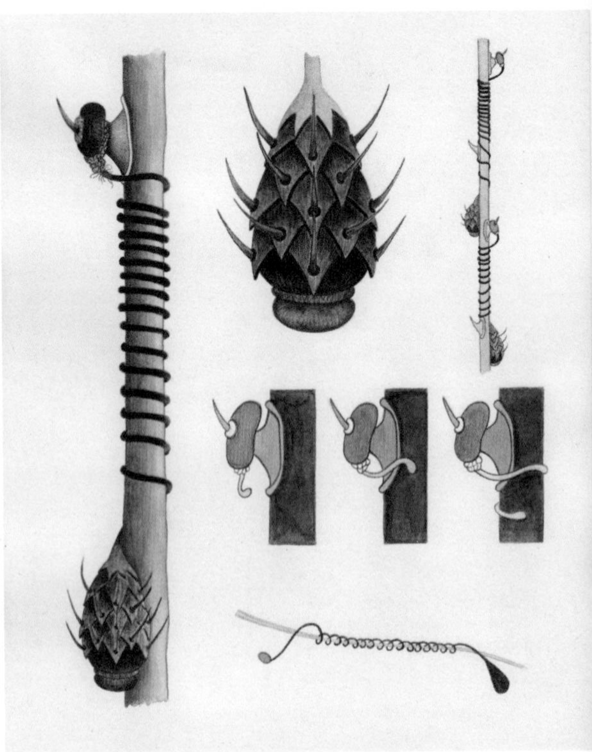

生长组件

我们能否从植物工厂里获得更多我们需要的“东西”，而不是诉诸机械化的生产过程？

材料：纸上的水彩插图

设计师：亚历山德拉·戴西·金斯伯格（Alexandra Daisy Ginsberg，英国人）/萨沙·波夫莱普（Sascha Pohflepp，德国人），英国皇家艺术学院交互设计专业，英国伦敦

状态：概念

在这里，设计师们设想了一个合成生物学的广泛应用和发展的未来场景以满足我们的日常需求，其特点是能源成本极高。这些插图描绘了用来生长出组件的被改良过的新植物物种，作画方式让人想起19世纪德国生物学家恩斯特·海克尔（Ernst Haeckel）的画作。编码植物的DNA，使组件真正地从生物“工厂”里生长出来。当植物生长到一定阶段的时候，组件就会像坚果一样从壳中取出，与其他零件组合成有用的装置。

“生长组件”设想商店将被植物工厂所取代，在植物工厂中，物品既可以种植又可以销售，类似于弗里曼·戴森在《太阳》《基因组》和《互联网》（1999年）中对未来的描述，快递服务将集中于运输可生产物件的种子，而不是配送成品。新的、较慢的生物过程取代了高速、机械化的生产线。复杂的产品需要更长的时间才能长成，因此成本较高，而小而简单的产品则比较便宜。“生长组件”摒弃了传统的工业理念，依靠生物学生产消费品的灵活性和多样性取代了基于重型机器生产的统一性。

例如，除草剂喷雾器由一系列部件组成，每个部件都来自不同的植物，并需要根据部件的不同需求来种植。

对页图 342, 343, 344, 345

与日常产品成分相呼应的天然成分在转基因植物中生长，比如在豌豆荚或玉米壳等容器中生长。

绕行的器官

重新设计身体部位以避免生病、延长生命或提高生活质量是可取的或合乎道德的？

材料：混合介质，包括硅树脂

设计师：阿吉·海恩斯（Agi Haines，英国人），英国普利茅斯大学跨技术研究机构

状态：概念

随着生物打印技术的不断进步，创造新的、功能增强的新器官的可能性越来越大。这个项目通过使用来自不同身体部位甚至多个物种的细胞，来改变人类需要数百万年才能自然进化的器官，旨在解决人类常见的健康问题。不难想象，在不久的将来，伦理辩论不仅要检验这种增强功能的可取性，还要检验其对公共健康更广泛的潜在好处。没准有一天拒绝改变身体变成了不道德的行为？毕竟，像疫苗会改变我们的生理机能并对全人类产生共同的利益一样，如群体免疫；如果设计的器官可以拯救生命和节省金钱，那么它们也可以和疫苗同样被视为必要的吗？

该项目设定了一系列的概念性植入物，包括**心脏电稳定器**（Electrostabilis Cardium），这是一种除颤器官，当心脏停止跳动时，使用电鳗的组织向心脏释放电流，使心脏恢复正常节律。第二种是思辨性器官，**特雷莫穆萨排泄器**，患有囊性纤维化的人，利用响尾蛇肌肉的力量和振动，可以将其呼吸系统释放出的黏液通过胃排出，进入身体的消化系统。第三种是**稀释性脑血栓**，当它感受到脑内潜在血栓的压力时，含有水蛭唾液腺的细胞会释放抗凝剂，以避免中风。

设计师阿吉·海恩斯希望促进讨论，帮助人们决定什么是可以接受和需要的，同时阐明生物材料商品化背后的混乱现实。该项目包含了我们许多人都没有想过的“存在于我们内心的奇怪而美妙的事物”的美学，并且展示了它们可能是一个不可抗拒的设计领域。

上图 346

心脏电稳定器把电鳗的一部分结合到人体中，形成除颤器官，这个器官在心脏停搏的情况下会产生电震动。

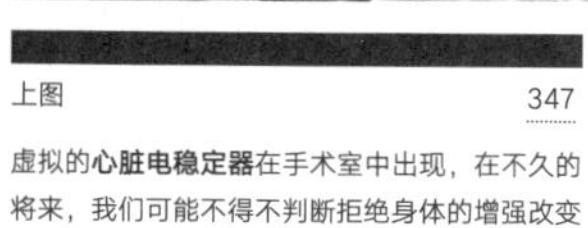

上图 347

虚拟的**心脏电稳定器**在手术室中出现，在不久的将来，我们可能不得不判断拒绝身体的增强改变是否变得更不合乎道德。

下图 349, 350, 351

这一系列的组合器官模型作为一种叙事工具，依靠电影特效技术将与人类增强有关的、令人不安的问题带到生活场景中。

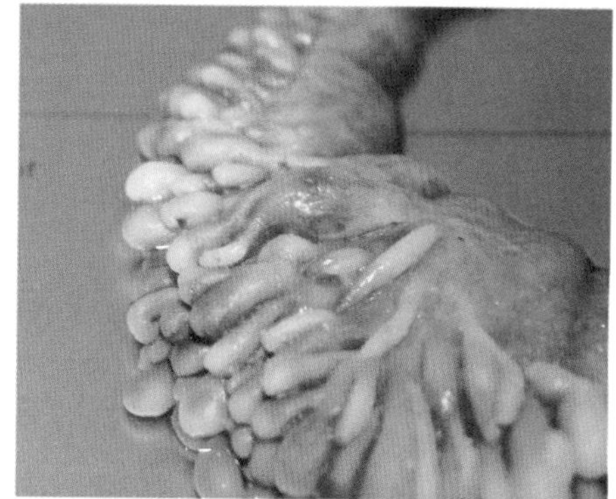

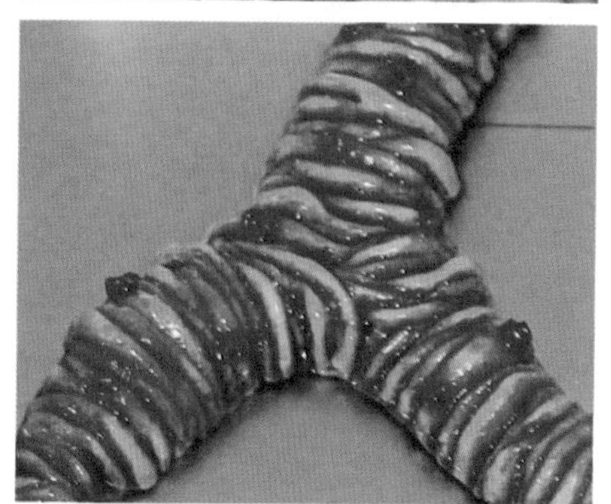

上图 348

稀释性脑血栓中含有水蛭的唾液腺，当这个器官感觉到血凝块的压力时会释放抗凝剂，避免中风。

血液灯

如果每次开灯的时候都会流一点血，你是否会犹豫？

材料：玻璃灯泡、鲁米诺、血液

设计师：迈克·汤普森（Mike Thompson，英国人），思想碰撞机（Thought Collider），荷兰阿姆斯特丹

状态：概念

上图/右图 353, 354

打破灯的顶部，从而形成锯齿状边缘，以割破皮肤并使血液进入含有鲁米诺的液体。

对页图 352

人类血液的加入引发了生物发光，这有助于强调提供光所需能量的价值——我们通常认为这是理所当然的。

在这个项目中，设计师提出了一些关键问题，以提高人们对能源成本的认识。如果你了解灯对环境的影响，你会这么轻易地把灯打开吗？如果对你有直接（不仅仅是金钱）影响，你还会这么做吗？我们大多数人都会毫无意识地使用耗电设备。事实上，美国公民平均每年消耗3000千瓦时以上的能源，足以在同一时期连续照亮几个房间。

血液灯让人们意识到能源不是免费不限量的。用户需要打碎含有鲁米诺的玻璃灯泡顶部。在法医学中，这种化学物质和血液中的铁发生反应时会发出明亮的蓝色光。用户需要往里倒入一包粉末，激活鲁米诺，之后割伤自己，将血滴挤压到溶液中以触发光反应。血液灯是一次性的，使用者必须做出个人牺牲，他们会不可避免地仔细地考虑他们对光的需求，以促使人们认识到光能源的价值。

纳米虫洞矿山

想象一下未来在使用蚯蚓修复土壤的同时可以收获大量的纳米颗粒，进而提高太阳能收集效率。

材料：数字效果图、道具、电影

设计师：利夫·巴格曼（Liv Bargman，英国人）/尼娜·卡特勒（Nina Cutler，英国人），英国伦敦中央圣马丁艺术与设计学院

状态：概念

这个思辨性的项目提出了通过设计一家虚构的“量子蠕虫工业”公司，在南威尔士的原煤矿遗址上创建一个纳米技术的“虫洞”。该矿山将利用蚯蚓的天然修复能力来修复被污染的土壤，同时从重金属中生物合成称为“量子点”（QD）的纳米颗粒。这些由蚯蚓提取出来的量子点，用于制作安装在横幅和旗帜上的喷雾光伏电池。设计师们设想这些旗帜产生的清洁电力会被反馈到周围地区，而额外的量子点则被出售给工业产业。

在这项周密的计划中，原煤矿工人有机会成为蚯蚓矿工，而这一过程扭转了原本的采矿工作留下的有毒重金属对环境的破坏。实际上，设计师将最近的科学研究转化成实际的应用，优先在当地范围内产生积极的社会和生态影响。该项目通过道具、图像和电影等方式探索矿工在这个潜在的新行业中的角色。

为了收集更多相关信息，设计师们参观了南威尔士的一个名为“大坑”的地方，这个地方在成为博物馆之前的一百年里一直是一个煤矿。在那里，他们了解了一百年的密集型产业可能导致的环境退化的规模和范围，但也认识到了围绕着它发展起来的社区，以及对其他就业机会的迫切需要。正如马克·格林教授及其同事在《蚯蚓发光量子点的生物合成》（2012年）上发表的研究所述，他们将这些实现经济和社会的目标与蚯蚓产生量子点的潜力联系起来。虽然这样一个项目的实际实施可能还需要几年时间，但这个方法强调了设计师在现代社会找到对生态有益的方案的责任。

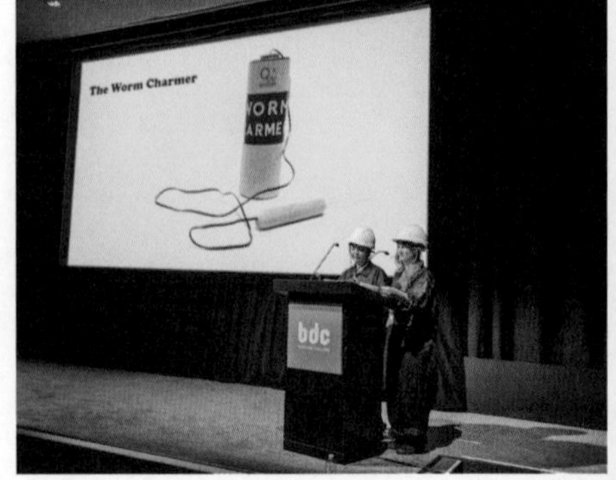

右图 355

设计师团队在纽约MoMA展示了他们的项目，并成为该博物馆举办的年度生物设计挑战赛的获奖者。

下图 358

煤炭开采的遗留问题包括重金属污染，这种污染可能会持续几十年。这个项目提出的系统将在生产材料的同时加速清洁，从而提高太阳能收集效率。

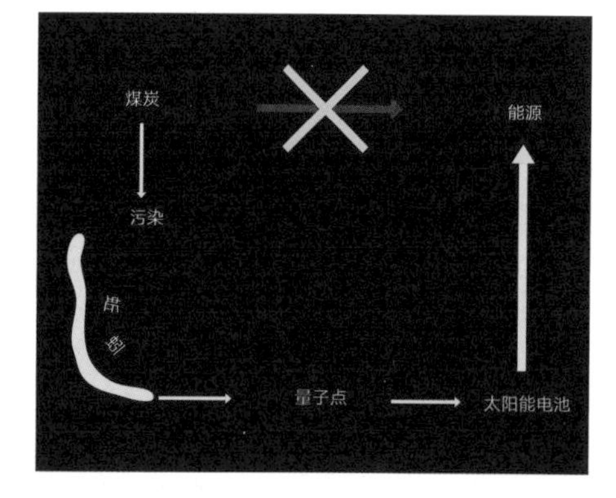

顶部图 356

该项目设想量子蠕虫采矿机配备新的工具，如挠痒器，旨在刺激蚯蚓分泌量子点，一种可再生能源应用的宝贵材料。

上图 357

伦敦国王学院的研究人员演示了利用蚯蚓生物合成量子点的方法。如果它们能被培育或改造成非常大的体型，那么它们作为生物工厂是可行的，同时还能修复含有毒素的土壤。

第四章

动态美学

从拍卖行出圈的艺术品

对页图 359

见"探索无形"，第250页。

在这里，我们介绍了最近的作品，这些作品与生物学相关，并以往往出乎意料的方式利用生命。为自身或为寻求意义而表达美的想法与设计不同，因为这种表达不需要针对任何用户或执行一项明确的功能。然而，这些项目提供了设计领域以机会，同时创造了原始的审美体验，并为新的美的概念奠定了基础。

在许多这样的努力中，生物学既是主题也是媒介，反映了一种未被满足的需求：彻底检验和解密加速的科学进步的文化意义。项目采用了不同的方法，从实验室的基因操作（如“自然史之谜”）到指导昆虫和植物的活动以获得特定的形式或象征性的结果（如“水仙花的种子”）。一些作品的共同主线是对大多数人对微生物世界和我们为生存而面对其依赖的相对冷漠或无知的回应（如“共存”）。随着研究的推动，关于自然界的更多知识相对缓慢地传递给公众，尽管有些发展很容易引发人们的想象力。

“人类基因组计划”是一项激发人们广泛理解及全面报道的项目。该计划于1990年启动，并于2003年完成，它确定了构成我们遗传密码的碱基对序列，并绘制了人类基因组的约20000个基因的基因图。这些成就迅速而显著地影响了艺术和设计，从建筑中基因形态的普及到创造转基因物种作为生物艺术的实验。DNA作为建筑计划的概念也通过词汇牢牢地嵌入了我们的意识中——尽管这个隐喻有其局限性：一种独特的管理或创新方法被说成是“公司的DNA”，而“你的基因构成”可能，无论是否有根据，都被赋予了独特特征或行为的责任。

相比之下，人类微生物组计划并没有被广泛理解或讨论。这个为期五年的项目于2008年启动，采用新技术来识别来自微生物的遗传物质，这些微生物在人体等环境中生长，但在实验室中难以培养。其目标是确定寄居在我们身体上的、可能影响我们身体健康的所有细菌、病毒等的特征，以及在生物学中得到潜在的应用。早期的研究结果表明，人类与所有这些寄宿生物紧密地纠缠在一起，形成了共生关系。虽然一些项目，如“共存”，已经开始通过关注这些关系来做出回应，但这项研究作为审美灵感的全部潜力离完全实现还有很长的路要走。我们的生活所依赖的这些亲密关系的微妙平衡，可能会改变我们的自我意识，以及对我们体内和周围充斥着无形生命的环境的认识。

2010年，克雷格·文特尔（Craig Venter）领导的团队创造了第一个合成生命体——一个完全由合成DNA生成的细胞，这显示了艺术与生命结合的未来方向。这位生物学家说：“这是我们地球上第一个自我复制的物种，其父母是一台计算机。尽管这一努力耗费了十年的时间和数百万美元，但它可能是一个全新的、几乎无限的创造性产出媒介的预兆。在那些急切地期待着挥舞这些创造和操纵生命的工具的人中，有先驱者爱德华多·卡克，他说：“我的目标之一是完全和彻底地设计一个新的生命形式，构思它的每一个方面。当他们不受实用性等设计目标的约束，投身于这种未知的形式赋予领域时，艺术家们激起了更多的合作和交叉授粉传播。”

上图 360

转基因花“伊杜尼亚”在明尼阿波利斯市韦斯曼艺术博物馆展出。

右图 361

艺术家给自己的“遗传后代花”浇水。

上图 362

这朵名为“伊杜尼亚”的花，在花瓣的红色纹理中显示了艺术家的DNA。

自然史之谜

基因操控为艺术家提供了一种全新而应用广泛的媒介。

材料：矮牵牛花的DNA、艺术家的DNA、土壤、水

设计师：爱德华多·卡克（Eduardo Karc，美国人，出生于巴西），爱德华多·卡克工作室，美国芝加哥

状态：已完成

上图 363, 364

转基因植物在圣地亚哥德孔波斯特拉的Factoría艺术画廊和明尼阿波利斯的韦斯曼艺术博物馆展出。

转基因艺术是一门新兴的学科，它将部分遗传密码添加到宿主体内并由宿主表达。“自然史之谜”中涉及的一系列的作品，其中包括一种新的生命形式——一种由艺术家和矮牵牛花杂交而成的转基因花。其成果“伊杜尼亚”（Edunia）是通过分子生物学的应用开发出来的，因此在自然界中是不存在的。“伊杜尼亚”这种植物中含有的人类基因是从艺术家血液样本中分离出来并测序的。它产生了一种免疫球蛋白，一种起抗体作用的蛋白质，被免疫系统用来识别和中和外来抗原（触发免疫反应的抗体发生器）。这种基因能产生一种蛋白质，使花瓣的脉络变红，在一朵花中创造出人类血液的动态图像。由于需要用病毒催化剂来使基因精确地插入，因此明尼苏达大学植物生物系的奥尔舍夫斯基（Olszewski）教授负责培育这种新型生物。

期望将“伊杜尼亚”散布和种植在画廊和博物馆之外，艺术家制作了限量的种子包，精心设计的种子包内有内置的磁铁，游客可以像阅读书籍一样打开它。该项目还包括几幅水彩画、照片和平版印刷品。所有这些花都是基因相同的克隆体，但它们看起来截然不同。这印证了这样一种观点——所有生命，无论基因多么相似，从根本上来说都是独一无二的。

该作品表明，基因合成类的新技术提供了非常多的艺术机会。几十年前，做这样一个项目需要耗费数千万美元的资金，但现在只需要其十分之一的资金就能做到。

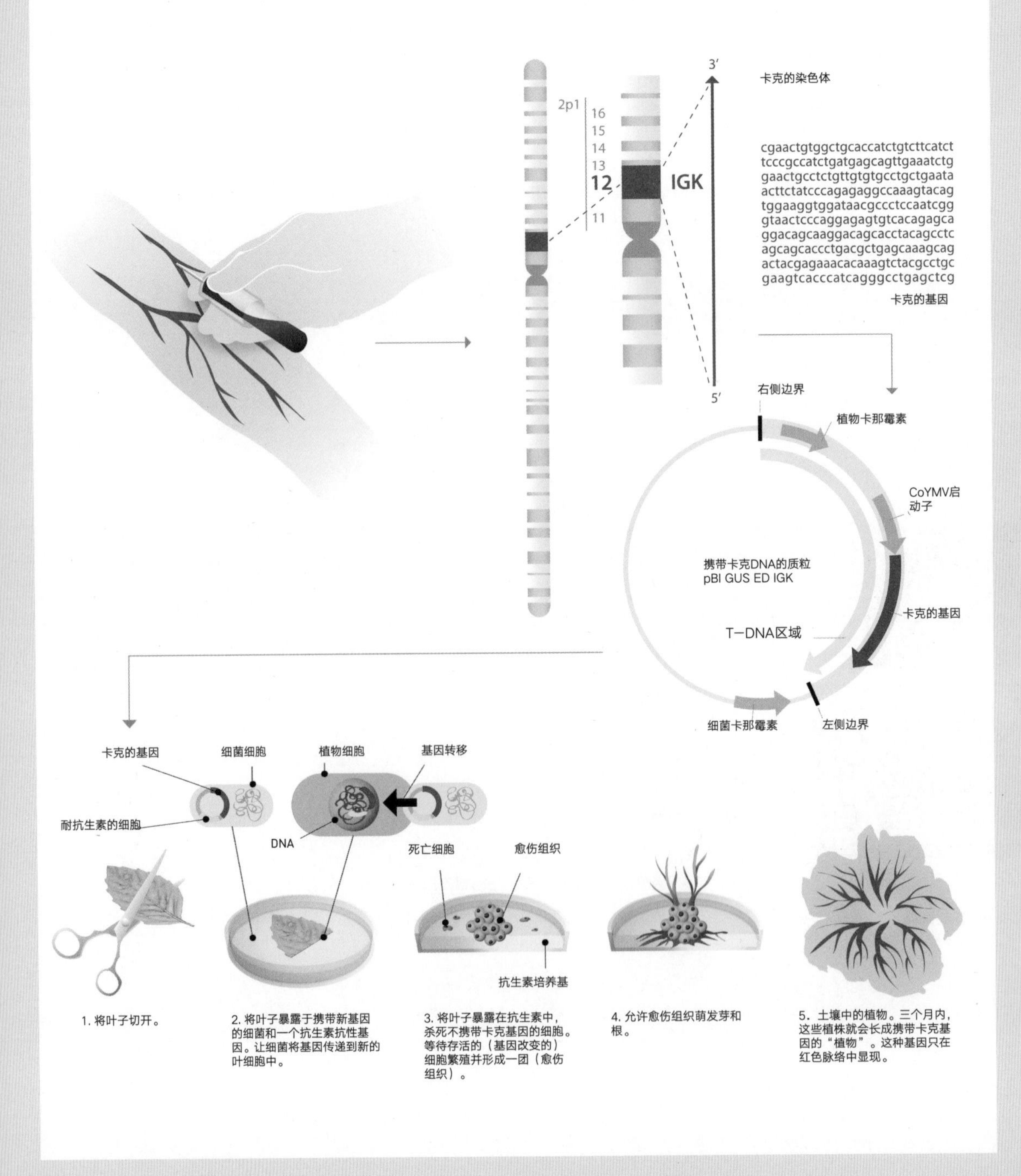

1. 将叶子切开。

2. 将叶子暴露于携带新基因的细菌和一个抗生素抗性基因。让细菌将基因传递到新的叶细胞中。

3. 将叶子暴露在抗生素中，杀死不携带卡克基因的细胞。等待存活的（基因改变的）细胞繁殖并形成一团（愈伤组织）。

4. 允许愈伤组织萌发芽和根。

5. 土壤中的植物。三个月内，这些植株就会长成携带卡克基因的“植物”。这种基因只在红色脉络中显现。

上图 366

“伊杜尼亚种子包研究I—VI”在圣地亚哥德孔波斯特拉的Factoría艺术画廊展出。

对页图 365

展示艺术家的DNA如何成为植物的一部分，并通过花瓣表现出来。

上图 367

带有“伊杜尼亚”种子和磁铁的手工纸制品构成了装置的一部分。

蛋和蛞蝓

这些艺术品受到蛞蝓优美的交配行为启发，将大自然的恩赐展现在特定的容器中。

材料：铸造亚克力、铝、不锈钢、手工吹制玻璃、全光谱照明式种植

设计师：保拉·海斯（Paula Hayes，美国人），保拉·海斯工作室，美国纽约

状态：已完成

为了安·特姆金（Ann Temkin）为纽约MoMA策划的装置作品“蛞蝓的夜曲”（Nocturne of the maximus），这位艺术家用荧光亚克力和吹制玻璃制作了两个生物培养容器。一个是卵形的，被单独放在基座上；另一个是梭形的，被安装在展厅的一面墙上。作品呈现出的微型森林作为繁茂植物的家园在展厅中展出了六个月。这些作品旨在突出其周围环境的有机本质——一个物种数量混乱且不断变化的区域。

它们的形态反映了蛞蝓的两种特征：一个是单一的水平蛞蝓，暗示着其光滑的球形运动方式；另一个是受精行为，一对软体动物以优雅的螺旋状相互缠绕在一起，悬浮在空中绳子状的黏液上。当它们的性器官相遇时，它们也会缠绕在一起，交换精子，形成一个半透明的、花一样的球体，让双方都受精。（蛞蝓是雌雄同体的，这意味着它们同时拥有雄性和雌性的生殖系统，它们各自产生卵子和精子。）

上图 368

蛞蝓展示了一种奇妙的交配行为，这激发了部分作品的创作灵感。

对页图 369

模仿蛞蝓交配形式的生物培养容器被安装在纽约MoMA里。

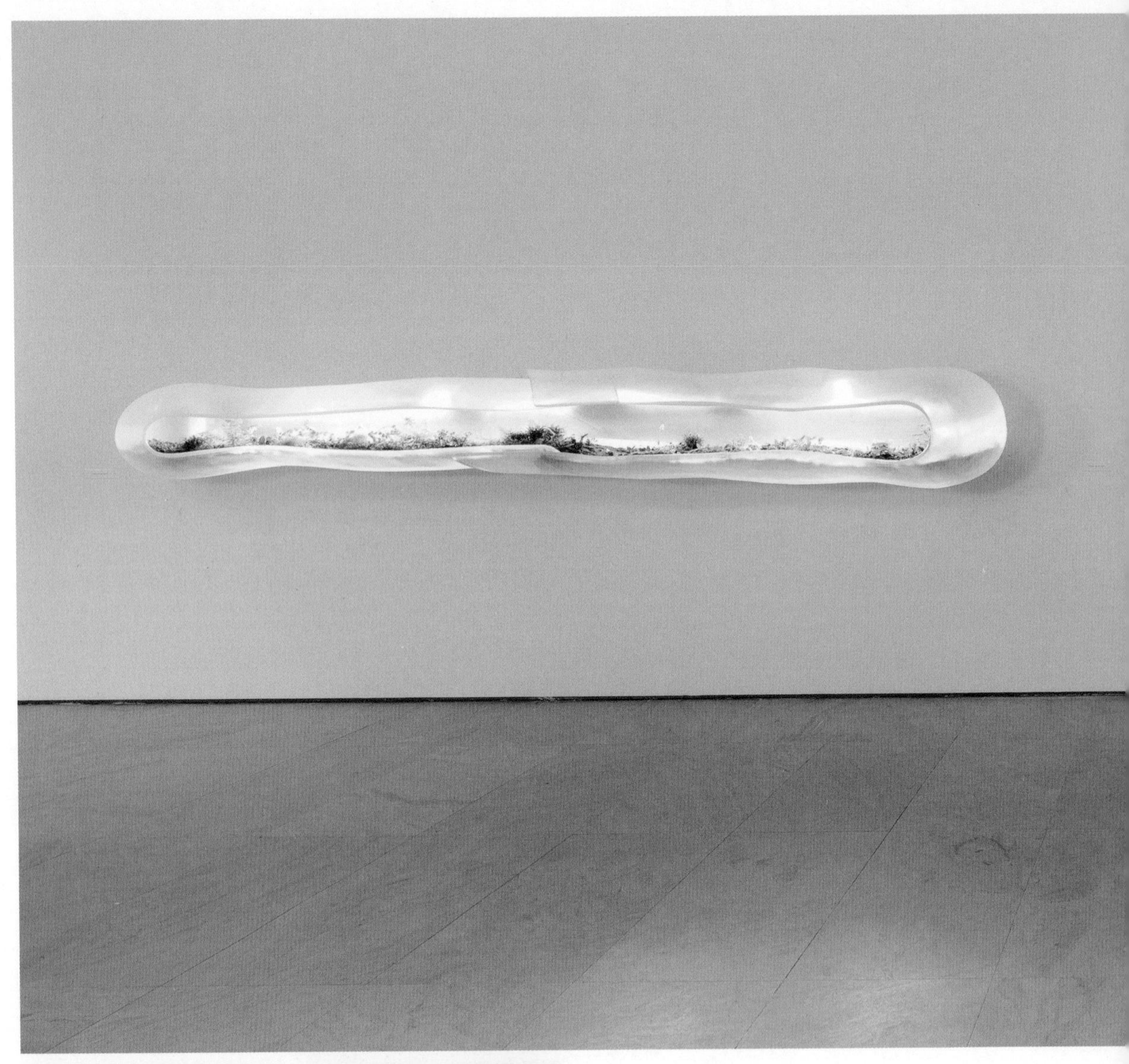

上图 370

纽约MoMA大厅里的玻璃生物培养容器呼应了运动中的蛞蝓（左）和悬挂在树枝上雌雄同体交配中的蛞蝓（右）。

上图 371

展厅里流动的观众反映了玻璃容器的暂时和有机的性质。

右上图/右图 372, 373

其中一个盆景的特写镜头，其中有多种植物品种。

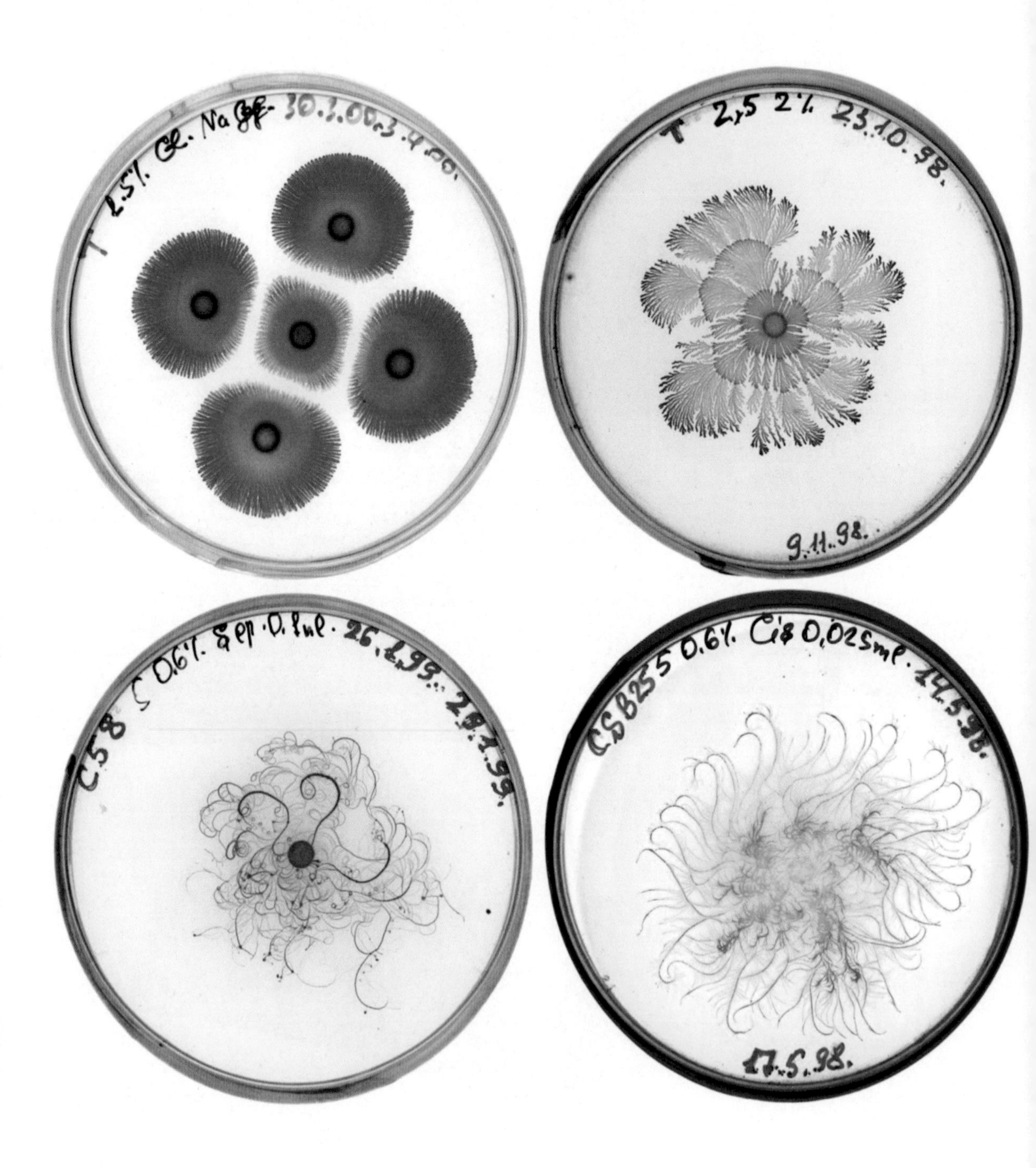
23.10.98.
9.11.98.

客观事实

微小生物体令人惊讶的沟通能力和决策能力在这里被开发利用以形成生物雕塑。

材料：细菌（涡状芽孢杆菌）、琼脂、营养物、培养皿

设计师：努里特·巴-沙伊（Nurit Bar-Shai，美国人，出生在以色列），以色列特拉维夫大学物理与天文学院/美国纽约基因空间（Genspace）/美国布鲁克林MakerBot工业公司

状态：生产中

这个作品通过一系列图片探索了艺术、科学和技术的融合，这些图片捕捉了细菌各种各样的交流模式。通过略微改变生物周围的原始环境和可视化生物系统的自发组织行为，展示出令人惊讶的复杂性和戏剧性的变化。作品包括了一系列含有营养物质的三维琼脂结构。这些作品将生物在做决策时所表现出的“生长图像”作为一种雕塑形态。

作品的灵感来自于特拉维夫大学研究微生物行为学的伊谢尔·本· 雅各布（Eshel Ben Jacob）教授的研究。作品建立在他对涡状芽孢杆菌的发现和研究之上，涡状芽孢杆菌是一种具有复杂动态特性的菌落细菌。这些微生物具有积极的社会运动能力，可以利用细胞间的信号活动，如在不同的环境条件下相互吸引或相互排斥。当生长在柔软的表面上时，这些“超生物”（由多个个体组成一个整体）通过形成觅食的“手臂”来展示集体的运动能力，这些“手臂”被送出去寻找食物。这种“群体智能”让细菌种群分散，而当它们找到分散的营养碎片时就会重新团聚。

一旦细菌在营养物质的刺激下生长成一定的图案，设计师就会将它们染色，使之可见，这也会阻止它们生长。

对页图 374

涡状芽孢杆菌表现出复杂的社会行为，包括既分散又形成觅食群以获取食物。这位艺术家利用这些细菌培养三维立体雕塑。

水仙花的种子

将工业设计与自然雕塑相结合。

材料：蜂蜡、玻璃、银、不锈钢

设计师：托马斯·利伯丁（Tomáš Libertíny，斯洛伐克人），托马斯·利伯蒂尼工作室，荷兰鹿特丹

状态：已完成

两件作品利用了蜜蜂勤劳的特点，引导它们形成特定物体的形状。在2011年威尼斯双年展上，“水仙花的种子”利用了对比的形式，对比工业和自然过程的制作形式。玻璃灯泡是在高速、高温、机械驱动的环境下制造的，以实现其特定的形状。里面的银色涂层使它具有高度的反光性（让人想起了水仙花爱上了自己的倒影的神话故事）。外层蜂蜡结构是自然和相对缓慢的蜂巢建造过程的结果。

这些作品的材料在质地上也表现出强烈的差异，柔软、锯齿状的蜜蜂建筑与玻璃坚硬、光滑的表面形成对比。然而，将这两种材料结合在一起的是它们异常脆弱的特性，艺术家喜欢这种特性，因为它能够在作品和观众之间创造一种距离感。这部作品的灵感部分来自于非希姆萨（Ahimsa）的概念，也就是印度教、耆那教和佛教的一个重要信条，意思是“避免暴力”，并祈求对所有生物仁慈。作为一件精致得难以触摸的作品，它让人们注意到生物和物质存在的脆弱性。

作品是在一周的时间里，被一个木箱包围的40000只蜜蜂被引导着一层一层地用蜂巢覆盖一个花瓶状的脚手架。这个缓慢的制造过程是完全自然，并且低能量和低温度的。艺术家故意使用一个在农业中很重要并且由于环境变化正在受到威胁的物种——蜜蜂。最终这件作品巧妙地整合了它的过程和功能：当蜜蜂形成花瓶时，它们传播花粉并帮助开花植物繁殖。

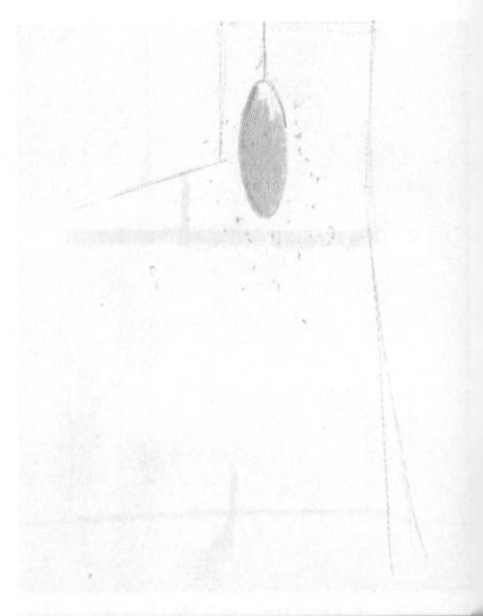

上图 375

一个覆蜡的玻璃容器的概念草图。

上图 376

威尼斯双年展上“水仙花的种子”装置，在银色玻璃周围形成蜂巢。

上图 377

装置草图显示了观看者的规模。

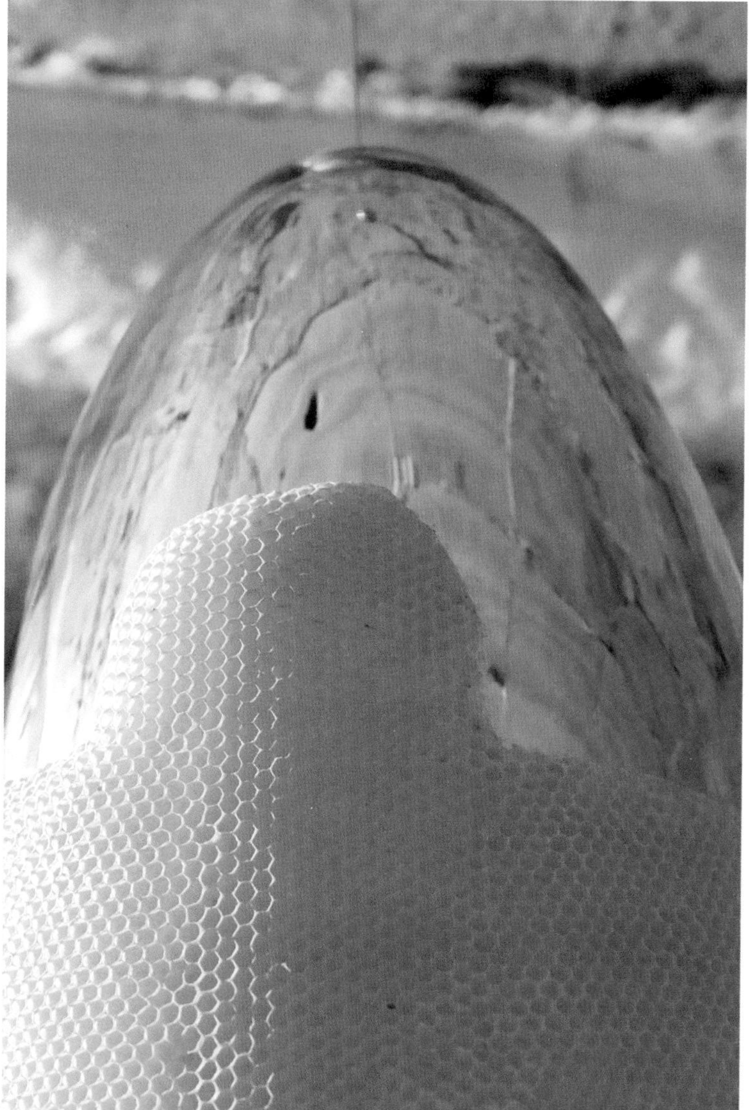

上图 378

在高度反光的银色玻璃旁边，自然形成的蜂蜡蜂巢的细节。

上图　379

蜂巢花瓶，类似于希腊无柄的水罐花瓶。蜂巢是成千上万只蜜蜂缓慢而谨慎地工作的结果。

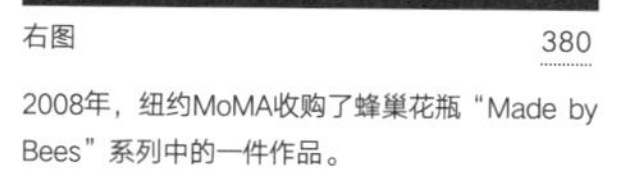

右图 380

2008年，纽约MoMA收购了蜂巢花瓶“Made by Bees”系列中的一件作品。

上图 381

蜜蜂和它们制造出的花瓶。

上图/下图 382, 383

图中是悬挂着的含有藻类的静脉注射袋，观众可以自由选择注射促进或阻碍藻类生长的材料。

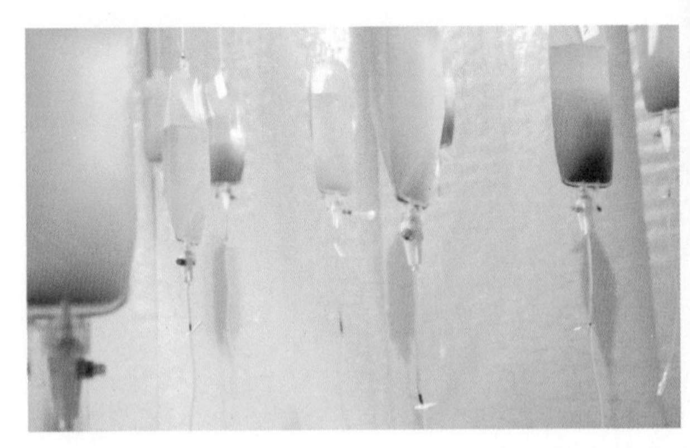

上图/右图 384, 385

参观者使用注射器将含有化学物质的液体注射到充满藻类的静脉注射袋。

藻

人类在小范围内干预的后果使我们能够洞察人类对环境的潜在影响。

材料：水样、藻类、静脉注射袋、有益和有害的化学物质

设计师：杰尔特·范·阿贝马（Jelte van Abbema，荷兰人），范·阿贝马实验室，荷兰埃因霍温

状态：已完成

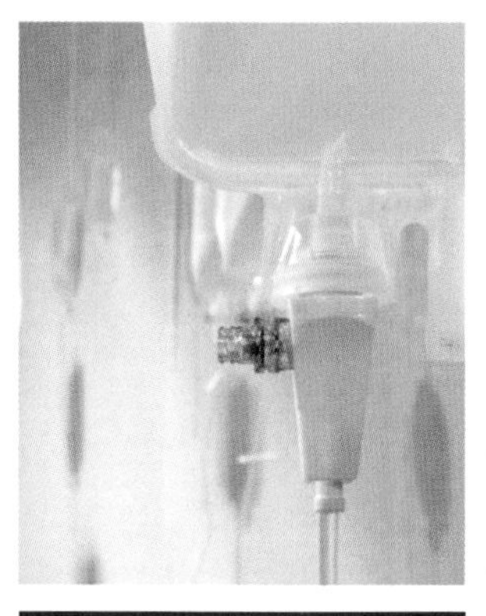

上图 386

这些海藻是从荷兰东部的不同地方收获的。

与更传统的设计材料不同，生物体对环境的变化非常敏感，可以从中洞察到人类对环境的潜在影响。“藻”是为荷兰罗姆比克（Roombeek）的“人工绿色”（Artificial Green）展览而特别设计的，它是一处由悬浮的静脉注射袋组成的花园，其中含有少量藻类，它们的生存依赖于人类的照料。最初一个月的安装展示了从恩斯赫德东部地区收集的水样。水源从公共水龙头到含泥的沟渠，每一个都提供了一个独特的藻类生态系统。展览鼓励参观者参与，观众可以向塑料袋中注射有益或有害的化学物质。随着时间的推移，这种影响促使许多袋子里的藻类大量生长，而其他袋子的生存能力则受到损害。从它们的颜色（从暗棕色到鲜绿色）可以明显看出它们是存活还是死亡。

该项目探索了同时存在的增长的潜力和不可避免的恶化可能性。参观者与藻类的互动使作品以不可预测的方式变化和发展。

基因传家宝系列

纪念品，比如黄金首饰，被视为继承的条件。

材料：手工吹制玻璃、镀金黄铜、尼龙、塑料管、皮革、涂粉铝、胶金、胶银、可丽耐、梨木

设计师：雷维塔尔·科恩（Revital Cohen，英国人，出生在以色列）和图尔·范·巴伦（Tuur Van Balen，比利时人），英国皇家艺术学院交互设计专业

获惠康信托艺术奖资助。

状态：概念

随着科技的发展，我们所掌握的遗传信息的增多，人们越来越认为我们的身份与特定的基因序列紧密相连，设计师设想了由此家庭行为可能会发生的变化。这种新的自我认知挑战了我们对责任、风险和自主权的认识，也可能改变我们在家庭中的关系。

该作品通过发掘传家宝等世代相传的物品在物质传承的过程中产生的潜在变化，来表现人类基因的传承过程。增加贵重金属在医学上的应用，尤其是在癌症治疗方面，让人联想到物质传家宝（如银制烛台）和祖先基因遗传（如遗传性疾病）之间的相似性。“遗传传家宝”系列中的三个项目解决了随着更多遗传信息的出现可能出现的不同问题，例如疾病脆弱性对儿童的情感影响。

我们如何与已知的遗传决定论做斗争是**负罪感调节器**的基础。负罪感调节器是一个允许孩子对自己造成痛苦的设备,减轻他们的负罪感，他们因为幸运而没有遗传让父母或兄弟姐妹正在饱受折磨的疾病。除了减轻幸运儿的负罪感，它还提供了一种不适，作为一个入口，让孩子回到遗传家族疾病的故事中。为了让他们的身体经历一段痛苦和愈合的旅程，孩子将手腕与针连接起来，转动一下旋塞，注射胶体的黄金毒药，转动另一个旋塞注射解毒剂。

干预主义者对表观遗传学做出了回应。表观遗传学是遗传学研究的一个领域，专注于环境因素如何影响基因表达。希望能通过释放声音、气味和抗菌喷雾控制环境，抑制某种致命的遗传疾病。

披露案提到了基因图谱引发的一个关键伦理问题，允许某一基因特征的潜在继承者自行决定他们是否想知道自己的命运。传统的贵重金属传家宝与亲属透露遗传基因特征的音频信息一起保存，这与近来依靠金银治疗癌症的做法类似。受潘多拉盒子的启发，该设备应留给下一代人来打开。

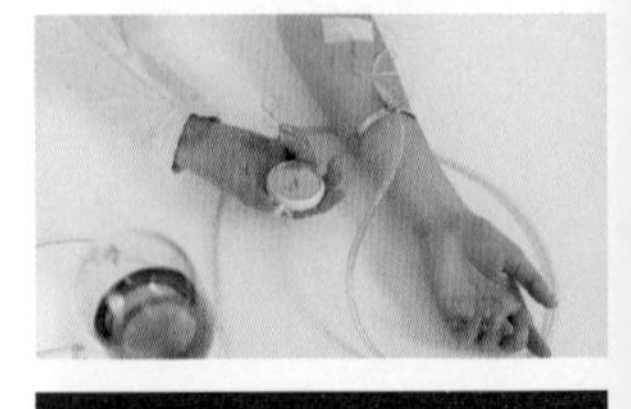

上图 387

负罪感调整器允许个人通过静脉注射毒药来给自己造成痛苦。

上图/右图 388, 389

一个健康的人有机会减轻他们作为幸运者的负罪感，如果其兄弟姐妹遗传了一种令人衰弱或致命的遗传疾病。

上图 390

一个球状容器装有液体毒药，而另一个装有解毒剂，让使用者体验痛苦的折磨和治愈。

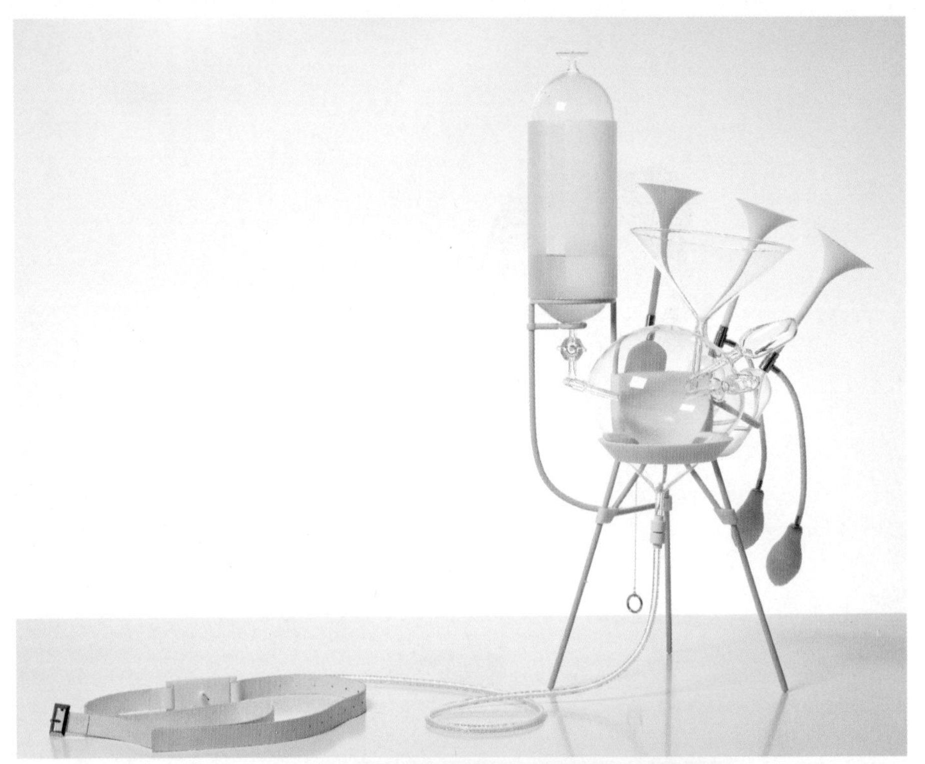

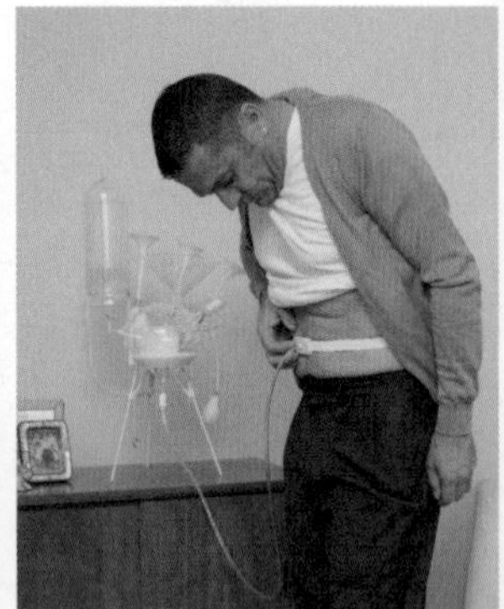

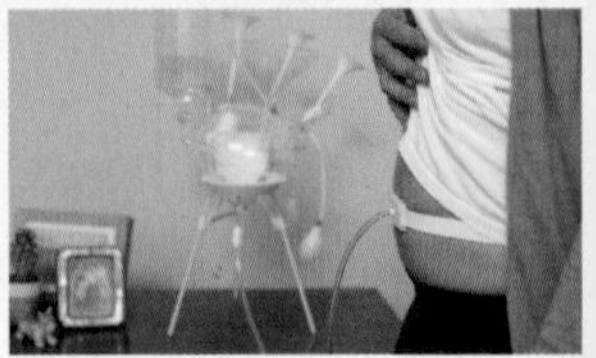

上图 391, 392

干预主义者对表观遗传学做出回应，表观遗传学是一个研究环境因素如何影响基因表达的领域。该设备试图通过释放声音、气味和抗菌喷雾来控制环境因素，以抑制遗传性疾病。

上图 393, 394

该设备包括用于纳米金富集化疗的设备。主要的输液管通向一根定制的针头，针被插入肚脐，强调许多遗传性疾病所特有的与母体之间的联系。

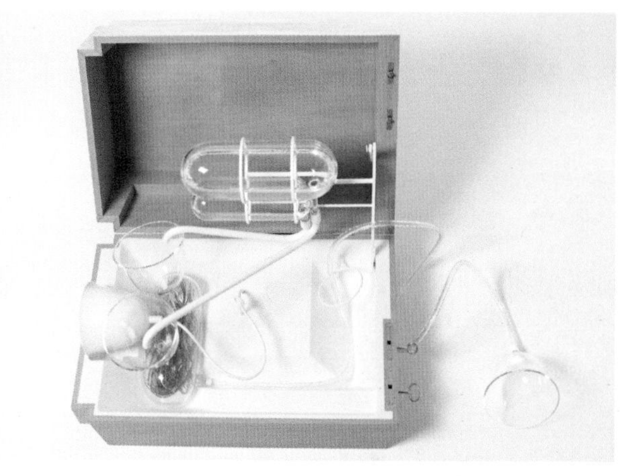

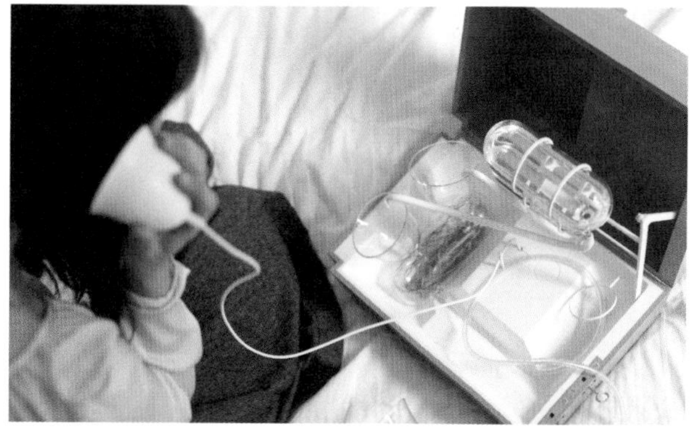

上图/右图 395, 396, 397, 398

披露案是为一个患有遗传性癌症的孩子准备的。盒子里有一段关于遗产，以及家里的黄金的音频描述，在第一阶段的治疗中，黄金开始溶入氯化物。

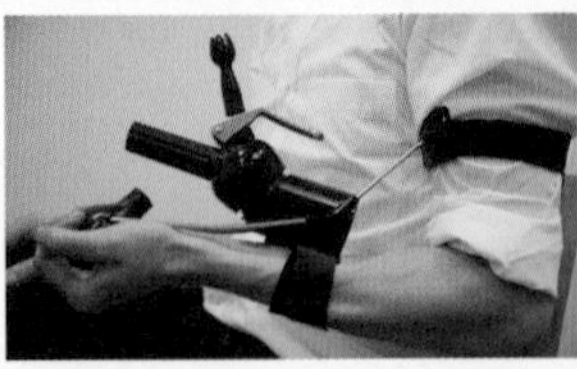

顶部图/左图/上图 399, 400, 401

水蛭可以以人的手臂为食，采集血液，并与改性酵母和原液混合，制成血液慕斯。最终产物为含有改变情绪的化学物质。

烹饪我吧——黑色胆汁

为就餐者量身定制的食物，从“你吃什么，你就是什么”变成“你吃什么，你就有什么样的感受”。

材料：水蛭、改变酵母、树脂、玻璃、皮革、视频（烹饪展示）

设计师：雷维塔尔·科恩（Revital Cohen，英国人，生于以色列）和图尔·范·巴伦（Tuur Van Balen，比利时人）为“改变自然：非自然的动物”展览（2011年1月29日至5月1日，Z33，比利时哈塞尔特）制作的。

状态：概念

这个作品提出一种新的烹饪形式，为特定的人在特定的时间创造一种结合美食与情感的体验，治愈忧愁。首先，水蛭被允许食用人体前臂。被它寄宿的动物（含人血）与酵母和原料混合，在那里发酵，读取并对血液中的化学物质产生反应，形成血清素，它有改变情绪的作用。由此产生的组合被整合溶解进食物中，而它含有的化学物质会让进食者或多或少地感到悲伤。这种混合物是在“血液幕斯”中准备的，上面覆盖着香菜叶子，同时配有平菇、红醋栗酱和血酸模。

“烹饪我吧——黑色胆汁”的配方受到希波克拉底四种体液理论的启发，该理论认为人体由四种基本物质组成：黄胆汁、血、痰和黑胆汁。其原理是，每一种胆汁都与特定的性情有关，例如黑色胆汁代表悲伤。任何过量或不足的物质都会使身体和生理机能发生改变。这个项目跨越了古老的信仰和未知的未来，将厨房、家庭实验室和药房统一到一起。

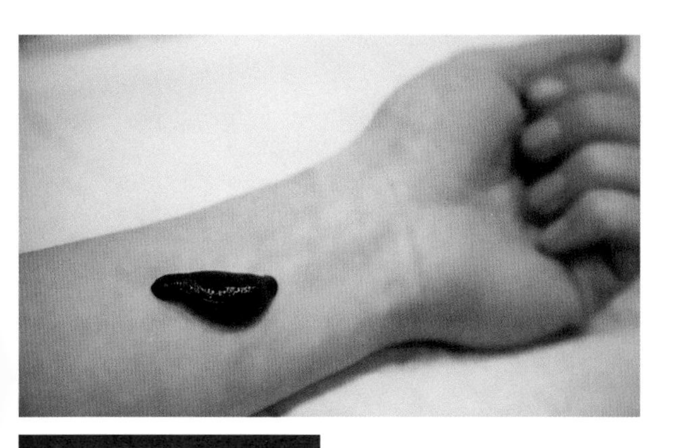

上图 402

这种思辨性的烹饪仪式应用合成生物学，将厨房转变为实验室和药房。一只水蛭正在采集食客的血。

共存

人类与其所拥有的数万亿种微生物之间的共生关系激发产生了一幅发人深省的图画。

材料：有机玻璃、照明、9000个培养皿、各种细菌的照片

设计师：茱莉亚·罗曼（Julia Lohmann，德国人）
由威康信托委托完成。

状态：已完成

这个项目的灵感来自于寄宿在我们身体里的看不见的有机体。这位艺术家在微生物学家迈克尔·威尔逊的帮助下，制作了两张夸张的像素化照片，照片上是两个躺在床上的裸体女性。每个“像素”都是一个培养皿，培养皿中有一张细菌培养物的照片——所有的细菌都是在人体内外常见的细菌。每个培养皿的位置对应着特定的细菌通常在身体里的位置。选择女性形式反映了几个世纪的艺术史，以及女性通常比男性有更多种类的微生物存在这一事实。

“共存”的基础是近年来人们逐渐意识到人体实际是人类和细菌细胞的杂交体。我们是由数万亿细胞组成的，其中大约一半是人类细胞，其余的是其他来源的细胞——主要是居住在肠道中的细菌。我们接受所有这些细菌都是为了我们自己的利益：消化和维持免疫系统等关键功能依赖于与其他生物体的共生关系。换句话说，我们是复杂的微型生态系统，是人类和非人类生命共同作用的混合物。

对页图 403

寄宿在我们身体上的细菌和其他微小微生物被放置在培养皿中。这些微小的客人，其中许多已经适应了与我们共生，在数量上与我们自己的细胞大致相等。

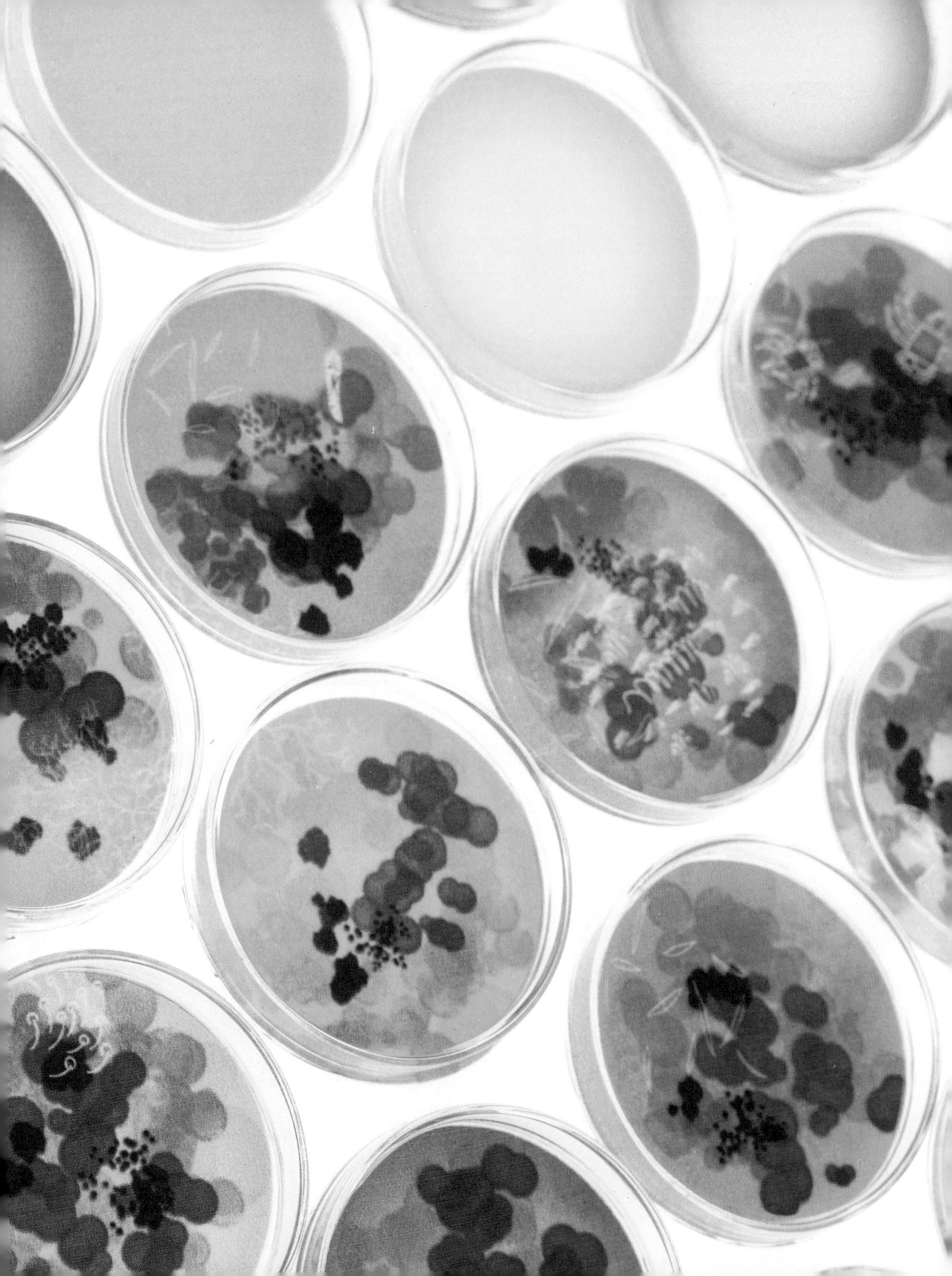

上图 405

大约9000个培养皿，每个培养皿中都有来自人体的微生物样本，它们被染色并被用来代表两张躺着的裸体照片中的单个像素。

左图 404

每个培养皿的放置位置都与那些微生物在身体上或身体内的原本位置有关。

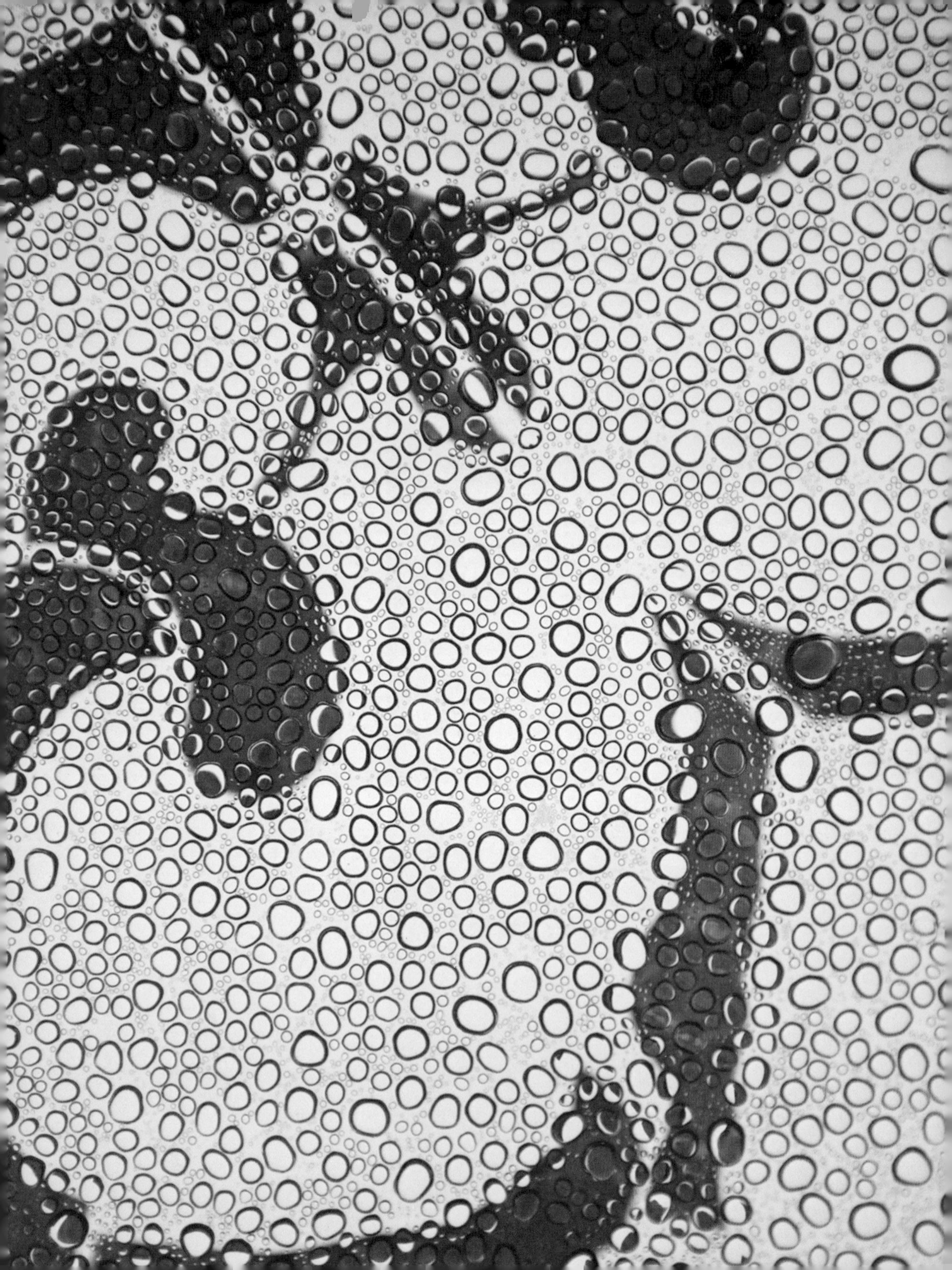

生长图案

由植物材料制成的传统几何瓷砖设计能以不可预测的方式变化。

材料：灯箱、培养皿、琼脂、营养物、激素、模切烟叶

设计师：艾莉森·库德拉（Allison Kudla，美国人），美国华盛顿大学数字艺术与实验媒体中心

状态：已完成

上图 407

用激素刺激烟草叶片生长。

艺术家尝试赋予生命系统一种人造的图案，然后允许其自然发展和改变形状。烟叶被切成两侧对称的形状，悬浮在含有促进新叶子生长所需的营养和激素的方形培养皿中。植物细胞像孢子一样，能够繁殖并最终分化为整个有机体的所有细胞类型。

在作品“生长图案”中，新生长的叶子经历了形态的变化，从而延展了传统上以植物为灵感主题的形式。另外，尽管瓷砖内部是封闭的生态系统，但意外的污染可能导致植物组织腐烂或寄生虫侵扰，再次使设计以不可预测的方式改变。

对页 406

烟草碎片在密封培养皿中的细节。

上图 408

在西班牙Gijón的拉巴尔艺术和工业创作中心广场上一起展出的瓷砖。

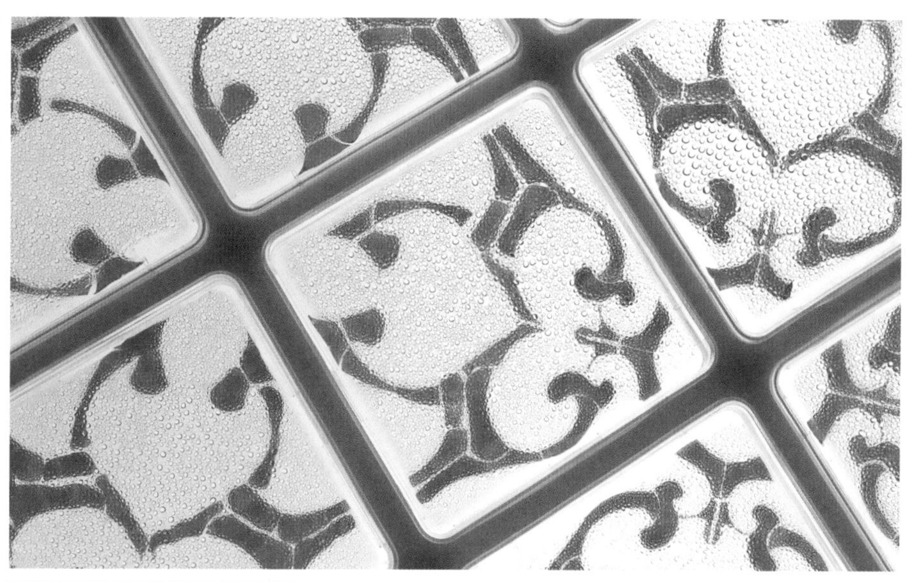

上图 409

这些瓦片是自给自足的生态系统，通常只有轻微的变化，但如果寄生虫在准备期间进入容器，它可能会改变预想的叶子生长图案。

上图/右图 410, 411

烟叶被切成特定的形状，并在无菌罩下准备，以减少污染培养皿的可能性。

污染物

我们在建筑环境中构筑了一幅多彩的生命刺绣作为微生物的载体。

材料：钢、玻璃、丙烯酸、特制琼脂和BG11培养基、细菌（包括烟曲霉、土曲霉、黄曲霉）

设计师：史蒂夫·派克（Steve Pike，英国人），英国伦敦大学学院巴特利特建筑学院

状态：已完成

微生物存在于地球上的每一个环境中，从最干净的病房到最阴暗的阴沟角落。他们的研究揭示了无形的人类行为模式。

"污染物"是一个类似屏风的建筑装置，展示了微真菌和灰尘的生长，这些微真菌和灰尘是在项目取样阶段由伦敦霍尔本车站的顾客无意间引入的。当人们在不同的地方旅行时，会无意中把微生物和颗粒物从一个地方带到另一个地方。伦敦地铁是人们出行的枢纽，也是这些微真菌的高速公路，使它们能够在整个城市中移动和混合。

这件作品通过捕捉和培养地铁站周围的微粒来使这些地方的生活痕迹可视化，这种凝胶状的生长介质很像一个培养皿。这些生活痕迹在一起构成了的视觉上的"污染建筑"。真菌的多样性和它们在生长介质中的变化不仅说明了人类在城市中的运动，也说明了我们与人造环境的关系。这件作品可以被视为人类殖民行为的隐喻，以及建筑在对生命物质的程序化控制方面的限制。

这位艺术家与来自伦敦大学学院的两位科学家——微生物学家康拉德·穆利诺（Conrad Mullineaux）和真菌学家理查德·斯特兰奇（Richard Strange）进行了初步的实验室实验。这项研究有助于开发环境粒子捕获技术，调整生长培养基的组成，使用菌落促进剂和抑制剂，以及改进各种监测容器的设计。

对页 412

监测细胞被放置在几个地点，它们可以吸收周围的颗粒、真菌和每个地点特有的微生物。其结果暗示了建筑环境中生命形式的多样性。

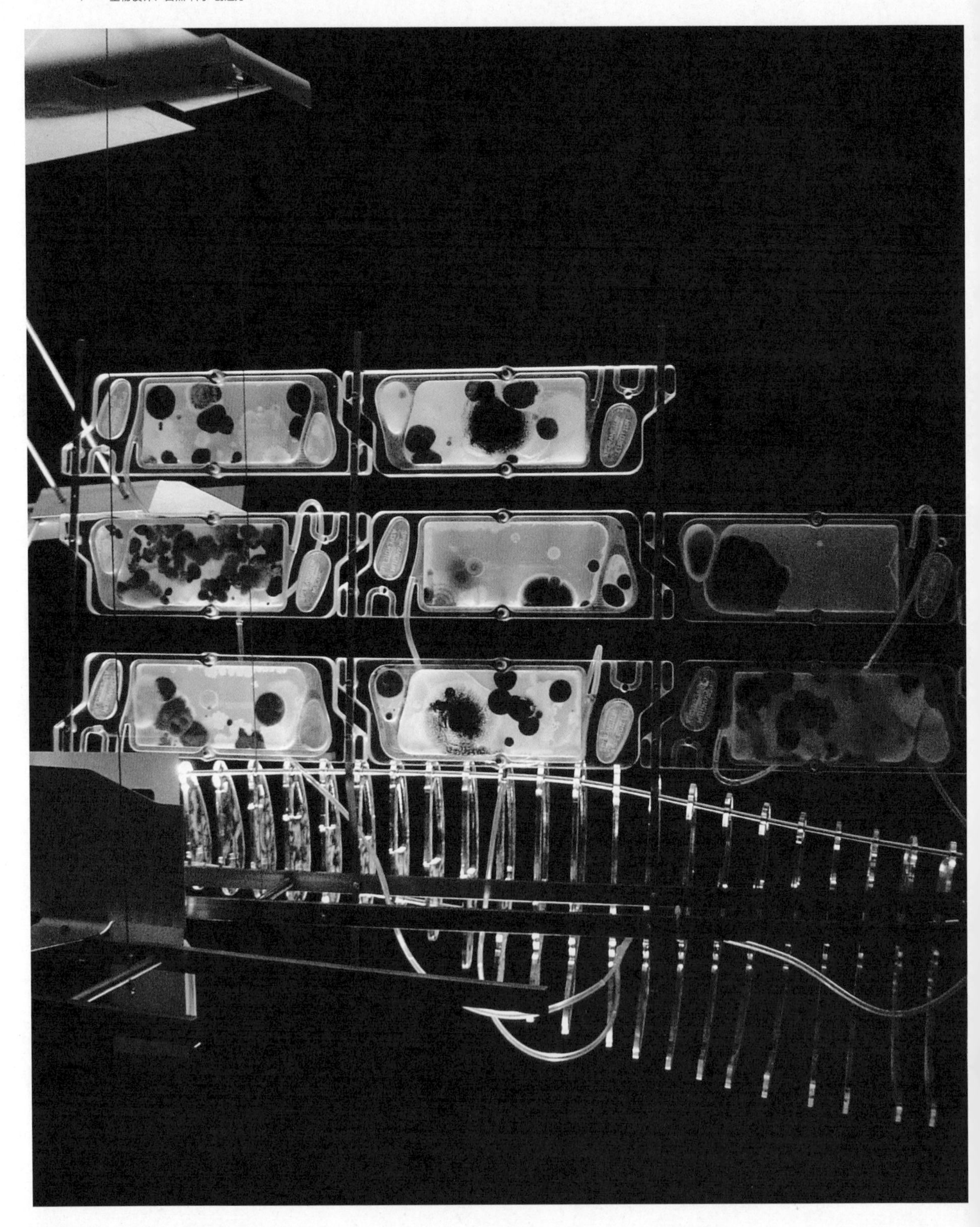

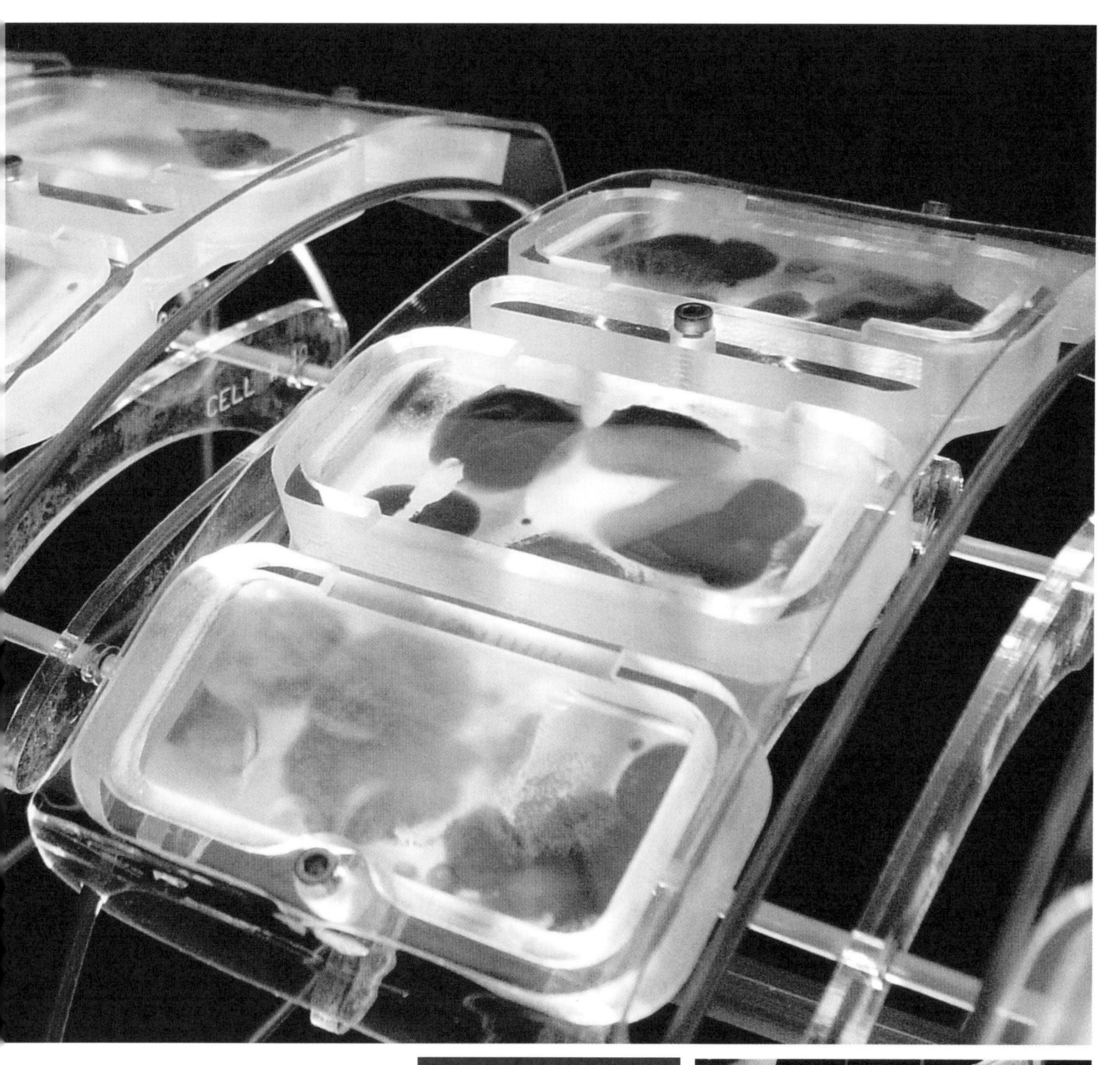

对页图/上图/右图 413, 414, 415

监测细胞内的生长介质是为支持捕获特定的微生物组而量身定制的。

非自然历史标本

是时候重新定义自然的本质了吗？

材料：人造草和苔藓、动物标本、电子动画、注射成型的塑料模型套件

设计师：利亚姆·杨（Liam Young，澳大利亚人），明天思考今天（Tomorrow's Thoughts Today），英国伦敦

状态：生产中

这个项目质疑了我们长期以来对世界的理想主义和保护主义观点。它设想在不久的将来，进化缓慢，不断复制和繁殖，逐步变异，让位于人类对环境的干预越来越多。“非自然历史标本”展示了一个以机器人、生物技术和计算技术为特征的世界，这些技术创造出了不受传统分类限制的混合生物。

这个当代作品以静物、动物标本机器人和工程杂交生物的组合为代表，既呼应了维多利亚时代的自然概念，也对生物和技术杂交可能带来的未来进行了思考。这些增强的生物被描绘成守卫，用来保护一个理想化的景观——达尔文的加拉帕戈斯群岛让它免受外来的人工物种入侵。半动物、半机器的生物装置让人质疑这个被管理的荒野是否属于自然。

上图 416

这些地面上的群居动物“犹大啮齿动物”把它们入侵的表亲驱赶成密集的群体，这样他们就更容易被盯上。

上图 417, 418, 419

从顶部看：“毒物机”的工作原理与农作物喷粉机相似，有目标地释放毒物和杀虫剂，杀死入侵的啮齿动物种群；由多层轻质织物制成的“机器人种子云”（Robotic Seed Clouds）可以在风中散播种子。

上图 420, 421

从上至下：一系列填充的和安装好的标本；以及内华达艺术博物馆收藏的加拉帕戈斯群岛入侵物种。

右图 422

一个游牧的丝绸工厂的牧群在这片土地上游荡，被拴在一群飞蛾上，它们正在编织闪闪发光的网以捕捉猎物。

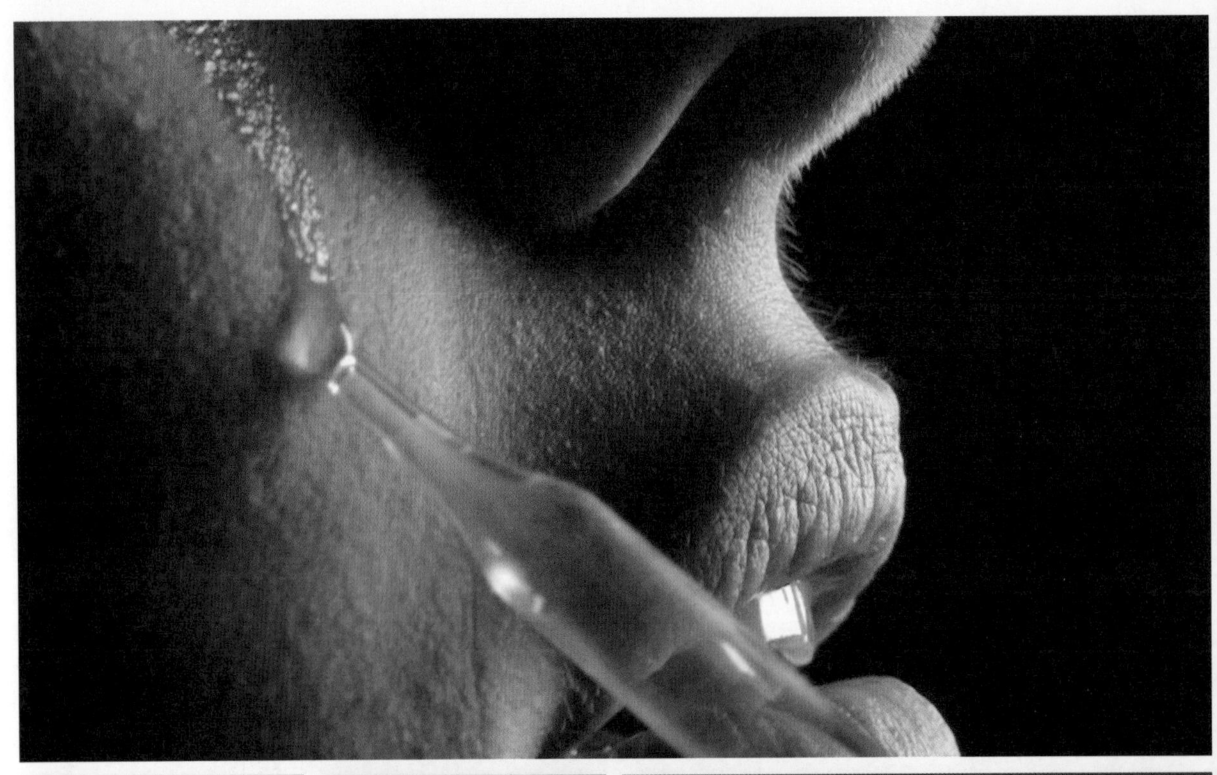

上图/下图/右图 423, 424, 425, 426

用于个人健康监测的各种设备，每一种都可以帮助用户从皮肤、眼泪、头发和唾液中收集样本——在这些环境中有无数微生物生长。

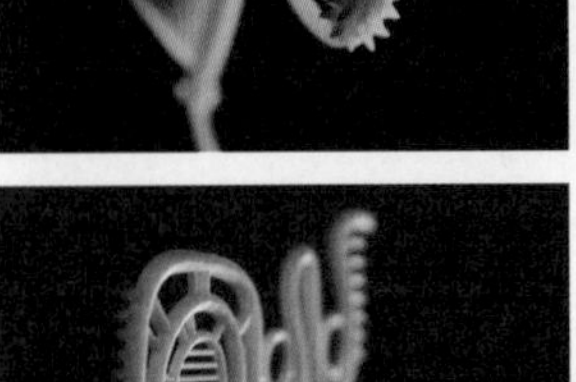

左图/上图 431, 432

这些工具内置微型传感器，可以用来分辨是身体部位还是物品。通过暴露在一定波长的光下发出荧光来表明病原体的存在。

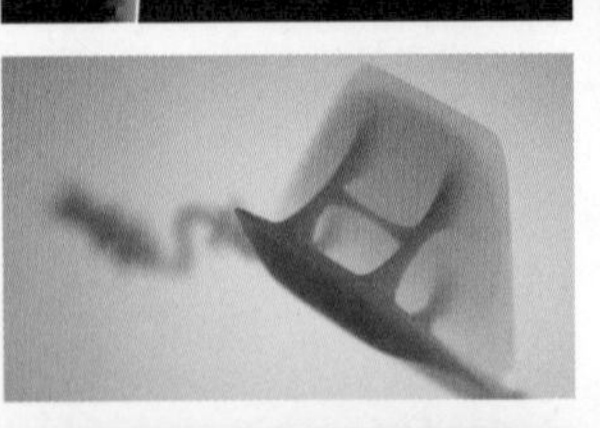

上图/右图 427, 428, 429, 430

在我们身体上发现的无数种类和数量的微生物中，有些是致病的，但大多数是无害的，和我们共生。

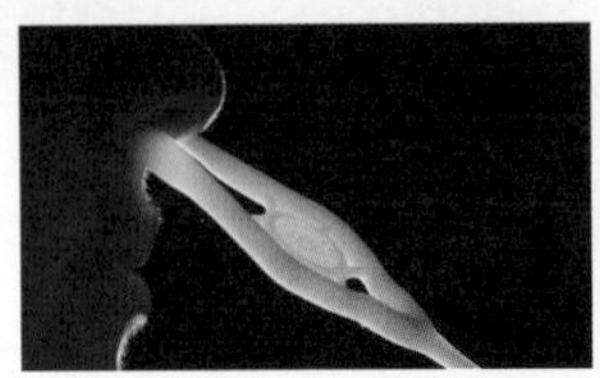

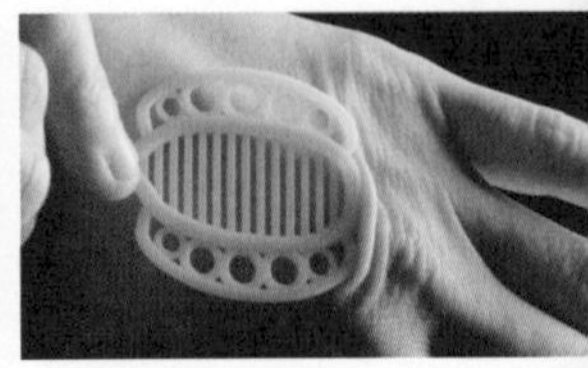

病原体猎手

检测危险微生物的新工具如何改变我们当前的社会模式？

材料：视频、传单、探测工具

设计师：苏珊娜·苏亚雷斯（Susana Soares，葡萄牙人）/ 米凯尔·梅特兹（Mikael Metthey，法国人），英国皇家艺术学院交互设计专业/英国纽卡斯尔大学AptaMEMS—ID诊断和治疗技术系

状态：概念

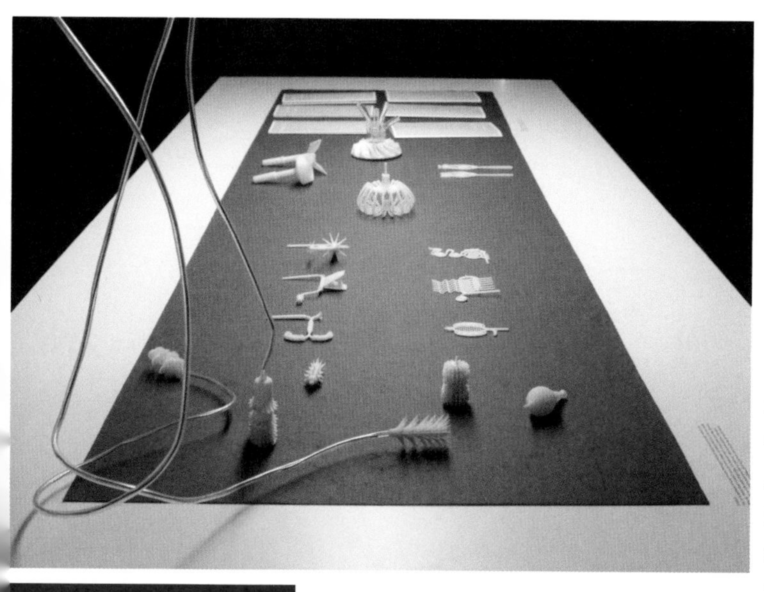

上图 433

这些工具可以用来发现、观察和捕捉那些生活在我们皮肤上、潜伏在我们牙齿间、藏在我们指甲下的日常用品中的传染性微生物。

微生物对我们的生存至关重要，但细菌和病毒也导致了一些人类历史上最具破坏性的流行病。这个项目研究了疾病监测技术如何在未来改变我们的健康习惯。它推测，监测人员可以通过接受特定的培训，使用特定的设备来检测和管理传染病暴发。无论我们有多干净，感觉有多健康，我们的身体从里到外有数万亿微生物持续寄宿。“病原体猎手”问道：我们会为了防止病原体向他人传播而改变自己的行为吗？ 这对我们的社会习俗有什么影响？

这件可以发现和观察传染性生物体的工具是被嵌在纳米功能传感器系统中的，以便对微生物进行分析和编制索引。它们的设计可以适应不同的采样环境，从人体皮肤到门把手。病原体气球将被用来捕捉悬浮在空气中的挥发性有机物。这位艺术家和纽卡斯尔大学的多学科科学家团队合作开发了这项技术，他们预计这项技术将在五年内实现。

成长的烦恼

当一件纪念物与赠予者十分亲密，以至于在赠予者的身体里生长时，它被赋予了什么附加意义？

材料：玻璃、塑料、树脂

设计师：迈克·汤普森（Mike Thompson，英国人），思想对撞机（Thought Collider），荷兰阿姆斯特丹

状态：概念

由于生物科学的进步，人体的能力不断得到扩展。由此艺术家设想了一种新的设计可能性，即人体被用来培养产品。它承担了制造新材料的角色，同时让培育和监控成为日常生活的一部分，宿主必须与他们在自己皮肤下创造的物体建立关系。人造物在这个过程中变得越来越个性化，积累其交互和体验的索引，作为其最终形式的一部分。

“成长的烦恼”一般是指儿童在成长中时常经历的不适感。它也比喻我们在晚年时所经历的身体和情感上的变化。通过组织工程在我们体内制造物体，由此产生一种新的疼痛，这些都可以来代表我们生命中最重要的一些生活经历。例如，在一些人为他们自己的死亡做准备时，可能希望创造一个纪念物，在他们去世后传给他们所爱的人——这种方式比那些传统的纪念物更能代表真实的自我。

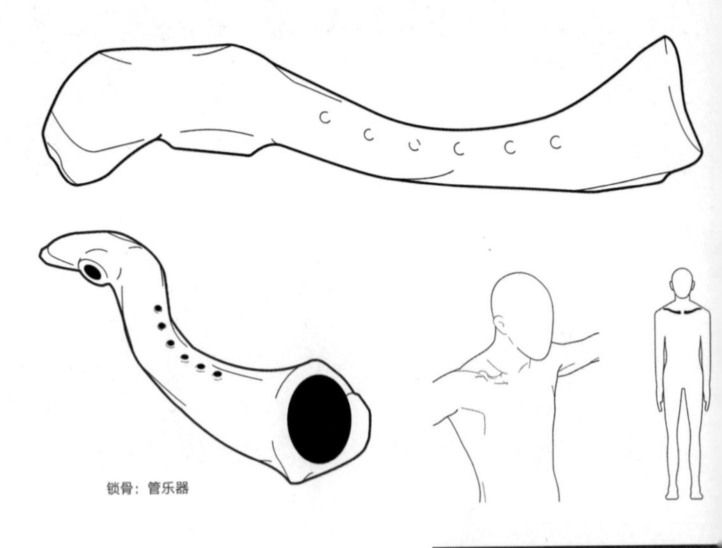

锁骨：管乐器

上图 434

“锁骨管乐器”是一种在皮肤下长时间形成的骨骼，是人们死后可以传给亲人的纪念物。在身体里生长和塑造，它是个性化的，在形态上携带着交互和体验的痕迹。

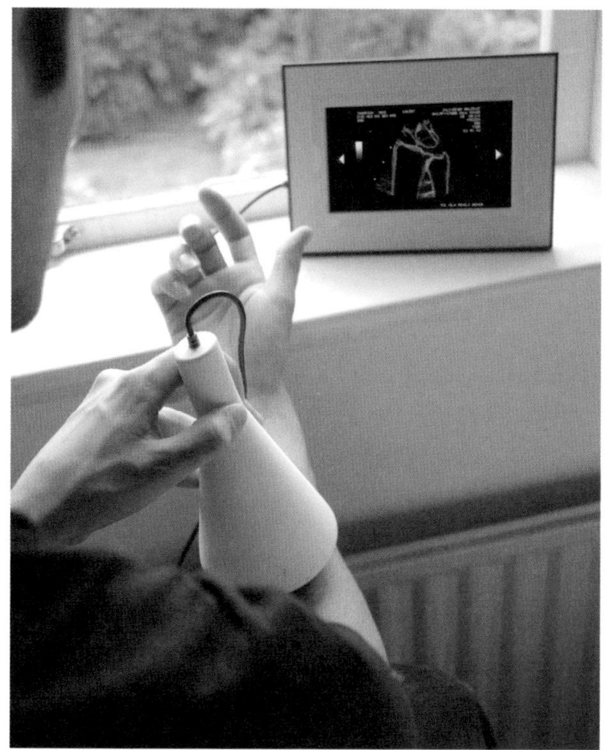

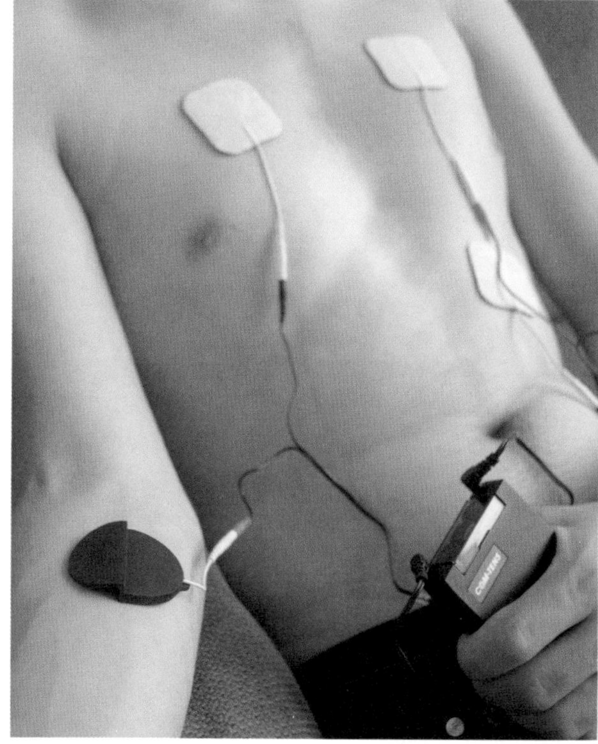

上图/下图 435, 436

图像捕捉装置可以定期检查身体的状态，功能类似于超声波机器。

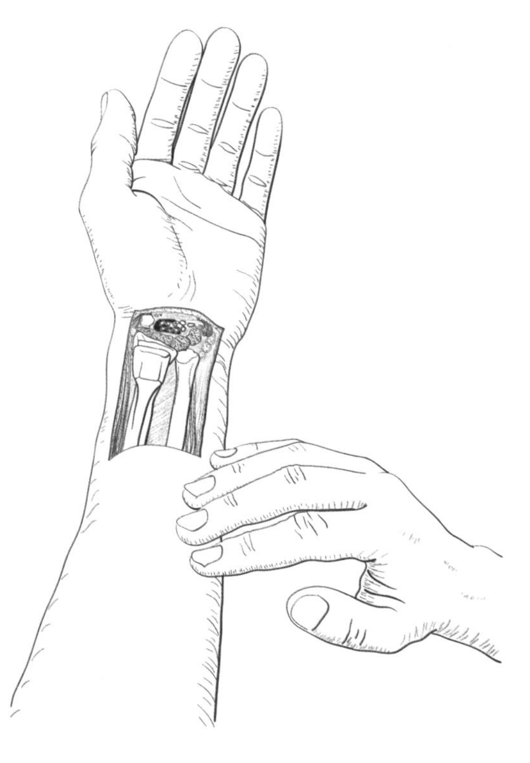

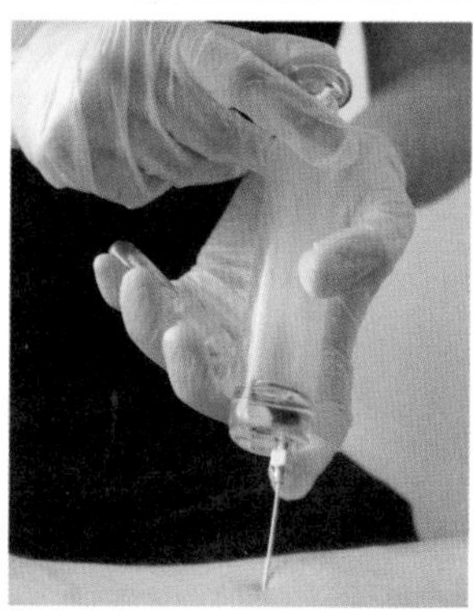

顶部图/上图 437, 438

电极垫被放置在身体上，通过组织发送小电流，强健肌肉，刺激身体中的物体生长。为了为物体的生长做准备，细胞被从体内取出并在实验室中分化。一旦所需要的骨细胞被分离出来，它们就可以被注射到生长部位。

辉煌的愿景

活的人体细胞的雕塑突显了面对生物技术进步捐赠者的匿名性。

材料：便携式生物反应器、手工吹制玻璃、活体人体组织营养介质、PGA聚合物、聚氨酯

设计师：艾丽西娅·金（Alicia King，澳大利亚人），塔斯马尼亚大学霍巴特艺术学院，澳大利亚/西澳大利亚大学的共生A实验室

状态：已完成

这位艺术家通过观察人体组织的生长与自我塑造，研究生物技术和生物医学实践，同时探索我们与身体的关系。将活细胞放在玻璃生物反应器中，来制造一种便携式、低技术、低成本的人造体。把它们生长的玻璃和聚合物形状决定了它们的最终形态。1969年1月31日从皮肤样本中分离出来的，是艺术家自己和一个13岁的非洲裔美国女孩的组织细胞结合出的产物。女孩的细胞是通过“美国文化收藏”购买的，这个在线目录收录了超过4000种人类、动物和植物细胞系，列出了细胞类型、细胞特征、供体年龄和供体种族等属性。

在“辉煌的愿景”作品中，这些细胞远离了捐赠者的身体，但它们以当代活生生的圣物箱的形式被重新具象，与那些在城镇之间巡游的第一批宗教文物相呼应，就像巡回表演中的奇迹。然而，与传统的遗存不同的是，这种体外组织的使用消除了所有来自个体的痕迹。作为回应，该艺术品采用了尖牙的形式，反映了生物医学中的人类材料已经被彻底商品化的广泛运用，看起来几乎是在同类相食。

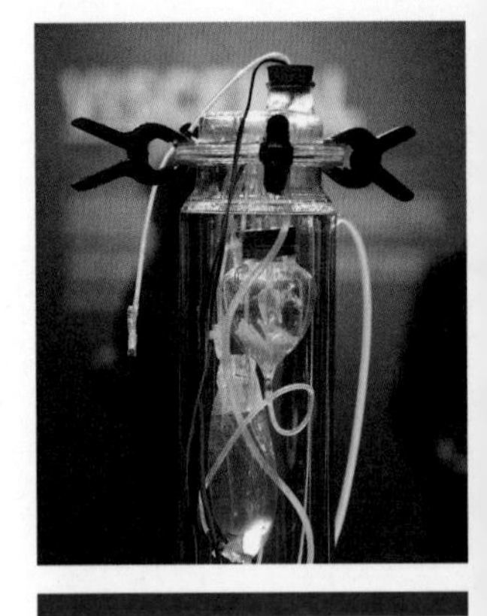

上图 439

这种便携式生物反应器可以使几十年前从网上购买的人体组织样本生长。

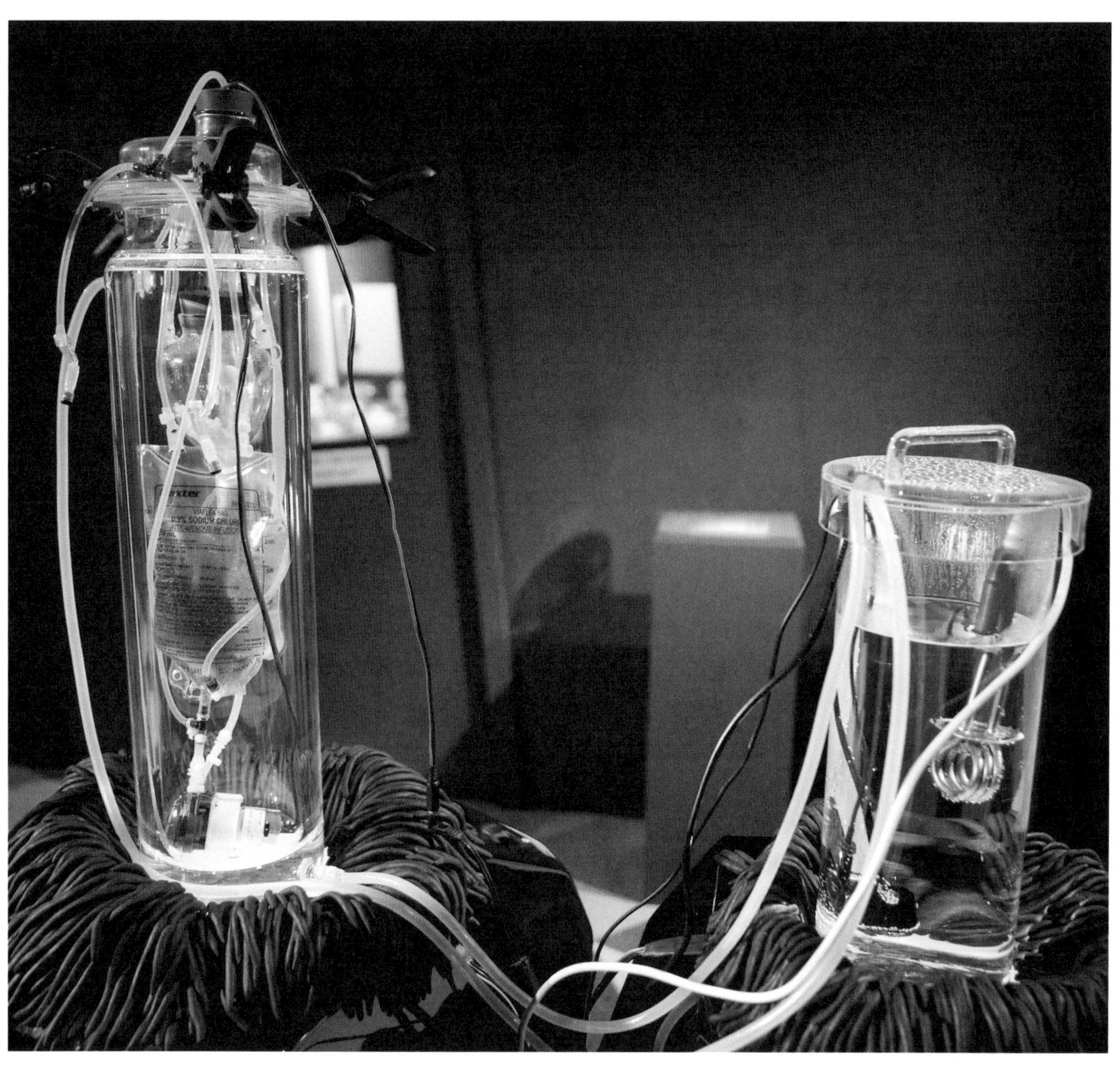

上图 440

静脉注射袋模仿人体循环系统，含有营养物质，支持组织的维持和生长。

右图 441

这种组织在一种可生物降解的聚合物框架周围慢慢形成一组尖牙的形状。

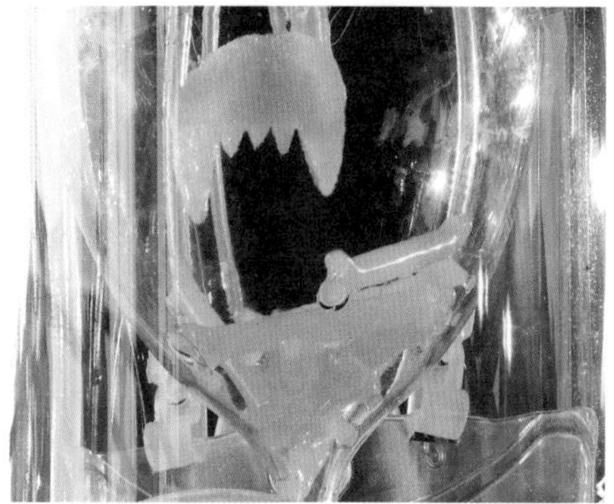

上图 442

一个室内池塘，里面有蕨类植物和水稻幼苗。该系统将机械化强加给稻农，并试图控制一种被稻农利用了1000多年的自然共生过程。

上图 443

机器人根据计算机监控的实验室中生成的指令来输送或扣留营养物质。

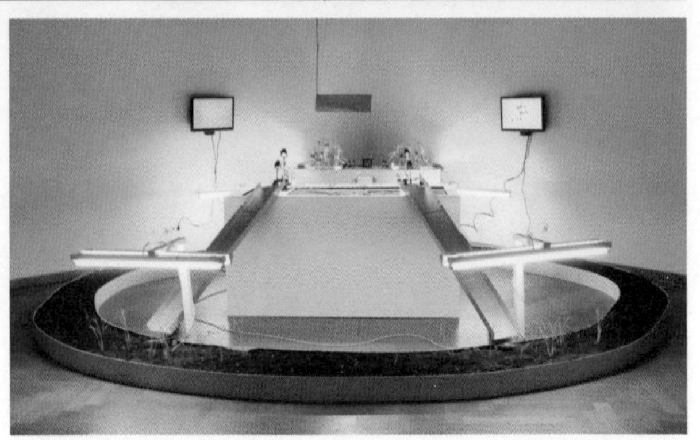

左图 443

该系统在受控环境中调节物种之间的关系。

自动诱导剂_PH-1

对传统水稻种植方法的复杂控制反映了西方农业技术的过度机械化。

材料：细菌（Anabaena cyanobacteria）、蕨类植物（满江红）、水稻、各种音频、计算机和机器人组件

设计师：安迪·格雷西（Andy Gracie，英国人），英国哈德斯菲尔德大学

状态：已完成

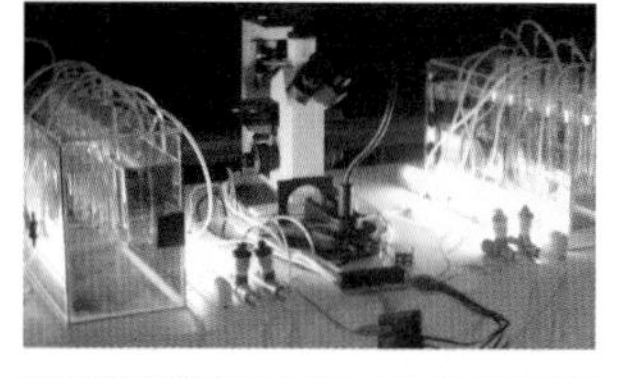

上图 445, 446, 447

实验室中的观察结果决定了两种植物之间关系的性质，而这反过来又控制了机械施肥系统的行为。

在东南亚，通过在稻田中大量种植水生蕨类植物提供的天然的有机肥料，来使水稻的产量最大化。这项技术已经使用了1000多年，它依赖于蕨类植物和蓝藻之间的共生关系，蓝藻生活在蕨类植物的根部，固定大气中的氮，而氮是植物通常从土壤中吸收的成分。在装置中，这一过程是重复的，但以一种精心制作的工业实验室风格，反映了现代西方农业实践的机械化，用于改变自然生态，以提高农作物产量。

“自动诱导剂_Ph-1”利用池塘、电子设备、实验室和水培设备，来监督和改变蕨类和细菌之间的关系，并依靠一个系统来使这个过程数字化和机械化。复杂的信号系统和传感器相互作用，促进或阻碍共生施肥，基于细菌生长的虚拟模型，模拟培养室中的实际生长。这种复杂关系带来的结果决定了机器人水稻种植系统的行动。如果系统将这种互动解释为共生关系，它就会指示机械臂将蕨类植物送到水稻幼苗上；如果是寄生关系，它们的手臂会阻止富氮的输送。这个项目在创造一种综合的生物、电动机器人和计算过程中，在物种之间产生了一种技术上的中介关系。

探索无形

生物发光照亮每一天。

材料：玻璃、细菌（磷光菌）、培养皿、废弃玻璃器皿、瓷杯、摄影器材、胶卷

设计师：安妮·布罗迪（Anne Brodie，英国人），英国萨利大学生物医学学院/Artakt，英国伦敦中央圣马丁艺术与设计学院

由英国威康信托基金资助。

状态：已完成

这个项目是由艺术家与微生物学家西蒙·帕克（Simon Park）和策展人卡特琳娜·阿尔巴诺（Caterina Albano）合作构思和实施的，目的是在通常的科学实践范围之外探索发光细菌的发光特性。为期几个月的"探索无形"项目的成果包括一晚的玻璃制品展览和两天的参与式照相亭项目。

在伦敦赫伯·加勒特（Herb Garrett）的这个简易装置对特定物品在我们日常生活中的作用提出了质疑。展出的是一组旧玻璃器皿和花瓶，里面装满了种了磷光细菌的营养琼脂。这种细菌可以存活约36小时，在此期间会短暂发光，突显出这些物品的使用并非永久性。由于这些微生物不适合做实验，所以它们和被遗弃的物体一起，放大了时尚和习惯的不稳定性。

在伦敦举行的英国科学节上展出了这种生物荧光照相亭。它配备了数百个发光的培养皿，白天吸引了儿童和成人，到了晚上，它被用来拍摄9名志愿者身上自然生物光的反射。这些图像最初是在老剧院博物馆的展台内展示的，它们重现了相机镜头长时间曝光的情景，有时甚至是令人不安的生物发光现象，随着细菌的死亡，这种发光现象会逐渐消失。

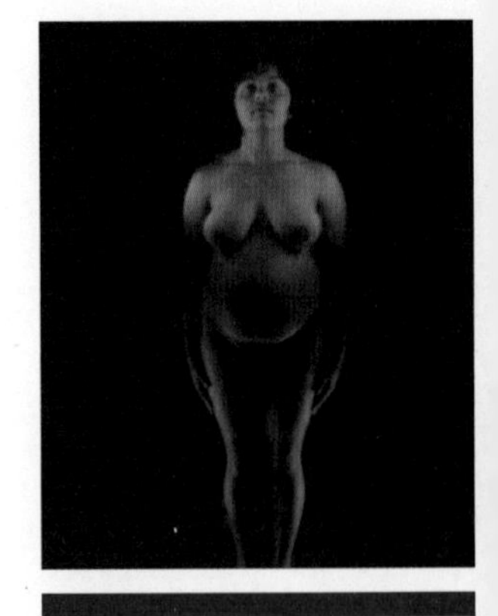

上图/对页图 448，449

9名志愿者在照相亭摆姿势，同时被数百个自然发光细菌培养皿照亮。

上图 450

这是一组用过的玻璃器皿和花瓶，是从庭院旧货市场和慈善商店买来的，里面装满了发光细菌和营养介质，并将展出一个晚上。

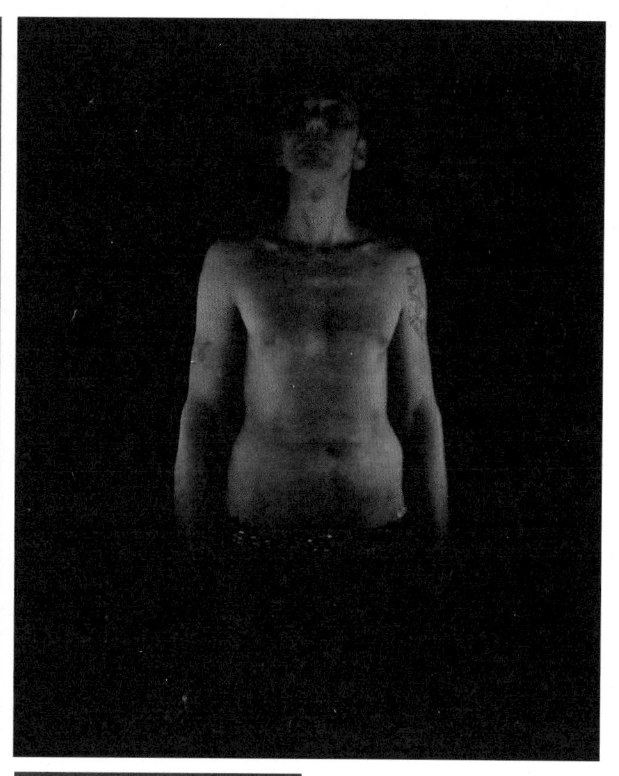

上图/下图 451, 452

这些用反射的生物光线拍摄的照片首次在伦敦的老剧院博物馆展出，19世纪，这里曾是外科手术演示的地方。

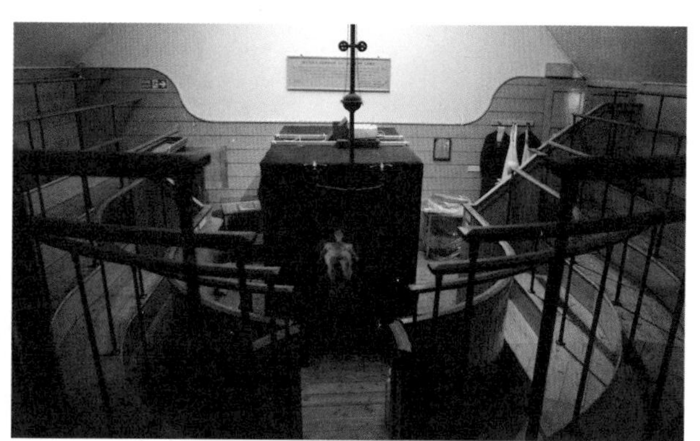

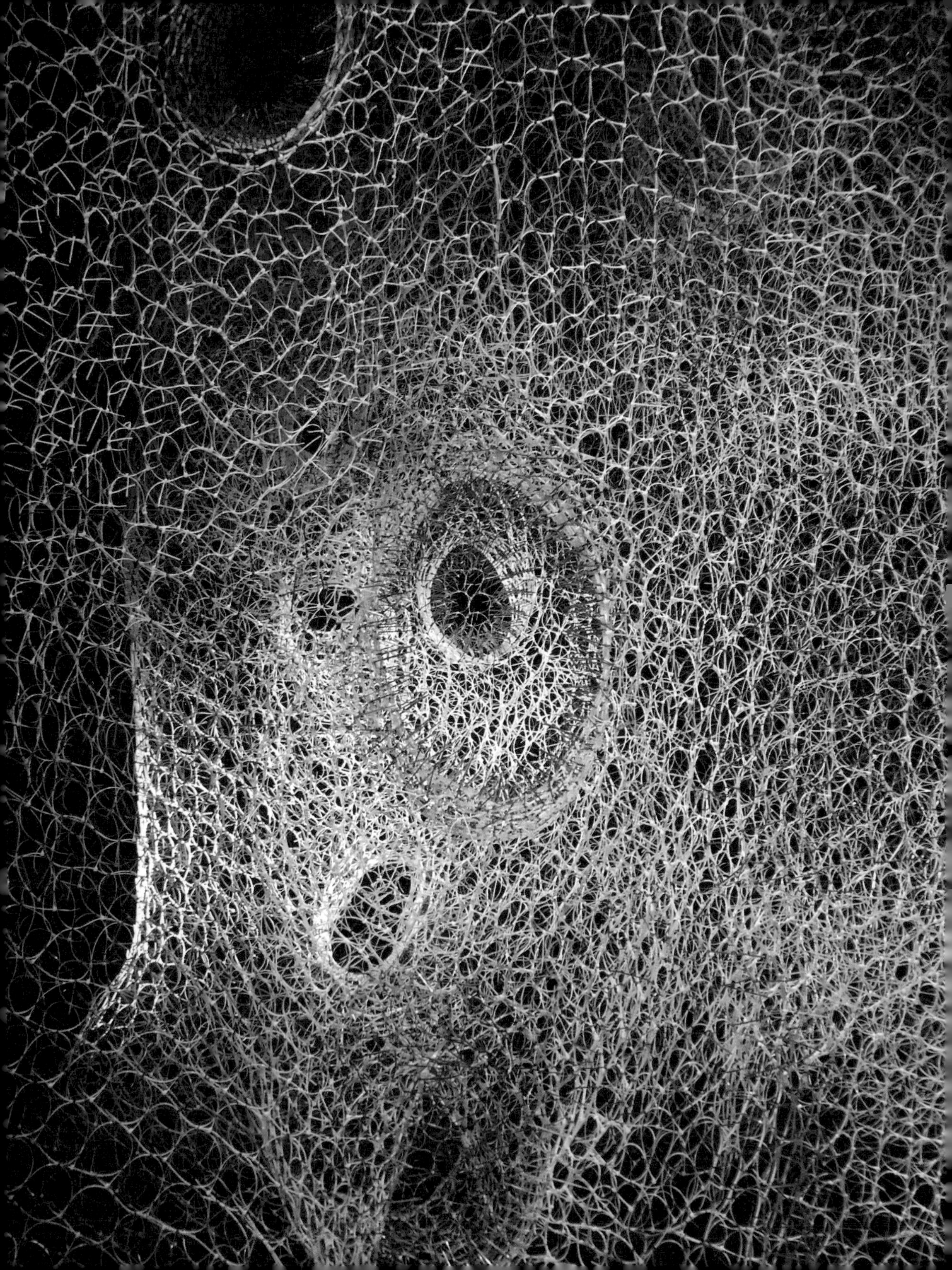

21世纪的协同效应

对页图 453

萨宾+琼斯实验工作室（Sabin+Jones LabStudio）的“分支形态发生”（2009年，第259页）。由75000多条电缆拉链构成的放大的、相互作用的肺内皮细胞的“数据图”。

项目与合作机构汇集

这里记录了许多类型的生物设计，包括新兴的生态增强设计、思辨性叙事和实验性的艺术作品，它们近年来出现在很大程度上得益于设计师、艺术家和科学家之间的合作。这些交流有很多形式，有在大学的实验室项目，也有策划设计师和科学家的合作项目，以调查新的科研在产品应用中的潜力。这样的合作给所有参与者带来了益处，并且呼应了科学与设计在17世纪曾经具有的紧密联系。当时伦敦皇家学会的创始成员，例如罗伯特·胡克（Robert Hooke），既是执业建筑师又是顶尖的科学家。对于今天的科学研究者来说，他们从中的收获包括：可以用新工具实现数据可视化，从而更好地理解大量的数据中潜在的基本模式；运用快速设计原型技术，来测试实验设备的功效；以及对工作空间进行设计指导（改善实验室的布局和材料使用）。与设计师合作也可以缓解在现代实验室中的压力，在那里几乎没有无方向的“思考”——在三维空间中进行头脑风暴——这是设计师们喜欢的消遣方式。另一方面，对设计师和建筑师来说，也有巨大的好处，从使用复制自然生长模式的新算法，到获得乳糖操纵子。乳糖操纵子可以被分离并重新插入生物体以产生生物发光。

有许多方法可以安排这种有益的分享，这也被称为协作或跨学科的合作，以实现共同目标。现在最常见的类型是由学术机构来指导的。但这正在发生变化，因为知识的分享越来越快，并且是在大学或企业实验室之外。社交媒体正在增强这一趋势，使那些志同道合的好奇者能够找到彼此并发起有价值的项目。这种加速的“交叉授粉”是推动创新的一个重要因素，可能会解决气候危机或扭转生物多样性的丧失问题。它也是艺术家们的福音，他们通过参与生命科学并努力将不断发展的美的概念转化为形式，寻求创造新的审美体验。

同样地，这些合作将继续产生难对付的，甚至往往是令人不舒服的问题，但这些问题最终是有益的问题，主要是关于新技术的影响及其对人类行为的影响。

随着设计师、科学家和艺术社区更加频繁地进行创造性的合作，挑战肯定会与机遇和创新同时出现。剑桥大学的研究人员在2011年发表的一项研究考察了这种合作，发现它经常会出现一些障碍，比如对如何分享知识产权的期望不一致，缺乏共同的词汇，以及在工作的方式和标准方面有冲突。显然，如果一个团队的参与者对他们所创作作品的所有权有异议，不知道如何有效地沟通他们的主题，或者对产品开发、审查和测试设立的时间框架和严格标准有很大的不同，那么他们注定会气氛紧张并难以实现其目标。正如本书中所介绍的许多参与者所指出的那样，语言问题尤其严重，这主要是因为每个学科都有许多词发展出背后微妙的含义，即使对用心良苦的合作者来说也是难以理解的。

应该明确的是，任何单一的解决方案、技术上的突破或神奇的立法都不足以“解决”这些问题，也不足以普遍激励创新以改善生活，并产生奇妙的、发人深省的艺术，同时也不足以消除气候变化和浪费性的设计实

左图 454

iGEM（国际基因工程机器设计竞赛）每年在麻省理工学院举办，有来自世界各地的数百个团队参加。

下图 455

“基因空间”是一个社区实验室，致力于促进公民科学的普及和获得生物技术。这个生物安全一级的设施位于纽约布鲁克林，为公众提供实践课程。

上图 456

艺术家/设计师范·巴伦构建了发人深省的场景。他的项目“金鸽”（第168页），在合成生物学的辅助下，表达了城市中飞翔的鸟类被征用为城市清洁设备的一个环节。

践。然而，这里介绍的几个项目的参与者显著的奉献精神和智慧让我们有理由感到乐观。他们可能没有为未来提出一个明确的模式，但他们确实展示了创造富有成效的伙伴关系的策略。

学生新作品的一个主要来源是**生物设计挑战赛**，这是一个迅速发展的国际竞赛，为艺术和设计系学生提供了设想未来生物技术应用的机会。该竞赛的组织者将教室与生物学家和各领域的专家团队联系起来，指导学生产生自己的想法。在学期结束时，获胜的团队被邀请到纽约市，在MoMA主办的为期两天的峰会上，在学术和专业成员面前展示他们的设计原型或概念。我们鼓励参赛者在制定他们的提案时提出一些主题，如建筑、食品、能源、交通、水和医药。项目与当代生命科学研究的发展相联系，由来自几个国家的参与学校的团队开发，包括澳大利亚、危地马拉、日本、比利时和英国。

上图 457

将生物物质与基础设施相结合是实现新的生态性能水平的一种方法，如“生物混凝土”。荷兰代尔夫特理工大学的研究人员正处于这种重要研究的最前沿。

另一个支持生物设计项目不断增多的国际竞赛是荷兰的**生物艺术与设计奖**（BAD奖）。这个年度竞赛邀请应届毕业生提出新项目提案。经过第一轮筛选，被选中的申请人将被引荐给来自几个研究机构的荷兰重要科学家，以寻找与匹配他们的兴趣与目标。一旦科学家和艺术家或设计师之间建立了匹配关系，这对组合将在几周内共同完成方案，最后在海牙进行现场展示。然后，三个获胜团队各获得25000欧元，资金用于支持设计师或艺术家制作新作品，然后在年底的展览中展出。

在促进多种形式的生物设计方面，荷兰的**代尔夫特理工大学**是引领者之一。那里的研究，特别是土木工程和地球科学学院的研究，探讨了建筑环境和自然环境如何相互作用，并越来越关注可持续的设计方法，以及将自然过程融入功能结构。荷兰在发展此类技术方面具有良好的地理优势：该国大部分地区位于海平面以下，因此必须对可居住的土地提出要求，并持续保护其不受海洋影响，这需要大量的观察和规划。迫切需要开发可行的方法来遏制温室气体的产生，因为随着气候变化和海平面的上升，荷兰将面临灾难性的破坏。

在代尔夫特，研究人员利用生物学，如用微生物培养塑料原料，开发自我修复的材料，并最大限度地发挥植物生长在建筑外墙上的优势。学校提供了各种项目课题，吸引了生物学、工程学、土木工程、建筑学、数学和其他领域的学生一起合作开发技术来获得更好的生态性能。

上图 458, 459, 460

“一实验室”的跨学科形式有助于鼓励生物综合设计和城市规划，如在建筑中使用蘑菇材料，在公共空间使用生物发光照明等。

马克·奥特莱（Marc Ottelé）就是这样一位研究者，他专注于了解和量化植物覆盖不同建筑元素的特殊好处，从道路旁边的墙壁到建筑外墙和屋顶。他的研究考察了植被在不同条件下对颗粒的吸收率，目的是更好地吸收那些可能对人类有害的微颗粒。在研究过程中，他与建筑学院的教师和学生形成了自然的合作关系。这种研究未来可能的应用是为运用密集的和对人类健康有好处的植物来确定建筑形式。

代尔夫特理工大学环境生物技术小组的教师罗伯特·克莱尔贝泽姆（Robbert Kleerebezem）研究并开发了可能对工业设计师产生广泛影响的替代石油基塑料的材料技术。与基因工程或合成生物学方法不同的是，他实施的是微生物群落工程——应用极端的环境压力（加热、剥离营养物质）来选择具有特殊性质的微生物，例如具有倾向有效储存大量聚合物特质的微生物，这些聚合物以后可能会用于制造塑料。考虑到其他方法的某些重大安全问题及特殊的培养要求，这是一种相对低技术含量但有效的方法，可以生产出高度适合工业用途的微生物菌株。微生物往往价格低廉，繁殖力强，而且适应性极强，因此引导它们生长变得越来越具有吸引力，而不是重新创造它们。

同样在代尔夫特，亨克·琼克斯（“生物混凝土”，第82页）参与了许多生物设计项目，包括为需要修复的现有混凝土提供改造方案，用生物膜涂抹水下木桩，以取代有毒的合成涂料，以及用水泥替代品取代燃烧石灰石生产氧化钙的过程。

以上简述只展示了大学的许多活动和研究重点的冰山一角，涉及来自世界各地的20000多名学生。

与正式的大学架构不同，一群由建筑师、学者、生物学家、城市规划师和艺术家组成的小团队在纽约市创建了一个新型的教育实验室——“**一实验室**”，设计媒介是非传统材料，如包括活体组织、细菌、树木和真菌等生物物质。“一实验室”是一个新兴的生物包豪斯，位于布鲁克林海军工厂，由建筑师玛丽亚·艾奥洛娃于2009年发起，宣称对都市中设计技术的能量和角色有新觉醒。为了整合方法和目标，“一实验室”采用了几个专注于教育和生态的组织的工作人员的专业知识，这些组织包括“地形一号”（Terreform ONE）、“基因空间”、MIT媒体实验室、哥伦比亚大学和耶鲁大学林业学院。虽然处于发展初期，但其创新项目促进了设计和生命科学之间的合作，并有望孵化出在气候危机和自然资源匮乏之时代迫切需要的非正统方法。该项目还为非专业人士提供了一个新的切入点，使他们能够为科学研究做出贡献，并尝试生态设计策略，因为这个平台为设计实践创造了机会，使这些设计能够扩展到以前未知的领域。“一实验室”已经举办了关于合成生物学、仿生城市规划、参数化编程和使用生物体生长结构等主题的研讨会。在“软基础设施”研讨会上，学生们面临的挑战是发明人工的建筑基础设施，以保持自然生态的积极属性，包括其恢复力和复杂性。这种方法要求在建筑和自然状态之间建立更加可渗透的界限，例如在城市环境中建立地下湿地来吸收雨水。在另一个“树屋制造”（第58页）研讨会上，学生们看到了一个有前景的关键类型：可以种植的房屋，以绕过传统建筑对环境的负面影响。该研讨会教授了一种使用本地树木和利用古老的植物学实践（如编织、嫁接和繁殖）来种植房屋的技术。

在这些研讨会中，“一实验室”是设计和生命科学之间交流和学习（这是在设计实践转变中至关重要的过程）的重要中心。随着世界各地的建筑和设计课程的慢慢改革，人们更加关注如何改善生态性能来应对新压力。设计师们无疑会关注这个开创性的项目，因为这个项目已经在21世纪的教育中占据了领先地位。

同样在建筑实践领域，**建筑科学与生态中心**（CASE）将学生、实践建筑师和科学家聚集在一起，由SOM建筑事务所（Skidmore, Owings & Merrill）和纽约市伦斯勒理工学院（Rensselaer Polytechnic Institute）建筑学院联手，探索和开发新兴建筑技术。在建筑科学与生态中心进行研究的核心重点，是拓展城市建筑系统的环境性能的边界。由于该研究是与一家全球性建筑公司共同组织的，因此新技术在世界各地城市的实际建筑项目中得到了测试。

建筑科学与生态中心的研究有助于提升设计的社会影响力：美国建筑部门的能源消耗约占了全美国全部能源消耗的三分之一，碳排放量几乎占了全部碳排放量的一半。尽管建筑和建筑工程的大规模实践可能很难在瞬间改变，但毫无疑问，我们仍需巨变的来临。出于这个原因，像建筑科学与生态中心开发的那些具有深远意义的技术已经变得更加有吸引力。建筑科学与生态中心的目标是在三个优先领域实施变革：能源消耗、可持续资源管理及获得高质量的清洁的空气和水、日光、植物和动物生命等基本要素。

该中心还与伦斯勒理工学院共同合作建筑科学硕士和博士，重点研究建筑生态。学习这些项目的学生参与各种项目，例如建筑一体化的太阳能外墙系统项目，利用农业废弃物作为热带气候下干燥室内空气的建筑材料干燥剂。该研究由建筑实践者和学者团队指导，并由美国能源部和国家科学基金会等机构资助。

建筑科学与生态中心正在进行的项目在很大程度上是对建筑和规划中过时的惯例的回应，而这些惯例建立在将结构作为独立单元的狭隘观点上。正如建筑生态学项目所建议的，“建筑世界可以而且应该在更大的生态

环境中协同运作”，由于建筑环境代表了人类生态足迹的很大一部分，发展和部署变革性技术是21世纪建筑学的焦点之一。

为了更仔细地观察与理解建筑环境，俄勒冈大学的**生物与建筑环境（BioBE）中心**于2010年启动，研究建筑空间作为影响人类生活的复杂的微生物生态系统。微生物通过窗户、通风系统及不知情的人类和动物携带者不断被引入建筑物。这些微生物的生存和繁殖取决于各种因素，但它们对人类福祉的影响是不可否认的。生活在发达国家的人们绝大多数时间都在室内，在不知不觉中与数万亿的有益、中性和有害的微生物打交道。尽管这些空气传播的群体非常重要，但直到现在，很少有研究关注它们：建筑环境微生物群系。

BioBE中心联合主任杰西卡·格林说：“如果我们要继续使用机械通风系统等能源密集型设计方法，我们就需要了解这些系统如何影响室内微生物的生态和进化，并最终影响我们的健康。”该中心以证据为基础的调研旨在开发出能与微生物环境配合的建筑设计，以促

上图 461

菌丝体的特写图片，菌丝体是真菌的植物部分，可以硬化成坚硬的形式，有可能作为建筑部件使用。一实验室的学生们在研究这种天然替代品的特性。

左图/上图 462, 463, 464

建筑科学与生态中心主持研究和开发新的建筑技术和材料，从强化陶瓷和农副产品到建筑一体化的光伏。

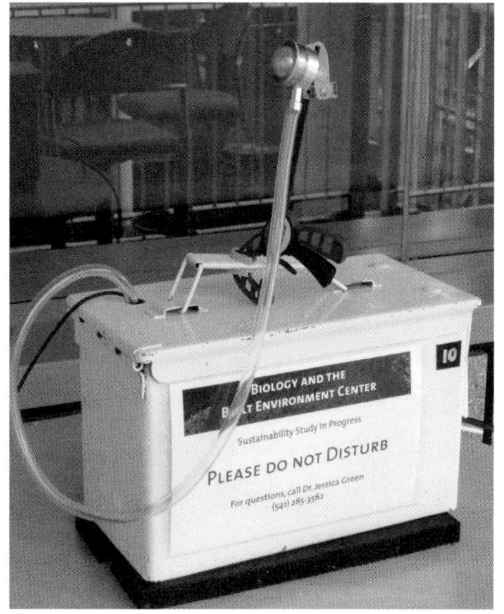

上图/右图 465, 466, 467

俄勒冈大学的生物与建筑环境中心调查建筑环境中的微生物——我们每天在家庭、学校和工作场所中与之打交道的数以万计的生物体。这些细菌、真菌和其他微生物的种群会影响我们的健康，长此以往，会被建筑设计的相关决策所控制。

进人类健康和环境可持续发展。该研究的核心是利用下一代DNA测序技术来识别特定地点的微生物菌群，或者如果你感兴趣的话，也可以应用在建筑空间的无形场域中。在对医院环境的调查中，研究人员比较了两种利用通风来处理的微生物群落的多样性和组成的方法：医院的供暖、通风和空调系统及窗外的空气。他们发现三个样本地点的空气中微生物的多样性有明显的差异。机械通风消除了许多类型的微生物，正如其过滤和处理系统所要做的那样，但它没有消除的那些更有可能有害和致病的微生物。目前医院通风的主流设计是通过一个复

上图/右图 468, 469, 470

在萨宾+琼斯实验工作室，来自多个领域的参与者，包括生物医学和建筑界人士，共同研究细胞表面设计、交际行为和运动。其中的一个重点是跨学科分享数字工具和知识。

杂的过滤、加热和空调系统将室外和室内分开。这种空气系统消耗了医疗领域的大量能源，是美国第二大能源密集型产业。BioBE中心的结论是，在医院里增加使用自然新鲜的空气，不仅可以提升有益于健康的微生物多样性，最大限度地减少传染病的传播，还可以减少能源消耗。这项研究的意义远远超出了医疗环境的范围。正如许多人食用益生菌酸奶以促进产生有益于健康的肠道菌群一样，我们可能有一天会创造并居住在微生物健康的建筑中。为了达到这个复杂的环境控制阶段，还需要更多的研究。

该中心继续探索微生物传播的方法——从通风到人类居住和活动，这些方法对建筑环境的微生物群落有很大影响。研究人员还希望调查建筑环境的某些属性，包括建筑材料、室内温度、地理条件和建筑使用，来塑造微生物群落的组成。应用这些信息可以彻底改变我们对建筑的期望和体验。

在一个具有很强的流动性与互动性的例子中，建筑师珍妮·萨宾（Jenny E. Sabin）和病理学、检验医学教授彼得·劳埃德·琼斯（Peter Lloyd Jones）在2006年组建了**萨宾+琼斯实验工作室**，作为一个混合研究和设计网络，它涉及了包括宾夕法尼亚大学在内的多所大学的院系。参与者来自多个领域，包括数学、材料科学、细胞生物学和建筑。迄今为止，该实验室的一些研究集中在如何利用设计的先进可视化和建模工具来加强对生物医学的观察和数据分析。设计师也发现了这个互益的过程，例如，细胞行为如何对优化结构的适应性产生影响。为了促进实验工作室的共享，该实验工作室将医学与工程研究所的博士后和研究生与设计学院进行配对，给每个团队分配不同的研究任务：细胞表面设计、细胞交际行为或细胞运动。

萨宾解释说："制定这些科学家-建筑师配对的好处，是可以根据建筑师的客观观察、直觉和要求重新设计实验，而且可以根据科学家的具体假设开发新工具。"一位参与者，来自设计学院的艾丽卡·萨维格（Erica Savig），在显微镜下观察了几个月平滑血管肌肉细胞，拍摄了无数的照片，并将它们导入Rhino三维建模软件中，该软件是一个常用于工业设计的工具。这项实验工作记录了细胞在不同时间和不同环境条件下的行为变化，对推动肺部疾病的治疗具有重要意义。它还向建筑学领域学生介绍了管理热、光、能量及物质和营养交换的动态生物系统。

启动该实验室的想法来源于琼斯参加宾夕法尼亚大学设计学院的研究小组"非线性系统组织"举行的一次会议。这次活动是建筑师和工程师们关于计算设计和参数化脚本的演示。琼斯对与会者复杂的建模和可视化工具感到惊讶，立即意识到他们有可能加强他的生物医学研究。

经过几次关于如何在琼斯与设计学院研究生导师珍妮·萨宾之间形成卓有成效的多学科合作的讨论，实验室的计划就形成了，萨宾成为医学和工程研究所的第一个非科学家成员。到目前为止，她和琼斯共同撰写了旨在阐明细胞系统内在逻辑的出版物，为建筑学和生物医学提供帮助，包括《实验工作室》（*LabStudio*）（Routledge，2017年）一书。2017年，萨宾凭借其作品“流明”（Lumen）被选为MoMA PS1青年建筑师项目的获奖者。

与体制内机构项目相比，**国际基因工程机器（iGEM）竞赛**是一个针对本科生的世界性合成生物学竞赛，由麻省理工学院组织和主办。参赛的学生团队在每年夏天开始时都会得到一个来自标准生物部件注册处的部件包，鼓励他们在竞赛过程中对其进行创新。在参赛学校顾问的指导下，参赛团队就将这些被称为生物砖（具有明确结构和功能的DNA序列）的标准化部件以创新的方式组合起来，创造一个新的实际应用，并通过向公众汇报的形式对项目进行评估。获胜的项目通常会产生不同寻常和有用的独特细胞，巧妙地将基因与控制其表达的机制相结合，通常是在一个基础的微生物“基底”中获得，如大肠杆菌。

获奖作品包括：一个控制细菌培养物的空间和临时活动的系统，其潜在的应用是以“劳动分工”的方式组织它们；一个利用定制细菌来促进植物生长和防治土壤侵蚀的应用；以及一个治疗溃疡的细菌疫苗。竞赛中还提出了更多让人眼前一亮的项目，例如发展嗜极细菌菌种的计划，该菌种将分几个阶段对火星进行改造；再例如设计一种名为“微生物酵母”（VitaYeast）的面包酵母新菌种，使面包充满必要的维生素。

一年一度的iGEM竞赛自设立以来发展迅速，从2005年的13支队伍壮大到2009年的112支队伍，再到2017年的310支队伍，累计超过5400名参与者。现在有如此多的参与者，以至于本科生比赛都要分阶段进行，在麻省理工学院的最终展示和评判之前，需要在欧洲、亚洲和美洲举行区域性的大赛。比赛也在扩大，使其更具包容性，允许高中生和非学生的企业家参加。同时，生物医学、工程和设计专业的学生加入团队也变得越来越普遍（曾经仅有生物学学生组成团队）。

iGEM对设计的影响是，微生物将成为灵活的平台，设计师可以在这个平台上设计定制活体机器。

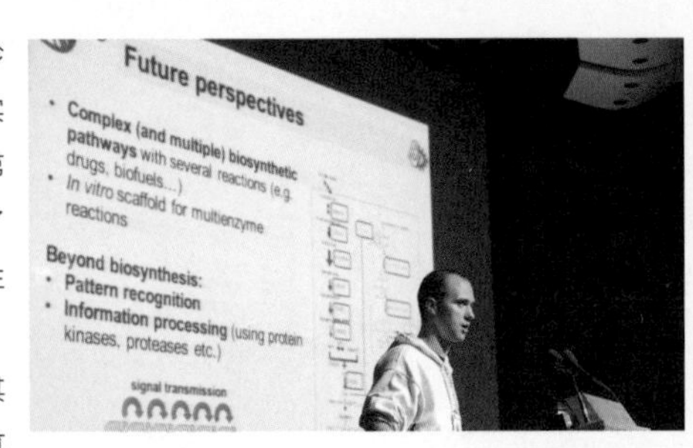

假设生物砖继续生长，组合和嵌入基因的技术继续简化，合成生物学正在走向系统化，并将通过类似AUTODESK（建筑师和工程师的计算机辅助设计软件）的界面来实现。在操纵物质方面，这代表了两个巨大的飞跃：在规模上，从微米到纳米——三个数量级的飞跃；以及从机械到生物。历史迹象表明，这些变化可能会促成第二次工业革命，其中的产品，如物体和结构，是由设计的、活的生物体组成的。iGEM预示着这些变化的最重要方面是它的包容性和开源性，为发现和假设创造一个吸引人的安全空间，并激励其他人更多地了解合成生物学这一新兴领域。

上图/左图 471, 472, 473

iGEM的参与者有高中生也有研究生。

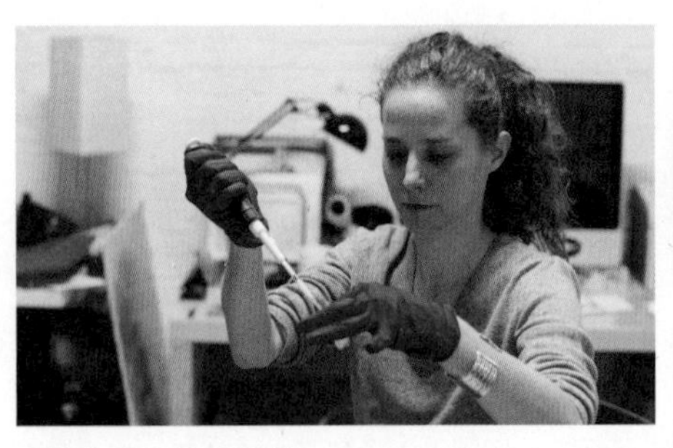

同样专注于包容性教育和促进创新的还有“**基因空间**”，这是一个于2009年启动的非营利组织，致力于推动公民科学和获得安全的生物技术。其活动主要集中在大纽约地区，为基层的科学创新提供教育宣传、培养活动、课程和设施。基因空间实验室位于布鲁克林，拥有生物安全一级设施，配备了用于各种微生物实验的基本设备，如常见的酵母和非致病性细菌，以及安全装备，包括手套、护目镜和通风设备等。

基因空间向公众提供关于生物技术基础知识的课程，带领学生完成分离和测序DNA片段，以及使用酶进行切割和粘贴的活动。它还提供合成生物学课程，介绍将生物体作为生物机器的新兴科学。学生们通过技术改变微生物的功能，使它们能够显现颜色、发出气味、

上图/左图 474, 475, 476

作为布鲁克林的社区实验室，基因空间是同类中的第一个。参与者包括艺术家、教师、建筑师、作家和企业家。社区推广活动有助于增强当地公立学校的科研教学，并帮助激发参与实验室活动的兴奋感。

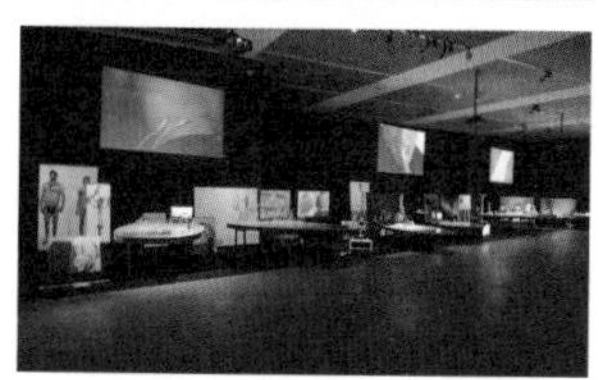

上图　477, 478, 479, 480

英国皇家艺术学院交互设计课程的学生研究新兴技术的应用和影响，从数字到生物。研究项目采取一系列形式，如创造物品、故事或舞台表演等。

产生光，甚至作为生物传感器来检测污染物或病原体。除了为大学生和应届毕业生服务外，基因空间已经成为商业界的一种资源，参与者来自金融和商业部门，以及那些关注生物技术多年并希望以实践方式了解它的企业家。

基因空间的活动还有助于满足当地服务不足的社区的需求，这些社区的学校科研经费有限。该组织与当地项目合作，如城市条形码项目为纽约幼儿园到12年级（K-12）的学生提供校外学习机会。对于年龄较大的学生，基因空间接待了参加合成生物学竞赛的当地本科生，并参加了包括P. S. 29健康博览会、AAAS国际展览的家庭科学数据和创客嘉年华等活动。

基因空间的创始成员们最初是通过DIY生物的社区认识的，它是一个由世界各地的业余生物学家组成的不断壮大的关系网，他们定期聚会，进行合作和实验。这些团体，如基因空间，想办法在家里复制曾经完全由政府实验室和大公司使用的技术，并且通常是以更便宜的方式。DIY生物项目包括通过擦拭公共物品来协调几个城市的微生物样本收集工作，创建一个显示特定微生物分布的地图，以及设计一个三维打印的适配器，可以连接到Dremel工具上，以创建一个能够达到专业实验室设备标准的离心机。松散的联盟DIY生物小组及基因空间的共同精神与修理工或黑客的一样，是愿意承担风险并有信心把东西拆开，并试图以更有用或有趣的方式重新组装的先驱。

英国**皇家艺术学院交互设计专业**的教学着重强调思辨性叙事和审美体验，它用综合性的方法探索新兴技术的社会、文化和道德影响，促进了各学科之间的交叉融合。该项目采取的立场是，随着各种设备的激增，以及它们越来越多地渗透到我们的生活中，对可接近、可享受及有用的产品和系统的需求越来越大。

学生们开发的项目通常集中在数字技术的表现力和交流的可能性上。人们对思辨性和批判性的设计也越来越感兴趣，旨在激发人们对不同技术未来的后果的讨论。一个流行的话题是生物技术和纳米技术的潜在应用，这些领域可能会迅速从实验室走向日常生活。最重要的是，该项目强调了人的中心地位，人是新界面和突破性研究的受益者，但他们的需求有时似乎没有得到考虑。我们鼓励对由企业议程驱动的创新持怀疑态度。该项目展示了一种丰富的双重性，既促进了对工业化资本主义中设计历史的批判性观点的产生，同时又在学生和英特尔、微软研究实验室、飞利浦设计公司和沃达丰等公司之间安排了合作关系。

该项目的参与学生面临着考虑他们所研究技术的意义和应用的挑战，并在世界各地的设计展览中得到越来越多的体现，包括纽约的MoMA。毕业生们还在博士阶段继续进行学术研究，加入工业界，并启动他们自己的工作室、咨询公司和研究计划。

在交互设计项目的毕业生中，兼具艺术家、设计师和作家等多重身份的亚历山德拉·戴西·金斯伯格，从2011年起，在国家科学基金会的资助下与爱丁堡大学和斯坦福大学密切合作，作为设计研究员组织协调**合成美学**项目。该项目汇集了来自世界各地的六个科学家与设计师团队，在科学的最新发展，特别是合成生物学的

上图　481, 482

由国家科学基金会赞助的合成美学项目将科学家和设计师团队聚集在一起，探索合成生物学的潜力。项目范围包括对微生物群落和气味的研究，以及使用细菌作为媒介来铸造工业物品的实验。

背景下，探索“设计、了解和建设生物世界”。每个团队都根据参与者各自领域的共同兴趣和联系点制定了研究目标，从生物化学、分子生物学和植物学到生物艺术、气味设计、建筑和音乐多个不同的方面展开研究。在几周的时间里，驻地艺术家和科学家参观了彼此的工作环境，并通过博客和会议来报告和展示他们各自的项目。

在其中一个团队中，建筑师大卫·本杰明和博士后研究员费尔南·费德里奇（Fernan Federici）开始寻找使用生物系统作为设计工具的新方法。与数字制造和具有固定和预定实物输出的计算机数控铣床相比，他们研究了通过在细菌和植物中产生新的形态发生机制来制造与合成复合材料的多种方法。这项工作的一个成果是创建了原型软件，该软件可以在微米尺度上提取木质部细胞的复杂行为，并将其应用于米尺度上的建筑优化问题（见“生物处理”，第84页）。

在合成美学策划的另一项合作中，设计师威尔·凯里（Will Carey）与加州大学旧金山分校的利姆

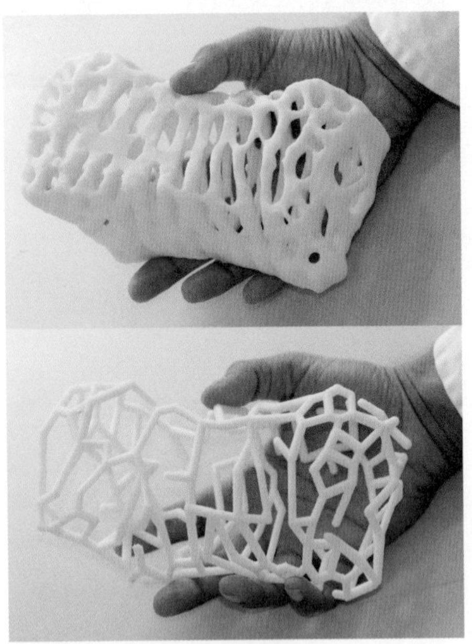

上图 486, 487

在合成美学项目中，大卫·本杰明和费尔南·费德里奇试图在建筑的尺度上应用植物细胞的优化行为。

（Lim）实验室合作，为定制的作物种子和细菌生成的消费品创作概念。关于植物的设计涉及创建一个传感器系统，以测量特定地块的特定条件，包括降雨量、平均温度、土壤pH酸碱度和营养成分。如果这些条件是已知的，就有可能定制种子，使其在这些条件下茁壮成

上图/左图 483, 484

“共生A”为艺术家提供了在大学环境中咨询专家的机会。

长，有效地模仿进化过程，以惊人的速度加快此过程。该团队种植消费品的想法涉及对细菌的操控，在之前成功的基因改变的基础上，可以使微生物对光有反应。正如该团队所设想的那样，细菌可能会在刺激（光）的作用下形成硬壳，从而实现一种低温烧制，用纤维素（细胞壁的物质）或甲壳素（昆虫外骨骼的材料）来代替黏土，创造出一种形态。

合成美学项目的立场是，随着时间的推移，合成生物学将对从艺术和工业设计到城市规划等众多学科产生至关重要的影响，而研究领域之间的合作对于实现包容性和响应性的技术发展至关重要。该项目预示着在不久的将来，当合成生物学开发出设计生命的新方法时，合成生物学将会是跨学科合作的类型。

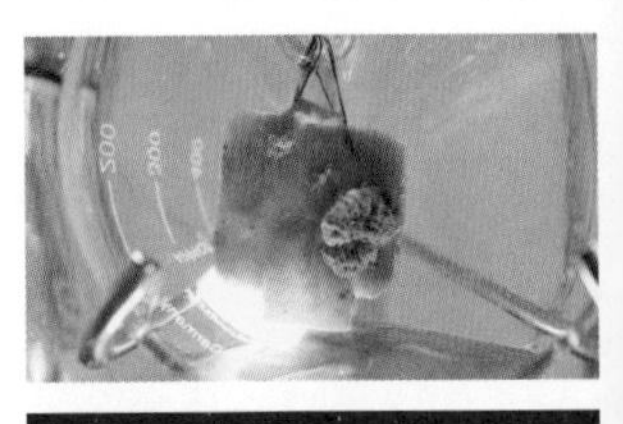

上图 485

“共生A”还通过提供安全的湿实验室环境，邀请艺术家参与对生命科学进行探索和批判活动。

西澳大利亚大学的生物艺术卓越中心“共生A”由先驱者奥伦·卡茨和洛纳特·祖尔于2000年建立，表明了艺术与科学的结合是如何产生有效的合作的。工作室位于该大学的解剖学和人类生物学学院内，是第一个同类的混合研究工作实验室，使艺术家能够在一个致力于“生命科学的学习和批评”的环境中参与湿生物学实践。在这个实验性的跨学科环境中，研究人员被鼓励追求基于好奇心的探索，不受与正式科学研究相关的要求和惯例的限制，例如注重成果发布和筹集资金，但同时也遵守法规。

迄今为止，已有90多位居民在该计划的实验室中开发了项目，积极使用科学的工具和技术，而不仅仅是对其意义或形式进行评论。在大学的支持下，该项目已经发展到包括核心研究项目、驻地、学术课程、展览、研讨会和会议等形式。2006年，“共生A”推出了自己的研究生项目，提供生物艺术的硕士学位。2007年，

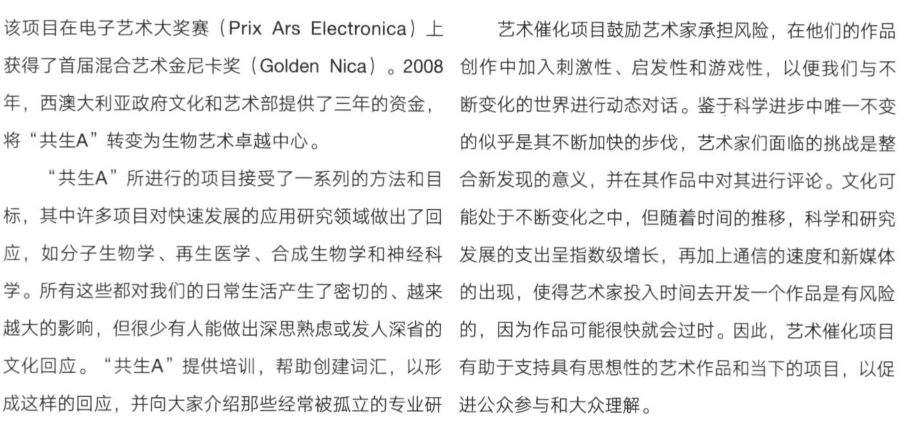

该项目在电子艺术大奖赛（Prix Ars Electronica）上获得了首届混合艺术金尼卡奖（Golden Nica）。2008年，西澳大利亚政府文化和艺术部提供了三年的资金，将“共生A”转变为生物艺术卓越中心。

“共生A”所进行的项目接受了一系列的方法和目标，其中许多项目对快速发展的应用研究领域做出了回应，如分子生物学、再生医学、合成生物学和神经科学。所有这些都对我们的日常生活产生了密切的、越来越大的影响，但很少有人能做出深思熟虑或发人深省的文化回应。“共生A”提供培训，帮助创建词汇，以形成这样的回应，并向大家介绍那些经常被孤立的专业研究人员小团体以外的人误解的科学概念。

2011年，都柏林的科学画廊举办了“内脏”（VISCERAL）展览，由奥伦·卡茨和洛纳特·祖尔策划，展出了15位艺术家在“共生A”前十年的研究和驻地的作品。它涵盖了艺术研究项目，从与活体元素（分子、细胞、组织）到与完整的身体和生态系统的结合，所有的作品都是由艺术家们构思和开发的，他们在“共生A”的实验室里花费了大量的时间，并在向广大观众介绍生命艺术融合的概念方面取得了很大的进展。

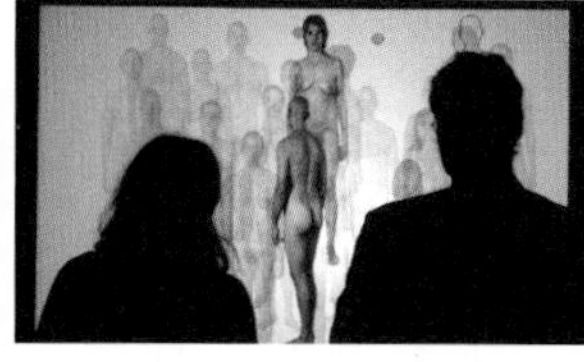

上图　488, 489

艺术催化项目已经展示了140多个艺术家的项目，其中许多项目具有激发性和冒险性，目的是促进公众理解和辩论。

艺术催化（Arts Catalyst）项目也支持这一领域的创作，委托艺术家创作实验性和批判性地参与科学的作品。自1994年以来，这个位于伦敦的跨学科艺术组织与英国和其他世界各地的艺术和文化场所合作，公开展示了140多个艺术家的项目。该项目还组织了专题讨论会和批判性辩论、艺术家驻场、参与性和教育性项目，研究艺术、科学和社会之间的相互作用与关系。

参与的艺术家借助一系列媒介工作，从表演、雕塑到视频、音乐和活体动物或组织等。他们的作品通常被策划成主题，并通过活动进行展示和讨论，例如“从标本到超人类”（Specimens to Superhumans），该活动探讨了当代艺术对生物医学、残疾、人类进步和伦理的表现与批判。在另一个具有代表性的项目中，“物种间”（Interspecies）展览汇集了涉及艺术家和动物之间合作的作品，触及了关于这些关系的片面的、操纵的自然属性问题，以及艺术家如何试图理解动物的观点，作为其实践的一部分。然而，另一个项目“合成：艺术与社会中的合成生物学”以一系列公共活动和一个为期一周的跨学科交流实验室的形式出现，将科学家、艺术家和设计师聚集在一起，考虑合成生物学的艺术影响和更广泛的文化影响。

上图　490

安妮·布罗迪的作品“探索无形”（第250页）的细节，展示了充满生物发光细菌和营养物质的花瓶和玻璃器皿。

艺术催化项目鼓励艺术家承担风险，在他们的作品创作中加入刺激性、启发性和游戏性，以便我们与不断变化的世界进行动态对话。鉴于科学进步中唯一不变的似乎是其不断加快的步伐，艺术家们面临的挑战是整合新发现的意义，并在其作品中对其进行评论。文化可能处于不断变化之中，但随着时间的推移，科学和研究发展的支出呈指数级增长，再加上通信的速度和新媒体的出现，使得艺术家投入时间去开发一个作品是有风险的，因为作品可能很快就会过时。因此，艺术催化项目有助于支持具有思想性的艺术作品和当下的项目，以促进公众参与和大众理解。

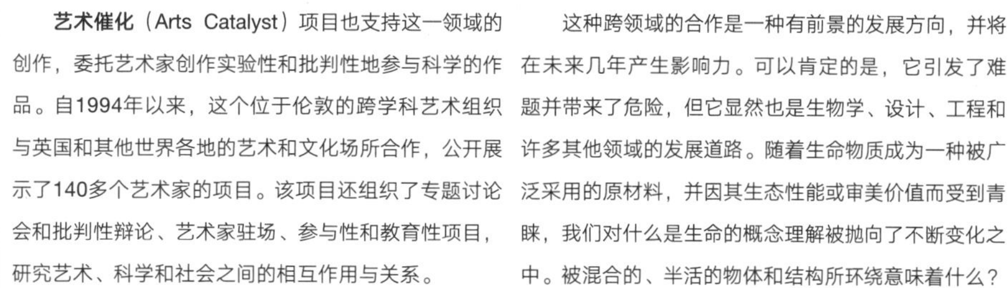

该组织与伦敦大学学院（University College London）的若干小组合作，包括科技研究系、地理和化学系、癌症研究所、高级生物医学成像中心、穆拉德空间科学实验室（Mullard Space Science Laboratory）和斯莱德艺术学院（Slade School of Art）。通过他们的作品对生物学产生浓厚兴趣的委托艺术家有安迪·格雷西、尼古拉斯·普里马特（Nicholas Primat）、安妮·布罗迪和亚伦·威廉森（Aaron Williamson）。

这种跨领域的合作是一种有前景的发展方向，并将在未来几年产生影响力。可以肯定的是，它引发了难题并带来了危险，但它显然也是生物学、设计、工程和许多其他领域的发展道路。随着生命物质成为一种被广泛采用的原材料，并因其生态性能或审美价值而受到青睐，我们对什么是生命的概念理解被抛向了不断变化之中。被混合的、半活的物体和结构所环绕意味着什么？设计师对这种生命有什么权利和责任？这样的发展又会如何改变我们对自己的看法？我们也将很快被迫面对广泛使用半机械人技术的意义，例如应用在隐形眼镜上的沉浸式增强现实效果可以协同增强内部器官的感受。在这个生物学的世纪里，我们肯定正处于重大变化的边缘，必须预料到我们的追求中会出现美好与恐怖，就像它们已经发生在每个时代一样，这要归功于我们不安分的、无畏的好奇心。玛丽·雪莱（Mary Shelley）在《科学怪人》（*Frankenstein*）或者叫《1818的弗兰肯斯坦》中阐述得如此清楚：“月亮注视着我午夜劳作，而我则以毫不松懈、屏息凝神的急切心情，追寻着大自然的藏身之所。”

第六章

合作要点

对页图 491

戴安娜·谢勒的“编织13”的细节，参考第142页“编制和收获”。

开始

托尼·曹

Tony Cho

与科学家、生物学家和生物工程师合作，对想要探索生物设计的设计师或学生来说，是一个困难但有意义的挑战。除了在对外交流上需要寻找与联络跨领域专家，还需要在有效沟通和管理合作方面持续努力。此外，与新的生物技术合作可能是非常困难的。与数字或机械技术不同，合成生物学的大多数发展项目都处于新生阶段。运用那些既脆弱又有生命力的材料，即使对科学家来说也会带来巨大的挑战。那么，设计师如何才能成功地与生物学家、生物工程师或尖端研究人员保持健康的合作？以下为初学者及那些穿着白大褂、知道如何稳住吸管的有经验的专业人士提供一些准则和实用建议。

外联

对于一个生物设计者来说，找到合适的机构或合适的领域专家是非常困难的任务之一。但是外援是必要的，因为设计师缺乏了解生命科学和相关研究领域所需的技术经验和基础知识。因此，为完成早期重要的步骤寻找合适的合作者及启动富有成效的合作，设计师必须：（1）尝试理解科学；（2）理解相关的科学家。

理解科学

从组织工程学、DNA操作、基因治疗程序到人体增强，生物设计包含生命科学的广泛领域。因此，设计师们应该选择一个他们认为可以投入时间及感兴趣的主题。理解科学，意味着通过科学研究论文深入研究这个主题。诸如《自然》、《科学》、*PNAS*、*bioRxiv*和*ACS*等研究刊物，是了解生物设计项目背后的科学的一个好方法。这种了解往往是推动项目发展和建立其合法性所需的基础支柱。

科学家们被脸书（Facebook）和在线出版物中的流行科学帖子所淹没，这些帖子往往是生物学中耸人听闻的冰山一角。虽然这些可以是一个很好的开始，或者也可以点燃某些设计项目的想法火花，但为了与科学家和专家接触，有必要进一步深入研究。这意味着要找到那些有新发现或开发了新技术的科学家的名字，并搜索那些发表了与该主题相关的论文的学术期刊。虽然期刊有付费门槛，但这些期刊可以让设计者了解研究是如何进行的，或某项生物技术是如何开发的，有时只需仔细阅读现有的摘要或概要。

如果在你第一次尝试阅读一篇科学论文时，论文读起来像在胡言乱语，请不要气馁。重要的是要认识到，对一个主题培养科学素养，即使对科学家来说也是困难的，你可能需要一段时间来掌握内容。作为一名设计师，熟读这些论文不是为了理解研究领域的每一个方面，而是为了提出你可以与科学家交流的问题。这既可以让科学家放心——他们是在和一个真正努力的人交流，又可以为实质性的交流铺平道路——深入理解为什么科学是重要的，要比读科普杂志更深入。

理解个人

虽然科学家和设计师在本质上都具有创造性，但他们的工作方式是截然不同的。科学家会深入研究看似狭

上图 492

合作过程中需要开放式的和频繁的沟通，并承认设计师和科学家之间在工作方法和术语上的差异。

左图 493

湿实验室工作需要精心组织和纪律，这似乎与设计师的创造性本能相冲突，但往往可以促使产生有益的成果以及对项目想法更现实的期望。

左图/上图　494, 495

来自爱丁堡艺术学院的学生在2017年的生物设计挑战赛中获得了“英国2029”的亚军（左）。实验室中的成功合作通常始于对角色的明确定义及关于作品归属和知识产权的协议。

上图　496, 497

生物设计挑战赛的参赛队伍与生物艺术实验室合作，在纽约的视觉艺术学院展出他们的作品。

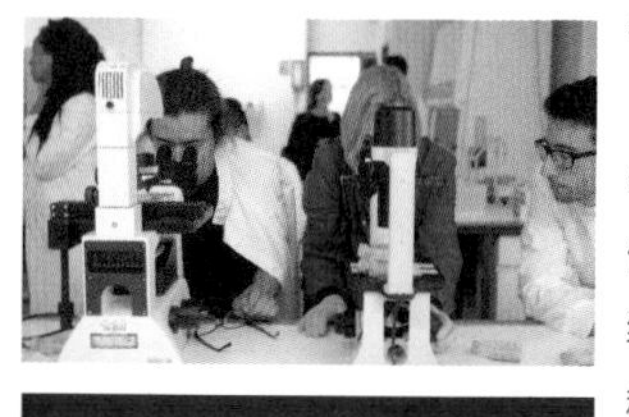

上图　498

为了促进讨论并找到统一目标的方法，最好的做法是阅读你寻求合作的人或实验室发表的研究成果。

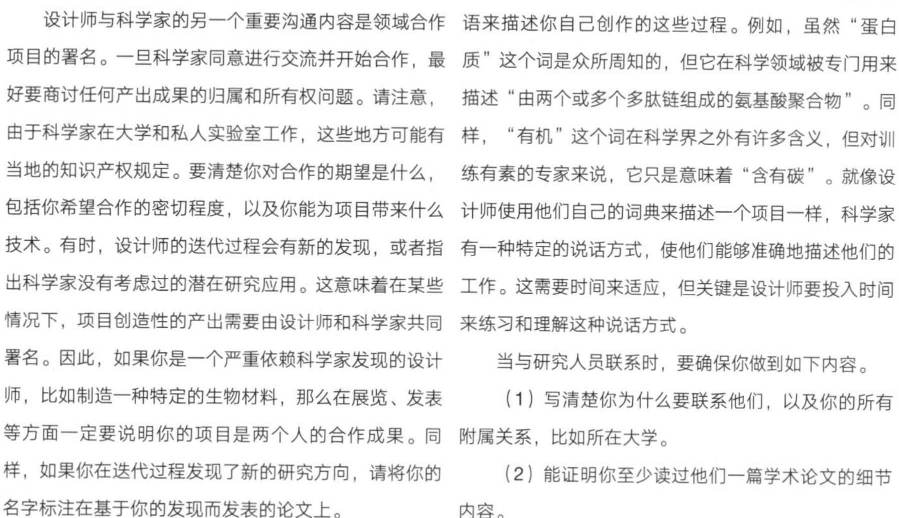

窄的道路，并不断在这个方向深耕，直到他们发现并确认新的知识。设计师喜欢同时处理许多想法，注重广度而非深度。因此，当与科学家联系时，能够向他们表明你了解他们所做的工作的特殊性或认同他们在工作中取得的成就总是有帮助的，一定要告诉他们你读过他们的科学论文，并且让他们意识到这些论文与你的兴趣点和目标之间的联系。

设计师与科学家的另一个重要沟通内容是领域合作项目的署名。一旦科学家同意进行交流并开始合作，最好要商讨任何产出成果的归属和所有权问题。请注意，由于科学家在大学和私人实验室工作，这些地方可能有当地的知识产权规定。要清楚你对合作的期望是什么，包括你希望合作的密切程度，以及你能为项目带来什么技术。有时，设计师的迭代过程会有新的发现，或者指出科学家没有考虑过的潜在研究应用。这意味着在某些情况下，项目创造性的产出需要由设计师和科学家共同署名。因此，如果你是一个严重依赖科学家发现的设计师，比如制造一种特定的生物材料，那么在展览、发表等方面一定要说明你的项目是两个人的合作成果。同样，如果你在迭代过程发现了新的研究方向，请将你的名字标注在基于你的发现而发表的论文上。

设计师们记得提醒自己这一点：科学家的作用是产生新的科学成果，提出假设，然后通过实验证实或推翻假设。互利应该是一个目标：想想你作为一个设计者能给科学家带来什么。可能你可以提供一个新的视角，将科学工作与社会或文化趋势联系起来，或者将他们的发现用于开发新产品或服务。无论你是一个想采用特定生物过程，还是想了解研究内容以推测可能的未来的设计师，你的设计旅程都可能是从努力理解科学开始的，并与科学家形成健康的合作，而科学家也将是你的一个向导。

理解科学领域的交流

仔细聆听以理解科学家描述生物过程或生物技术某部分的方式。诸如基因型、mRNA、种系和密码子之类的词，一开始可能你对它们完全陌生，但你必须熟悉它们，因为它们通常是对特定生物过程或机制的非常精确的定义。作为一个设计者，你必须能够运用同样的术语来描述你自己创作的这些过程。例如，虽然“蛋白质”这个词是众所周知的，但它在科学领域被专门用来描述“由两个或多个多肽链组成的氨基酸聚合物”。同样，“有机”这个词在科学界之外有许多含义，但对训练有素的专家来说，它只是意味着“含有碳”。就像设计师使用他们自己的词典来描述一个项目一样，科学家有一种特定的说话方式，使他们能够准确地描述他们的工作。这需要时间来适应，但关键是设计师要投入时间来练习和理解这种说话方式。

当与研究人员联系时，要确保你做到如下内容。

（1）写清楚你为什么要联系他们，以及你的所有附属关系，比如所在大学。

（2）能证明你至少读过他们一篇学术论文的细节内容。

（3）解释为什么合作对双方都有利。

把留言看成对话的开始，而不是实现目标的一个步骤。换句话说，它是一条让科学家了解你试图参与的科学的道路，而不仅仅是做一个生物设计项目的方法。设计师对科学的学习将有望带来更多也许是更好的项目。最后，请记住，在任何像这样的努力中，合作将需要不止一次的对话。将迭代的方法应用在你的外联工作上。你可能必须在一段时间内联系几个人，以找到合适的合作者。

信任和感谢

培养长期合作将涉及保持联系，并归功于和感谢科学家的工作。了解科学家的议程是不同于设计师的。科学家们必须开展他们的研究并收集结果，以便发表他们的发现。将协作视为让专业人士或专家与您合作，他们是在正常职责之外抽出时间与您合作，请注意这一点，并确保科学家了解您的感激之情！这确实对构建项目大有帮助。

拓展阅读

图书

Paola Antonelli et al., *Design and the Elastic Mind*, New York: Museum of Modern Art, 2008

Robert H. Carlson, *Biology is Technology: The Promise, Peril, and New Business of Engineering Life*, Cambridge, Mass., & London: Harvard University Press, 2010

George Church & Ed Regis, *Regenesis: How Synthetic Biology Will Reinvent Nature and Ourselves*, New York: Basic Books, 2014

Anthony Dunne & Fiona Raby, *Speculative Everything: Design, Fiction, and Social Dreaming*, Cambridge, Mass., & London: MIT Press, 2013

David Edwards, *Artscience: Creativity in the Post-Google Generation*, Cambridge, Mass., & London: Harvard University Press, 2008

Paul S. Freemont et al., *Synthetic Biology: A Primer*, London: Imperial College Press, 2012

Alexandra Daisy Ginsberg et al., *Synthetic Aesthetics: Investigating Synthetic Biology's Designs on Nature*, Cambridge, Mass.: MIT Press, 2014

Natalie Kuldell et al., *BioBuilder*, Beijing: O'Reilly, 2015

Jenny Lee (ed.), *Material Alchemy*, Amsterdam: BIS Publishers, 2014

Marcus Wohlsen, *Biopunk: Solving Biotech's Biggest Problems in Kitchens and Garages*, Current, 2011

其他

生物艺术与设计奖：www.badaward.nl

生物设计挑战：www.biodesignchallenge.org

生物协会

《经济学人》(*The Economist*) 科学和技术频道

iGEM竞赛：www.igem.org

国际科学画廊：https://international.sciencegallery.com

《科学美国人》(*Scientific American*)

SymbioticA e-digest

答疑

你在哪里可以找到和你合作的科学家？

如果你是大学的设计专业学生，请确认你自己的大学是否有专门的生物工程或合成生物学院所。如果没有，可以在其他大学的网站上查看科学家的资料，记住，实验室通常是以领导人的名字命名的，例如，默奇实验室是由凯特·默奇（Kater Murch）博士领导的。实验室的负责人通常是最忙和最难联系的人。因此，你可以考虑联系实验室的博士后或副教授。

如果我对生物学一无所知，但想做一个生物设计项目，该怎么办？最好的开始方式是什么？

多读一点你感兴趣的生物主题的资料。如果你对DNA编辑感兴趣，就看看与基因编辑有关的研究，如CRISPR/Cas9，或者搜索“中心法则”（central dogma）一词，了解DNA对生物学的重要性。如果你对研究人体组织感兴趣，试着寻找有关如何培养组织工程细胞的文献。与科学家交谈时，要清楚你自己在该学科领域的知识水平。这也将有助于他们衡量如何以最佳的方式向你讲解他们的项目。

湿实验室的经验有多重要？

这将取决于你想从事的项目类型。如果你在为设计项目做研究，甚至是用生物材料本身，你最好能参加湿实验室体验，即使只是了解一下过程。无论是长期还是短期的项目，设计师都必须在某种程度上与生物学接触。例如，如果你想做一个涉及基因编辑的项目，对CRISPR/Cas9技术有第一手的经验会很有用。

我能在哪里参加湿实验室体验？

这可能很难找到。如果你是大学的学生，请与大学的研究人员联系，看看他们是否有时间来培训你。通常只有在你开始合作并对研究有了足够的了解后，你才会有这样的机会。你还可以寻找DIY生物社区实验室，如基因空间（纽约）、好奇生物（BioCurious，圣克拉拉）、伦敦生物黑客空间（London Biohackspace，伦敦）和EMW街头生物（EMW Street Bio，马萨诸塞州剑桥），它们为爱好者提供空间，使之了解更多在生物学和实验室中经常使用的技术。这不是一份详尽的地方清单，在你自己的社区寻找时，试着搜索“生物黑客空间”或“开放科学实验室”，或类似的关键词。在www.diybio.org/local官网上有几十条DIY生物实验室信息。

是否有非科学的生物设计途径？

利用生物学进行设计可以采取许多传统的工艺形式。农业、酿酒、烘焙甚至园艺方面的实践都可以被用于生物设计项目。当然，这些仍然以科学为基础，但严格来说，与科学家合作不是必要的。有很多业余社区正在致力于这些活动，所以这些人员有时候也很容易找到。

我如何知道我的项目是否成功？

评估是很棘手的，可以尝试着总结一下你学到了什么。这是否培养了你对其他生物的同情心，让你对物种之间错综复杂的相互依赖关系有了更多的了解？你是否对科学实践有了更牢固的掌握，以及该实践如何从设计方法中受益？你的项目是否引发了至少一次与同学、教授、朋友或陌生人的对话，讨论与生物学结合的伦理、有效性或可能性？如果其中任何一项的答案是“是”，那么你就成功了。Facebook上的赞也不错，但它们并不能表示成功了。

生物设计师在工业界做什么工作？

尽管这是一场在学术、艺术和设计领域上正在萌芽的运动，但必须强调的是，作为一个设计师，用生物学工作是培养跨学科能力的一种方式，而社会对这种技能的需求越来越大。生物设计项目中所需要的经验表明你很灵活，很有好奇心，可能能够在团队中与那些与你截然不同的人有效合作。这本身就适用于设计和科学领域的诸多工作。然而，一些专注于生物设计的人在生物技术公司找到了创造性的工作，往往试图将技术转化为对日常生活有用的东西。对于那些想从事这类工作的人来说，当然有自由和机会，但要注意，在任何新的领域里，都有一些模棱两可的东西和不确定性。

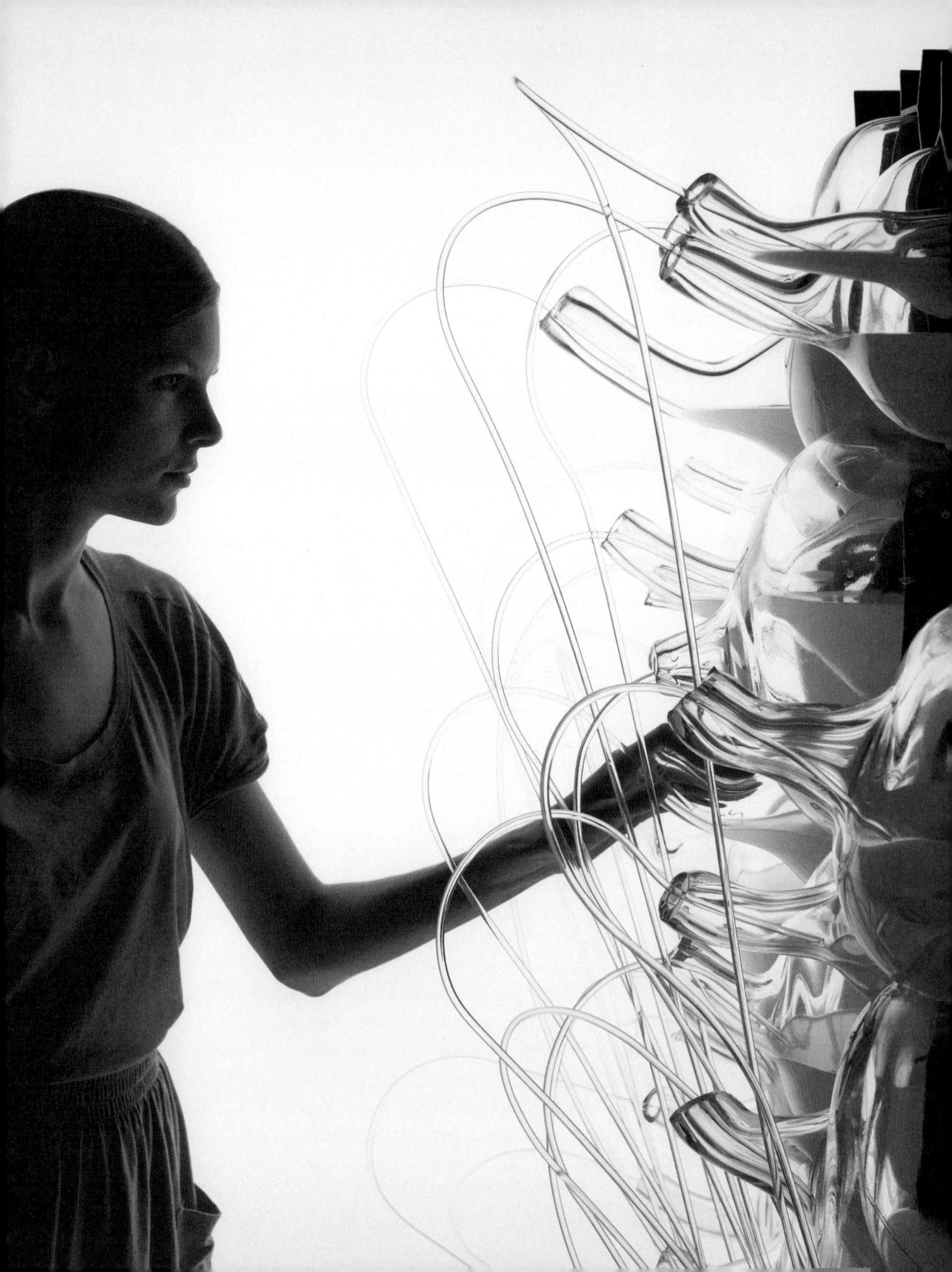

访谈

大卫·本杰明

哥伦比亚大学兼职助理教授，“生命体”公司的创始人及CEO

威廉·迈尔斯（下文简称迈尔斯）：您为什么对科学和建筑之间的合作十分感兴趣？

大卫·本杰明（下文简称本杰明）：我发现，跨学科的合作有助于打破旧的思维模式。事实证明，大多数的创新来自于本研究领域之外的人。作为一名哈佛大学的本科生，我主修的是社会学，这是一个跨学科的领域。之后我在一家新成立的软件公司里与设计师、工程师、计算机科学家和有关“人为因素”的专家一起合作。当我开始学习建筑学的时候，我就已经认识到建筑是一个跨学科合作项目的完美领域。我对科学的兴趣，尤其是对合成生物学的兴趣，促使我和我的朋友及合作者杨秀仁（Soo-in Yang）创办了一家建筑公司“生命体”（The Living）。这家公司是我对合成生物学兴趣点的自然延伸。我们公司试图通过探索各种方式将建筑和生命紧密结合，而且生物学的最新发展可能会让这种方式成为现实。

如果说20世纪是物理学的世纪，那么21世纪则被公认为是生物学的世纪。在预算、劳动力和创新方面生物学已经在科学界处于领先地位。在美国，基因改造贡献了GDP的2%，而且迅速增长。相比之下，建筑业则只贡献了GDP的4%。

因此，作为一个对创意和新观念感兴趣的实验建筑师，我已经开始着手研究合成生物学好多年了。我在这个领域开始与哥伦比亚大学建筑、规划和保护研究生院（GSAPP）进行合作研究，涉及建筑学、合成生物学和计算机科学的交叉领域。并且我参加了一个研究合成美学的国际项目，由国家科学基金会资助。国家科学基金会挑选了六对科学家-设计师一起合作。我与植物学家费尔南·费德里奇和英国剑桥大学的吉姆·哈塞洛夫（Jim Haselof）实验室一起进行研究。

迈尔斯：对于不久的将来，是否可以预见到建筑专业学生需要学习生物学或合成生物学？如果需要学习的话，又会是什么情形呢？

本杰明：合成生物学是一种新的工程方法，以操作DNA和建立标准化生物部件的数据库为基础。这些生物部件可以为不同的应用以不同的方式进行组装，有些类似于电子部件，例如晶体管和电容器，分别可以以不同的方式进行组装，创造出不同的电路。这种框架被称为抽象序列，并且它非常强大，因为它在一定程度上可以允许设计师设计生物部件、生物设备或生物系统等。我们的愿景是在不久的将来，建筑师和其他非专业的人士，在不需要了解生物的详细分子行为的前提下可以设计新型的生物设备和系统。

此外生物技术一直在以超乎想象的速度发展，现在已经可以随时买到一台台式DNA打印机，它可以让你用电脑文件组成一个个碱基的序列——遗传密码的A、C、T和G，然后你在自己的工作室里即可以打印三维的生物部分，这恰恰体现了生物制造作为数字技术制造的延伸。而这些进展在一定程度上导致了车库生物学的出现，这在一定程度上可能会引发类似车库计算所发生的爆炸式创新。我们正处在一个大变革的时代，就类似于20世纪70年代苹果电脑在硅谷的某个车库里开始实验的时刻。因此我认为建筑师开始学习合成生物学并且将这些技术添加到日常设计工具中是令人兴奋的，同时也是无法避免的。

迈尔斯：在您最近教授的一门研究生建筑课上，您的学生们提出了在设计中利用合成生物学的方法，您可以描述一下这些学生的项目吗？

本杰明：尽管在这门课程之前这些学生没有关于合成生物学的经验，但是这仍然不能阻止他们想出一些惊人的

大卫·本杰明 500

大卫·本杰明在哥伦比亚大学的建筑、规划和保护研究生院任教，并且是“生命体”公司的联合创始人。“生命体”是一家致力于创造与环境条件互动并响应环境条件的建筑公司。他的创新作品包括：“生命之光”，这是首尔的一个永久性照明展馆，可以直观地报告空气质量的变化；“两栖建筑”，这是一个位于纽约东河的漂浮装置，使参与者能够与鱼类交流并了解水污染问题 。

作品。一个学生从原生细胞开始，将它变成微小的、可进行自我复制的计算机新技术，他设计了一个假想的系统，这个系统将数据插入细胞之中，然后再将它提取出来。数字代码的0与1变成了DNA代码的A、C、T和G。细胞的分裂成为一个简单的逻辑。之后学生们想象着这种新的生物计算如何导致河流与湖泊在本质上变成硬盘驱动器或“湿驱动器”，用于存储大量冗余的加密数据。

另一名学生从新基因工程酵母和微藻开始，将糖和阳光转化为燃料，而不需要钻井或使用不可再生的碳氢化合物。通过使用合成生物学重新设计这些细胞的功能，可以新系统产生的碳比现有燃料少约80%。因此，这名学生设计了一个令人难以置信的新燃料循环系统，同时在截然不同的尺度上工作，从半径约十亿分之一米的DNA，到周长4000万米的地球。这在一个设计项目之中，尺度的跨越是10的16次方！这名学生想象了新的桌面设备、新的车辆、新的工厂和建筑、新的农业景观及新的自然和合成生态系统。

迈尔斯：您将合成生物学的兴起与软件的发展进行了比较，并认为建筑师尽早参与其中很重要。 您可以解释一下吗？

本杰明：建筑师倾向于在他们的开发周期后期，即在功能和整体框架被设置和固定之后采用技术。这在一定程度上可能会限制设计的可能性，我认为我们现在可以将其看作建筑师正在与其他领域开发的（或为其他领域开发的）建模和模拟软件角力。而在合成生物学中，标准、协议和应用尚未确定，我认为这是建筑师参与其中并做出贡献的完美时刻。

迈尔斯：您能描述一下您建立合成生物学应用程序注册表的计划吗？

本杰明：虽然建筑师可能还不能进行先进的合成生物学实验，但他们受过良好的训练，已经可以想象新技术的潜在应用，包括这些技术对建筑、环境、公共空间和文化的影响。因此，在我的哥伦比亚大学建筑、规划和保护研究生院的研究和课程中，我们一直在建立一个合成生物学应用注册中心，以设计使用合成生物学的潜在项目和为其编目录。根据德鲁·恩迪（合成生物学的主要发言人）的建议，这个目录也可以被视为问题或谜题的登记册。

我们可以想象，我们的注册表可能是麻省理工学院令人难以置信的标准生物部件注册表的伙伴。麻省理工学院的注册表已经对已知执行特定生物功能的DNA序列进行了分类和描述，生物学专业的学生和专业人士在设计新的生物机器时已经利用了它。

我们希望有一天他们也可以利用我们的应用程序注册表。从理论上讲，科学家、设计师和学生可以在应用程序注册表中寻找要解决的有趣问题，并查看部件注册表中的相关构建块，以创建解决方案。

迈尔斯：人们对可以使用生物过程培养或操纵的生物材料越来越感兴趣。这能否可靠且有效地完成，是否还有很长的路要走？

本杰明：对于使用合成生物学制造新的药物和燃料，已经有一些功能强大且坚固耐用的新产品。就目前来说，扩大工业生产规模是一个挑战，但仍有许多人认为我们将在未来几年内看到这些问题得到解决。

所以对于用合成生物学创造新建筑材料，我认为限制因素将是我们的想象力和我们的财政投资。如果我们能基于已知的生物功能想象出令人难以置信的新建筑材料，如果我们能找到资金投资开发它们，那么我们应该能够制造它们并将它们整合到我们的架构之中。

迈尔斯：在不久的将来您会关注哪些项目？

本杰明：该领域为重新思考一切设计提供了绝佳的机会。为了研究它的潜力，我最近与AUTODESK合作，探索建筑、合成生物学和计算的交叉点。我们调查了如何推进合成生物学中软件工具的使用，并认为这可能有助于经验丰富的合成生物学家和非专家设计师——建筑师、艺术家、材料科学家、计算机科学家和所有类型的学生——提高他们用生物学设计的能力。

金杰·克里格·多西尔

生物石匠公司的创始人兼CEO

威廉·迈尔斯（下文简称迈尔斯）：您对“生物砖”项目（第80页）很感兴趣，它利用微生物胶结的自然过程用沙子形成砖块。您有没有继续开发这项技术？

金杰·克里格·多西尔（下文简称多西尔）：我们为商业化做准备的过程中，技术在许多方面正在不断发展。关于最终产品，我们一直与土木工程师和地质学家合作，以测试和优化我们的生物发电材料的结构强度和环境性能。我们的砖现在表现出高强砖般的抗压强度。我们也正在进行各种各样的实验，使生产其他形式的预制建筑单元成为可能。同时，我们正在优化工艺本身，以降低生产成本，同时扩大生产规模。

之前，我和我的搭档（迈克尔·多西尔），与美国宇航局艾姆斯研究中心（NASA Ames Research Center）合作，探索这种形式的生物水泥在空间应用中的可行性。这项工作还提供了地面生产的重要信息，例如混凝土凝结在一系列环境温度下的表现。

迈尔斯：广泛采用生物砖作为建筑材料的最大障碍是什么？

多西尔：黏土砖石和混凝土等基本建筑材料的商业可行性与规模经济有着内在的联系。我们目前最大的障碍是规模化生产。系统设计本质上是建筑师工具箱的一部分，因此我们实际上更多地将其视为设计挑战的一部分，而不是本身就是一个障碍。由于我们的生物水泥工艺明显不同于黏土或混凝土浇筑成型工艺，因此需要我们从头开始开发新的制造技术。具有讽刺意味的是，不过或许也是诗意的，规模化过程开始后看起来更像是农业生产，而不是通常与建筑材料相关的工业制造。

迈尔斯：是什么让您想在作品中加入微生物和生命过程？

多西尔：自从钢材和混凝土技术出现以来，建筑中使用的基础材料一直保持相对不变。在19世纪后期，这些材料彻底改变了建筑，使建筑变得更薄、更轻、建造速度更快。工业革命几乎不关心具体的能源或环境影响。本质上人们获取不可再生资源，再用不可再生能源加工它们，并在此过程中产生没有用处的副产品。尽管在减少这些材料的影响方面取得了重大进展，但这些方法总是让人感觉像是修补漏洞，而不是急需的系统检修。在我接受教育期间，我受到了由彼得·林奇（Peter Lynch）、威廉·麦克唐和森俊子（Toshiko Mori）等建筑师和设计师提出的关于可持续性和物质性的新观点的启发。我并不是通过减量去实现可持续性，而是对以自然系统为模型的材料生态感兴趣，这是一种由珍妮·班纳斯的《仿生学》推广的方法。我对“生长型材料”的第一次研究始于研究珊瑚和贝壳的形成。很有趣的是，我发现一种比混凝土更坚固的材料可以在海水的低温下生长。有人说21世纪是生物学的世纪，我相信我们的技术是建筑环境朝着这个方向迈出的一步。

迈尔斯：作为一名建筑师，您是如何开始学习生物学和化学的？

多西尔：分隔学科的传统界限正在不断消退与重新组合。这种现象既通过实验项目（如麻省理工学院的媒体实验室）正式显现，也通过独立研究和记录非正式显现，例如做杂志。这可能意味着一个人不需要成为一名计算机科学家来开发软件，也不需要成为一名工程师来发明新的物理计算形式。我学习生物学和化学的方法与

金杰·克里格·多西尔 501

金杰·克里格·多西尔是“生物石匠”（bioMASON）的创始人兼CEO。“生物石匠”是一家利用微生物和化学过程制造建筑材料的生物技术初创公司。在此之前，她是阿拉伯联合酋长国沙迦美国大学（AUS）建筑、艺术和设计学院的助理教授，也是北卡罗来纳州立大学设计学院的客座助理教授。在克兰布鲁克（Cranbrook）完成建筑硕士学位之前，多西尔在奥本大学（Auburn University）学习室内建筑设计。她的“生物砖”项目获得了《大都会》杂志2010年“下一代”设计奖。

这些追求相似。我旁听大学课程和通读许多教科书和期刊，在这些过程中咨询了许多科学家。这使得我的课程进展与研究的自然进程同步。学位是一个人职业生涯的基准，但不应成为学术探究的障碍。诚然，在学习正确的实验室协议、分离变量、分析结果和为其编制目录，以及提出合理假设方面仍然存在技术障碍，但是不同的是，这一切都始于说“如果……会怎样？”这类的问题，一切都始于对发现问题的答案的追求。

迈尔斯：实验室实验的迭代过程是否与您作为建筑师的培训相冲突？

多西尔：迭代过程是当代设计教育的一个常见组成部分，也是我自己教学方法的组成部分。迭代的核心是制定假设、检验该假设、对结果进行归纳总结，并将失败视为一种评估措施来告知改进。由于我自己的工作优先考虑功能性能而不是形式美学，因此原型设计的不断迭代升级是绝对必要的。我认为实验室实验和迭代设计过程之间的区别在于结果的性质。在科学中，一个小而准确的结果可能会产生巨大的影响。个人的发现作为实验构建的模块，有助于更全面地了解事物的运作方式，并加速他人的研究。然而，建筑的迭代本身具有更具投射性的性质：能够影响我们构建世界、与世界互动和生活的方式的进一步发现。我经常发现自己跨越了两个领域。我们的合作者对展示未被记录的现象的工作中的某些细节非常感兴趣，而我们的同事想知道这种材料如何将新的建筑形式变为现实。虽然我觉得这两个讨论都有巨大的潜力，但我们的主要重点仍是将这种材料投入生产和应用。

迈尔斯：您对作为设计工具的合成生物学感兴趣吗？在您看来，这个领域在建筑界有很大的潜力吗？

多西尔：合成生物学领域正在迅速发展，并将会对一系列学科产生巨大影响。关于建筑学，我相信它在减轻环境影响、定义执行标准和开发新的正式语言方面具有巨大的潜力。十多年来，当代设计一直在讨论相关主题——出现、形态发生和群体智能的概念框架，或是推动编码、脚本编写、动态模拟和参数关系的软件开发，或是奥伦・卡茨的材料实验。

迈尔斯：您是否预测到生物学或合成生物学的研究会被整合到设计和建筑的课程中？

多西尔：最终，我认为是这样的。作为一名教授，我让我的学生做出一个“假设”的场景，目的是促进他们与回答这些问题所需的学科知识产生互动。作为教育家和曾经的学生，我发现这种跨学科的工作恰好可以促进富有成效的合作。可以说向可持续发展迈进就是一个很好的例子——它作为多学科整合的平台正在影响众多领域和行业。随着人口的增加和全球经济的转变，巨大的问题迫在眉睫，其中最重要的是弄清楚如何以更生态的方式种植食物。例如，建筑可以以垂直农场的形式提供部分解决方案。

迈尔斯：您认为这种整合有哪些挑战？

多西尔：最初的挑战之一是如何衡量设计领域的学习成果。　认证机构对特定学科的课程负荷和目标制定了严格的标准。然而，这些正在开始改变。课程允许根据个人的受教育水平量身定制，同时又不影响基本规则，这一点至关重要。

迈尔斯：您现在正在做什么新项目，或者计划在不久的将来做什么？

多西尔：“生物砖”项目已经成为我的全职项目，我目前的重点是通过我的公司“生物石匠”把砖带出实验室，投入应用。这已经成为一种正在形成的有价值的实验，从我多年前的梦想，即珊瑚假设：“如果我们可以种植建筑材料会怎样?”，到将实验室中的一个可行的设计原型投入商业生产。用这种材料进行3D打印一直是另一个并行的项目，同时我们正在不断地开发自动化技术。我们对这项技术的其他应用，以及如何解决“使材料更好”这个更大的问题保持开放的心态。我们脑海中的这个问题将会一直影响着我们，那就是“建筑环境如何可以超越简单的存在”。

肖恩·奎宁

SEAN QUINN

HOK建筑事务所性能和可持续设计总监

威廉·迈尔斯（下文简称迈尔斯）：您能简要描述一下，在您之前的HOK建筑事务所职位上，您是如何参与净零提案的吗？

肖恩·奎宁（下文简称奎宁）：在HOK，我作为可持续设计专家，直接与内部和外部客户合作，帮助指导可持续性战略的应用，包括能源效率分析、可再生能源整合、美国绿色建筑委员会的建筑认证程序，以及其他绿色建筑评级系统。

在完成HOK住房和城市发展办公室总部改造设计的可行性研究,以及一个能源部改造现有商业建筑的项目之后，我很快知道了《大都会》的设计竞赛。这是领导和管理这项工作的自然延伸，并与大型、有才华的团队合作，提出在现有建筑物改造中实现零耗能的愿景和过程。

迈尔斯：在“零碳：建筑改造方案”项目（第52页）中，这个设计似乎比仅仅模仿自然更进了一步，并真正地整合了它。这个评价公平吗？

奎宁：竞赛简介中概述的目标是创造一个零环境足迹的建筑，我们决定进一步推动一个积极的环境足迹建筑。根据仿生学的原理，我们为这个项目设计了一个主题，即将其作为细胞来建造，并且在机械过程的基础上设计了自然过程。每一个设计都是为了提供美学和功能效益，并以自然为导向力量。

藻类生物反应器为整个建筑提供了一个积极的循环。地下室下层的容器吸收了邻近圣安娜高速公路排放的二氧化碳，并与从建筑废水中获取的藻类泥浆结合。当藻类液体流过管道阵列时，光合作用过程被激活：藻类吸收碳，形成脂质，以产生能量，释放氧气，这些氧气可以被过滤然后回到外部环境。最后，我们还回收利用了大楼的污水。

迈尔斯：这个项目如何适应HOK的生态绩效和创新的方法？

奎宁：HOK与仿生学集团（Biomimicry Group）有着长期的合作关系，我们的伙伴关系导致思考超越了建筑规模和建模性质，开发了大规模的、优化的生态系统解决方案。此外，集成设计过程已经嵌入HOK的实践中，我们已经正式使用了这个提案中使用的许多设计分析工具和技术。

迈尔斯：您能简要描述一下设计团队是如何形成的，以及它是如何工作的吗？

奎宁：该项目需要一个大型的、多学科的团队，以解决现有建筑改造中出现的多个问题。我和阿尼卡·朗德瑞诺（Anica Landreneau，HOK华盛顿办公室的可持续设计领导），从我们办公室招募了具有丰富经验的团队成员；建筑外观专家约翰·杰克逊（John Jackson）邀请了他的老朋友和同事布兰登·哈维克（Brandon Harwick）和范德维尔工程公司的工程师们，为这个项目贡献了他的专业知识。总的来说，HOK华盛顿办公室的10位设计师，HOK坦帕市办公室的1位设计师和范德维尔工程公司的4位设计师参与了提案的设计。

我们花了三个月的时间制定竞赛方案，并将这个过程分为三个相等的部分：研究、整合和概念开发。很少有新的现有建筑达到净零耗能目标，在这种规模下肯定是达不到的，所以我们研究了最好的新兴技术，来增补现成的产品。把每一个想法都投入这个建筑上会造成一个混乱的局面，所以我们探索了哪些技术具有协同效应，并将它们整合到建筑结构中。这些概念在上个月正式形成，草图和模型被转化为正式的渲染图，一个针对联邦

肖恩·奎宁　50

肖恩·奎宁是HOK与范德维尔工程公司获奖项目的项目经理和首席架构师，参与了《大都会》杂志2011年“让联邦政府成为零耗能”下一代设计竞赛的净零耗能建筑改造设计。《大都会》杂志和总务管理局要求设计师为1965年洛杉矶市中心的联邦办公大楼制订净零耗能解决方案。他和HOK华盛顿办公室的可持续设计负责人阿尼卡朗德瑞诺组建了一个团队，其中包括11名HOK设计师和4名范德维尔的工程师，每个人的经验都不足十年。他于2016年回到HOK担任性能和可持续设计总监。

内所有建筑的改进过程被制定出来。

迈尔斯：设计团队咨询过生物学家或其他生命科学专家吗？如果是这样的话，您能描述一下这种相互作用吗？对HOK来说这是不同寻常的吗？

奎宁：我们咨询了生物学家托马斯·纳西夫（Thomas Nassif），以了解洛杉矶海藻的潜在产量，还咨询了工程学教授周秀莲（Soolyeon Cho），以了解海藻油和生物质（biomass）的能源生成价值。这种互动在几年前可能是不同寻常的，但现在变得常见了，而且通过外部专家来制定环境解决方案是绝对必要的。由于建筑物对能源和环境的影响已成为气候变化的一个前沿问题，更多的顾问正在参与制定自然解决方案。他们现在和未来几年的作用将是无价的。

迈尔斯：您能解释一下为什么选择藻类作为净零耗能设计的特色吗？

奎宁：在早期的设计会议上，斯科特·沃尔扎克（Scott Walzak），HOK的一位初级设计师，建议将建筑的主题设定为细胞，并展示了藻类细胞的奇妙照片。探讨了藻类净化空气和水的固有能力，并研究了利用藻类提供能源的方法。我们的研究揭示出城市环境对藻类产量的积极影响，由此产生通过生物反应器来创造“碳槽”的机会。再加上现场生产能源的能力和将其作为建筑特色整合的手段，藻类成为一个解决复杂问题的独特方案。

迈尔斯：藻类生物反应器目前是否可用于建筑技术？

奎宁：工业界已经探索在城市地区的发电厂内收集微藻，作为附近建筑物的能源。近年来，一些大学和学院已经将从藻类中提取的生物燃料作为校园范围内的能源。我们期望在设计中将这种能源整合到建筑本身的建筑结构中。

迈尔斯：您曾经提到过创建响应环境的集成体系结构的愿望，这就是您到HOK的原因吗？

奎宁：当然。HOK有一个坚定的承诺，即将可持续性和性能作为HOK的设计美学。我们所有的设计解决方案都需要解决美的问题、城市环境，以及它们对环境的影响。由于能源和环境已成为我们所有项目的主要推动力，我很高兴能积极参与评估影响力，以及整合可持续发展战略。HOK拥有一个很棒的有活力的团队，确保这些目标得以实现。

迈尔斯：您能描述一下您在HOK时参与的其他项目吗？这些项目利用了自然过程吗？

奎宁：我们为沃尔特里德军事医疗中心的悼念花园做设计，我们面临的挑战是创造一种花园体验，为病人提供一个沉思、治疗的空间，并从典型的医院环境中解脱出来。室内中庭四季采用仿生自然通风策略，将有助于该项目实现净零耗能。

杰西卡·格林

JESSICA GREEN

俄勒冈大学生物学和建筑环境中心联合主任

威廉·迈尔斯（下文简称迈尔斯）：您能谈谈您最开始是如何对这个领域的研究感兴趣的吗？

杰西卡·格林（下文简称格林）：我在俄勒冈大学生物系工作后不久，发现这里有一个世界顶尖的建筑学专业，强调可持续设计。这使得生物学和建筑学的联姻变得可实现。我可以与建筑师（查理）布朗［G. Z.（Charlie）Brown］和生物学家布伦丹·博汉南（Brendan Bohannan）这些拥有非凡头脑的人物合作。我们的实验室实际上仅相距几步之遥，这使得我们一起工作变得简单而有趣。

迈尔斯：您能简要描述一下您最近在建筑环境微生物组方面的研究成果吗？

格林：简而言之，建筑设计塑造了建筑环境中的微生物群落，而我们过滤掉了错误的微生物。建筑物是一个复杂的生态系统，里面有数以万亿计的微生物相互作用，与人类和环境相互作用。

阐明建筑环境微生物群落的形成机制，对于理解建筑设计与人类健康之间的关系至关重要。我们观察到，室内潜在致病菌的丰度高于室外，而在室内环境中，气流速度较低，相对湿度较低。这些建筑属性受到建筑设计的强烈影响，表明设计可以用来管理室内微生物群落，以增进人类健康和福祉。

迈尔斯：您的研究有没有什么即时或短期的应用？在某些建筑物中，窗户会使通风系统过时吗？如果是这样，这意味着什么样的能源节约？

格林：我们目前正在尝试，使用下一代测序技术来了解建筑物的设计和运行如何影响微生物在室内空间的种类。现在推测建筑界未来的决策还为时过早。然而，收集与循证设计相关的生物学数据并非为时过早。如果我们要继续使用能源密集型的设计方法，比如机械通风系统，我们就需要了解这些系统是如何影响室内微生物的生态和进化的，并且了解它们最终是如何影响我们的健康的。

迈尔斯：您提到了为任何建筑物设计两套蓝图的可取性：一套描述建筑结构，另一套描述微生物组。您能解释一下吗？

格林：我很迷恋绘制建筑物DNA蓝图的想法。但这只是一个类比，我用它来想象一个由数以万亿计的微生物基因组成的建筑，它们相互作用，与人类相互作用，与室内环境相互作用。事实上，一个建筑物的基因组成不能映射到一个静态的蓝图上。正如建筑物内的光线和温度随时间发生动态变化一样，微生物的分布和多样性也是如此。也许一个更好的类比是生物构建信息模型。

迈尔斯：您觉得您的作品与“人类肠道微生物组项目”（HMPI）有相似之处吗？为什么或为什么不呢？

格林：是的，我确实觉得两者有相似之处。HMPI的一个目标是了解与人类相关的微生物群落集合的原因和结果。我们想了解建立相关的微生物群落集合的原因和结果。

迈尔斯：作为BioBE中心的联合总监，您能描述一下您与建筑师的互动吗？在与他们合作或者为您的研究设定目标和选择方法时，您遇到了哪些挑战？

格林：与建筑能源研究实验室的建筑师合作是我职业生涯中非常有意义的经历之一。我认为这些互动是具有启发性和富有成效的。我们研究时面临的最大挑战是没有足够的时间去实现我们所有的想法。

迈尔斯：您对建筑学或工业设计学的老师和学生有什么

杰西卡·格林 503

杰西卡·格林是一名工程师和生态学家，专攻生物多样性理论和微生物系统。她运用微生物学、生态学和数据科学的方法来理解和模拟复杂的生态系统，包括数以万亿计的不同微生物之间的相互作用、微生物与人类之间的相互作用和微生物与环境之间的相互作用。格林是俄勒冈大学的生物学教授，在那里她与人共同领导生物与建筑环境（BioBE）中心，并且是圣菲研究所的外聘教授。她曾获得无数荣誉，是布莱斯·帕斯卡国际研究主席、约翰·西蒙·古根海姆纪念基金会研究员和TED大会高级研究员等。格林在加州大学伯克利分校获得核工程博士学位，在加州大学伯克利分校获得土木与环境工程硕士学位。

看法？

格林：我鼓励建筑设计的老师和学生把微生物多样性作为建筑的一个属性。

迈尔斯：当人们，包括设计师想到微生物时，他们通常会想到有害的病原体。您认为有有什么有效的策略来改变这种认知，并帮助人们认识到我们有多么依赖微生物？

格林：我一直在思考这个问题，并用不同的策略进行实验，以传达微生物对我们的健康的重要性的理念。一种策略是将微生物学引入不以科学为中心的场所。例如，我与史蒂夫·格林合作出版了一本名为《小小的闪亮》（*The Tiny Shiny*）的插图书，书中使用了电影《闪亮》中的图片作为讨论微生物的平台。我还与安妮塔·多伦（Anita Doron）和亚当·哈金斯（Adam Huggins）合作拍摄了一部名为《跟我谈谈德比》（*Talk Derby to Me*）的电影。它使用全接触的运动轮滑比赛来探索人类之间无形的联系，包括微生物之间的联系。

要了解BioBE中心和杰西卡·格林的最新工作，请访问绿色实验室网站：http: //pages.uoregon.edu/green/。

丹尼尔·格鲁希金

DANIEL GRUSHKIN

基因空间的执行董事和联合创始人，生物设计挑战赛的创始人兼主任

威廉·迈尔斯（下文简称迈尔斯）：您能说说您是怎么对需要自己动手的生物学感兴趣的吗？

丹尼尔·格鲁希金（下文简称格鲁希金）：我想是从2008年开始的。当时我正要去普罗维登斯参加一个设计会议，准备写一篇文章。写完报告后，我想我应该去看看iGEM——一个在波士顿麻省理工学院举办的本科生基因工程竞赛。我这辈子从没见过这样的事。在等待评委讨论结果的同时，礼堂里的数百名学生在座位上举行了一场舞会。我第一次意识到生物学看起来除了严肃之外还非常有趣。他们的想法和项目都非常引人注目。这是一个长时间的讨论。就如，谁听说过疫苗在三个月内就能设计出来？

在同一场活动中，一个名叫麦肯锡·考威尔（Mackenzie Cowell）的年轻人做了一个演讲，主题是如何在家里搭建自己的基因工程。他说的是关于DIY生物的。我记得我曾经说过，在家里，合成生物学听起来很危险。我想象着炭疽恐慌和环境释放的威胁。简单地说，我看这些大学生在做什么，我想我也想做这件事。DIY生物仍然需要充实，但这就是我的研究开始的地方。

迈尔斯：是什么促使您和您的联合创始人将你们的DIY生物会议正式搬到基因空间？

格鲁希金：我们之所以将基因空间设立为一个非营利组织，最初的原因是我们想要将我们所做的事情和无组织的留言板区分开来。当时，DIY生物是媒体负面关注的避雷针。记者们也表达了和我最初一样的担忧。与此同时，执法部门的相关条例在我们实验室存在很大的不确定性。我们想把自己和DIYbio.org上来来往往的信息区分开来，我们想建立我们自己的标准和做法，使我们无可指责。很快，我们就发现了在客厅和纽约电阻黑客空间（NYC Resistor hackerspace）工作的局限性。生物学需要时间。你不能只是把它放在一个盒子里，然后在你想要的时候拿到它。所以我们需要一个专门的空间，在那里我们可以工作几周甚至几个月。看到这个想法如火如荼地推进，真是令人惊讶。是的，有个别的生物黑客在单独工作，但是所谓的有影响力的人就是来自像我们这样有组织的社区。

迈尔斯：您如何描述您在公司的角色？

格鲁希金：在任何一个创业社区，每个人都扮演着多重角色。我最自豪的是帮助建立了这个组织，并且继续帮助其关注使命，改善它的结构，并为它的未来制定战略。我花了很多时间与安全和执法部门的人交谈，减轻他们对业余生物研究者的担忧。这意味着要经常与联邦调查局和华盛顿的政策制定者会谈。我也觉得我们正在为其他团队树立一个榜样，因此如何找出一个使社区实验室运转的结构已经成为一件优先考虑的事情。我在实验室也有自己的生物项目，所以可以说我的角色是半实验者半战略制定者。

迈尔斯：您能描述一下2011年发生在基因空间公司的多个学校间iGEM竞赛的团队合作吗？

格鲁希金：当然。不过我得提醒你，我不是这个团队的。iGEM团队是哥伦比亚大学建筑学院、库珀联盟和基因空间公司的合作项目。我们的目标是设计出能够生产量子点的大肠杆菌。量子点是纳米尺寸的晶体，其大小决定了激发时的输出。它们似乎会发出不同颜色的光，这取决于它们的大小。它们用于太阳能电池板、照明、医疗成像。该项目在iGEM区域竞赛中获得金牌，其团队应邀参加国际竞赛。

丹尼尔·格鲁希金 504

丹尼尔·格鲁希金是基因空间的执行董事兼联合创始人。基因空间是一个非营利的社区实验室，致力于促进公民科学和获得生物技术。他是生物设计挑战赛（这是一个致力于为生物技术的未来创造新愿景的大学竞赛）的创始人和主任。2013年到2014年，他是伍德罗·威尔逊国际学者中心（Woodrow Wilson International Center for Scholars）合成生物学研究员，也是约翰霍普金斯健康安全中心（Johns Hopkins Center of Health Security）生物安全领域的新兴领导者。作为一名记者，他报道了生物技术、文化和商业的交叉点，发表的文章刊登在包括《彭博商业周刊》《快公司》《科学美国人》和《大众科学》的刊物上。

迈尔斯：您能谈谈这个课程吸引的学生类型吗？

格鲁希金：第一节课让我感到很惊讶。我们本以为都是二十多岁的年轻人，结果吸引的却是职业生涯中后期的年轻人。他们包括金融界的人士，以及多年来一直关注生物技术并希望亲身实践的企业家。我们有啤酒酿造者和酿酒团体，他们想进一步了解他们正在研究的微生物。紧随其后的是一批设计师，他们将生物学视为设计的下一个潮流。合成生物学对工程师和计算机科学家有着强烈的吸引力，但他们正在寻找突破应用极限的方法。

迈尔斯：对不起，下一个问题是一个不可避免的问题：基因空间如何解决公众对生物技术实验室向非专业人士开放所带来的安全问题？

格鲁希金：我一直在等这个问题。解决安全问题主要有三种方法。第一，这个实验室虽然看起来像个大杂烩，但它达到了一级生物安全标准。这意味着它能满足你在专业实验室中可能遇到的所有要求。我们为所有新来的成员开设了一门实验室安全课程，教他们正确的实验室程序。这里的威胁并不是实验室成员的安全问题，而是对他们项目成功的威胁。一个被污染的项目是失败的项目。第二，我们对我们带入实验室的生物非常小心。我们禁止成员们从事任何远程致病性的工作。第三，所有的项目都要经过生物安全委员会的审核，该委员会就项目可能存在的风险向我们提出建议。董事会成员包括来自麻省理工学院的生物安全官员、杰出的遗传学家，甚至还有一位联邦生物安全官员。

迈尔斯：看起来基因空间可以成为一个有效的创业孵化器。有没有基于实验室的研究成立新公司？

格鲁希金：已经从基因空间涌现出了一些初创企业，包括 Opentrons，一家拥有超过40名员工的公司，由硅谷的顶级投资者投资，如投资人维诺德·科斯拉（Vinod Khosla）。

迈尔斯：您和您的联合创始人有兴趣拓展基因空间吗？您是否在寻求资助或投资者来扩大您的活动范围？

格鲁希金：是的，我们已经在寻求扩大。基因空间正在寻求发展为一个非营利组织，所以是的，我们正在寻找能够看到以大型的容易上手的方式把生物科学教育和创新带到社区的价值的机构。之前，我们派了一个团队去埃及教学生业余科学。虽然我们是一个以当地为重点的社区组织，但我看到我们的拓展和我们的模式最终会扩展到全球。

马林·萨瓦

设计师与研究者

威廉·迈尔斯（下文简称迈尔斯）：是什么让您对将微生物和生命过程结合到您的工作中产生了兴趣？

马林·萨瓦（下文简称萨瓦）：细胞层面上的新陈代谢的概念，使我们产生了把空间的外壳作为生命实体的想法，从而创造一个新的城市“新陈代谢”，将工业的“新陈代谢”与自然世界的新陈代谢联系起来。我最初的参考资料包括20世纪60年代日本建筑中的新陈代谢运动，以及瑞秋·阿姆斯特朗领导的建筑原细胞研究，其中一个人造细胞被创造出来并被按照基本行为编程。

迈尔斯：您能简要描述一下您的“藻类反应器”项目的目标吗？在某种程度上，您是否必须开始学习生物学或者与生物学家合作？

萨瓦：该项目强调了纺织品作为具有生命智慧的活界面的愿景，并将建筑环境与自然世界连接起来，以寻求智能和生态纺织品的设计和实践。从更实际的层面来说，这是一次尝试——制造藻类的生物属性，例如光合作用和生物发光——以回应我们当代的环境自觉性。通过把它安装在城市环境中，应用“藻类反应器”旨在将原本看不见的自然现象形象化，以提高我们与微生物共存的意识，并直接为我们的生态系统做出贡献。

因此，我们的目标就是把微藻的生命作为材料来编织，使它们成为设计在美学和功能上的脊柱。这使得它们脱离了自然环境，并在我的设计中融入了活跃的细胞。我试图重新利用它们固有的生命特性，例如呼吸作用（光合作用）、繁殖作用（光合作用色素），以及某些藻类的固有能力，例如趋光性和生物发光。

由于我没有生物或化学方面的经验或知识，在项目开始之前，我与一些生物学家进行了交谈。然后，当我需要这些知识的时候，我从伦敦大学学院细胞和发育生物学研究部的多田正太（Masa Tada）博士和伦敦大学学院高级生物医学成像中心的塔米·卡尔伯（Tammy Kalber）博士那里获得了基本的支持和灵感，多田正太博士研究斑马鱼胚胎，塔米·卡尔伯博士专攻代谢和实验疗法。

如果能找到藻类培育方面的专业知识就再完美不过了，但我当时没有找到。我设法利用苏格兰海洋研究所藻类和原生动物培养收藏网站上的藻类在线目录来推动这个项目，通过这个目录我与培育藻类菌株的乔安妮·菲尔德（Joanne Field）进行了交流。随着项目的推进，我熟悉了藻类培养和基础生物化学实验。然后我意识到，我在实验室里做的事情可以简单地在家里的厨房里完成，只要我的工作工具和工作台的表面经过消毒，不受真菌和细菌的污染。

迈尔斯：完成“海藻反应器”项目的最大挑战是什么？

萨瓦：大多数的挑战都集中在控制条件上。在一定程度的控制下，藻类的新陈代谢就可以在我的纺织结构中维持下去。这意味着要将必要的湿环境（介质水、光和二氧化碳）融入设计美学，同时创建一个半开放系统，允许二氧化碳/氧气进行化学交换，同时防止内外污染。

因为在这种情况下，遏制意味着固定和失去可持续的供应链，我的藻类的生物能力因为设计需要常常被抑制：与生物发光藻类一起，如新月梨甲藻（pyrocystis lunula），它停止了它们的生物照明机制。本项目所采用的一些微藻，如四列藻（Tetraselmis sp.），对环境的变化具有很强的适应能力，而新月梨甲藻则极其敏感和脆弱。最艰难的挑战是使生物发光非自然地发生，因为这种生物能力只有在

马林·萨瓦 505

马林·萨瓦是一位设计师和研究者，结合纺织品，生物学和建筑，从事多学科设计方法。她是“海藻反应器”项目的创始人，致力于研究如何在设计智能材料的同时，使其优雅、简洁、多功能，而且不会被电子产品淹没。她在伦敦建筑协会获得了文学学士学位，伦敦中央圣马丁艺术与设计学院的未来材料专业获得硕士学位，在伦敦帝国理工学院能源未来实验室的生物设计方向获得博士学位。她目前是帝国理工学院化学工程系克劳斯·赫尔加德特（Klaus Hellgardt）教授实验室的助理研究员。

严格的生物和环境条件下才能触发。因此，设计过程包括：（1）在橱柜内的反光循环下，将其夜间照明重新编程为白天；（2）设计一个流动系统，以触发其对发光的自动反应；（3）为生物发光的海藻创造一个封闭空间，以提供一个有规律的光暗循环，维持其生物特征。

迈尔斯：您对合成生物学作为一种设计工具感兴趣吗？

萨瓦：就藻类燃料而言，我对目前所谓的“混合”藻类物种的发明很感兴趣，这种藻类植物嵌入了诸如石油分泌和乙醇释放等生物过程。这种生物技术在合成生物学中可以直接防止和消除污染和浪费。另一方面，在今天的世界，我们意识到工程生物实体的创造必须发生在实验室之内，而不是在实验室之外，因为它对我们生态系统的合成生物危害未经证实。在不想泄漏的情况下，对生物逻辑进行基因编码的想法是很好的，但我认为，如果我们让新的合成生物学设计走出实验室，这将是同样有趣的，并且提高设计安全的控制和处置系统是非常必要的。这些可以在我们的物理世界作为一个自然的副产品。在这个意义上，这个设计工具实际上违背了我的兴趣——在“活的”纺织品和生物圈的其他部分之间创造一种开放的新陈代谢关系。

迈尔斯：您认为您的工作与生态设计运动有关吗？

萨瓦：我的担忧与生态设计的基本理念是一致的，这种理念旨在降低对环境的影响，并在人与生物圈之间创造积极的联系。然而，我工作的底线是为城市生活设计，将活的系统作为我设计的美学和功能的一部分，不仅仅是因为它们是生态的，也因为它们是智慧的，并融入我们的当代精神中。

迈尔斯：能描述一下您的建筑学研究是否或者如何影响了您的设计方法吗？

萨瓦：我觉得自从专攻纺织品设计以来，我的兴趣并没有真正改变。相反，我发现，纺织品及其与高科技或低端科技的紧密联系使我能够自由地实现来自建筑领域的持久兴趣。这些在于研究材料的内在属性作为寻找形式/结构的方法，如弗赖·奥托（Frei Otto）的作品，以及涉及内部和外部环境之间的时间波动的皮肤孔隙度概念。通过这些方式，我把纺织品看作是对环境有反应的材料结构，但它比我以前在建筑学研究中想象的更接近于身体和感官的尺度。

迈尔斯：您预计生物学或合成生物学的研究会被整合到设计和建筑专业的课程中吗？为什么或为什么不呢？

萨瓦：我认为很明显，学术界已经在设计与科学、设计与建筑、生物学与合成生物学之间的跨学科项目中发挥了巨大作用：例如苏珊娜·李的“生物服装”项目（第110页）就是与伦敦帝国理工学院合作开发的。斯图加特大学的博士生格尔德·德·布鲁因（Gerd de Bruin）、费迪南·路德维希和奥利弗·斯托里（Oliver Story）的“活的植物建造”项目也是跨学科合作的成果。兹比格涅夫·奥克西塔（Zbigniew Oksiuta）的“生物栖息地”、共生A实验室的“无受害者的皮革”（第140页），以及伦敦大学学院巴特利特建筑学院瑞秋·阿姆斯特朗领导的建筑原细胞研究，都是与实验室科学专家合作的产物。对于整合来说，现在根据他们的专业知识，通过设定共同的目标，如应对能源挑战或粮食危机，在不同的大学和机构之间建立跨学科的平台是完全可行的。

爱德华多·卡克

艺术家

威廉·迈尔斯（下文简称迈尔斯）：自从您的开创性作品“创世纪”和“绿色荧光蛋白兔子”在世纪之交面世以来，您认为艺术家的工具包在哪些方面得到了扩展？

爱德华多·卡克（下文简称卡克）：一个重要的因素是成本已经大幅下降。早在1999年，我花了8000多美元制造了“创世纪”基因。今天，同样的基因可以制造出几百个。一般来说，由于成本降低，获得标准工具的机会肯定增加了。除此之外，尽管我们不得不承认，新技术和新工具正在不断被发明（比如芯片上的基因组测序，以及正在进行的合成完整基因组的努力），但我们也应该指出，思想上的变化会带来新的见解。例如，尽管公众仍然有一个生命的基因中心概念，但科学本身正朝着网络模型的方向发展。换句话说，基因不再是归因于中心性；我们开始更好地掌握多种因素如何在一个活的有机体中相互作用。例如，我们可以考虑“遗传路径”的复杂性，而不是仅仅关注基因。

迈尔斯：在过去十年左右的时间里，您是否观察到公众对转基因艺术的看法发生了重大变化？

卡克：当然。一开始有一种强烈的两极分化意识，要么赞成，要么（大部分）反对。你会惊讶于那些自认为是自由主义者和进步主义者的人，攻击我使用“敌人的工具”，好像派克是因为默多克而成为魔鬼一样。随着时间的推移，正如我所预测的，在艺术家的手中，任何工具都会变成一种媒介，生物技术也不例外。现在很显然，问题不在于艺术家是否利用分子生物学进行艺术创作，而在于这个或那个作品是否具有视觉吸引力和情感吸引力。我非常高兴地看到，专业观众和普通大众都更多地关注作品本身及其文化含义，而不是技术的细节。1999年，我因为展示“创世纪”而受到攻击，从那时起，它已经在全世界40个博物馆和美术馆展出。我认为这是你提到的变化的显现。

迈尔斯：您怎么看待由非科学家组成的DIY生物学团体的兴起？这些团体进行基本的基因工程实验，比如改变大肠杆菌让其在黑暗中发光。

卡克：看到媒体变得更容易接近真是太好了。视频、计算机、生物技术都会发生这种情况。特别重要的是，当个人而不是企业利用新媒体自由地表达他们的想法、情感和观点时，一种全新的文化就会形成。

迈尔斯：您能描述一下是什么启发了您的作品“计算密码”吗？您的作品中包含了一首嵌入DNA的诗？

卡克：我的背景是文学和哲学。我在数字诗歌领域有很多作品，可以追溯到1982年，当时我创作了我的第一首数字诗歌。1983年，我创作了我的第一首全息投影诗。1985年，我用法国公共信息网终端（Minitel）系统创作了我的第一首在线动画诗。这部作品大约持续了30年，被记录在我2007年出版的文集《霍迪比斯·波塔斯》（*Hodibis Potax*）中。所以，诗歌一直是我生活和实践的重要组成部分。如上所述，在1999年，我提出了在转基因艺术作品“创世纪”中，将圣经中的段落编码到DNA，并允许本地和互联网参与者在基因中引起真正的突变（因此在圣经中也有这样的内容）。在某种意义上，“计算密码”既可以被看作与“创世纪”有关，也可以被看作我之前诗歌轨迹的一部分。在“创世纪”中，人们沉浸在工作中，并且引起已经被嵌入细菌中的基因突变，而“计算密码”对这种改变则要小得多;它是一个便携式的、游牧式的实验室。“计算密码”向观众展示一个小瓶中的惰性DNA，并要求观众通过实验程序赋予编码文本以生命。

爱德华多·卡克 506

爱德华多·卡克融合了机器人、生物学和网络技术，以探索后数字世界中主体身份的流动性。他的作品曾在世界各地展出，如纽约的“出口艺术画廊”（Exit Art）、罗纳德·费尔德曼美术学院（Ronald Feldman Fine Arts）、欧洲摄影家协会（Maison Européenne de la Photographie）、巴黎和法国南特当代艺术中心（Lieu Unique）、奥地利林茨的OK当代艺术中心，以及日本横滨三年展、韩国光州双年展和巴西圣保罗双年展（Bienal de São Paulo）。他的作品是西班牙瓦伦西亚现代美术馆艺术博物馆永久收藏的一部分。卡克获得多个奖项，包括金尼卡奖。他在全世界范围内讲学和发布作品。

迈尔斯：您能解释一下您写这首短诗《一只被标记的猫会攻击格德佳》的时候在想什么吗？

卡克：事实上，这首诗不能被简化为这几个词语的线性顺序。在其实际的物质和符号学现实、它的实例、它的表现中，它以多种状态存在，且各种状态是互补的。这首诗从来没有像一个特别选择的字体那样被体验过，但它同时作为一个基因和一个密码——一个可以从不同方向解读的密码——存在。这些因素都不是诗歌的外在因素。换句话说，这首诗是一个元素网格，各元素应该放在一起考虑。至于我的动机，我更希望这部作品能引起个别观众的共鸣，而不是提出一个具体的解释框架。

迈尔斯：艺术家和设计师对合成生物学和每年一度的iGEM 竞赛的兴趣日益增多，您对此有何看法？

卡克：我认为这是令人颇受鼓舞的。它证实了我对未来生物技术文化的设想，类似于视频和计算机发展时代的情况。然而，鉴于这些比赛的最终目标是产品开发，我必须说，DIY场景的实验性和开放性更贴近我的心。

迈尔斯：在合成生物学的工程方法中，像“生物砖”朝着标准化、模块化和抽象化的方向发展，您感觉到潜在的问题或机遇了吗？

卡克：当然，两者都有。我们不要忘记“砖”是一种隐喻，就像“密码”（如“遗传密码”）一样是一个比喻，通过与莫尔斯电码的比较而创造出来。接受“砖”的比喻可以做很多事情，也就是说，把基因成分作为独立的单元来思考和处理。然而，这一比喻和实体模型只能走这么远。最终，一个公司的限制将强迫这个建筑类比被取代，一个真正的网络模型将出现并占据主导地位。这个过程是艰难的、花费昂贵的、耗时费力的、缓慢的，而且不能确保成功。不幸的是，事实就是如此。所以对我来说最重要的因素是耐心和毅力。

迈尔斯：您能描述一下您将来想要创造的和您认为由于技术的进步可能实现的转基因艺术的类型吗？

卡克：我的目标之一是能够完全彻底地设计一种新的生命形式，构想它的每一个方面，然后合成它的基因组和其中引入这种合成基因组的基本细胞。这种完整的合成的确是遥远的未来的事，但对转基因艺术来说，生命的整体创造，自下而上，是一个令人兴奋的领域。

迈尔斯：您作为一位艺术家和科学家合作时，遇到过的普遍障碍是什么？有什么好的解决办法呢？

卡克：长久以来，我对自己想做什么都有一个非常清晰的概念，因此对我来说，清楚地表达它并不是一件难事，无论是向我的团队，还是向科学家、生产协调者或工作室助理。然后，我们将开展对话，以讨论如何用最好的办法取得成功和满足我的美学愿景。在我的作品中，我创造了新的生命，也就是经过将近40亿年的进化自然中也没有出现的生命。

奥伦·卡茨

西澳大利亚大学生物艺术卓越中心“共生A”主任

威廉·迈尔斯（下文简称迈尔斯）：“无受害者的皮革”项目在2009年纽约MoMA举办的“设计与弹性思维”展览中获得了广泛关注。人们对这个作品的反应是否让您感到惊讶？此外，您认为这个项目自展览以来如何影响设计师和艺术家？

奥伦·卡茨（下文简称卡茨）：2004年，“无受害者的皮革”项目在珀斯的约翰·科廷画廊（John Curtin Gallery）举办的“空间之间”（Space Between）展览中首次展出。这次展览讨论了纺织品和时装的未来。从那时起，它已经以不同的形态在不同的环境中展出了十多次，从科学博物馆到政治艺术、设计和生物艺术展。观众反应的改变取决于作品形态和环境。2004年的展览似乎引起了人们最热烈的反应，他们似乎对以这种方式种植皮革的想法感到非常不安。我们选择的展示作品的方式在很大程度上促使他们产生了这种感觉，因为我们是在一个非常黑暗的房间里展示这件作品，旁边播放着一段视频，显示了细胞生长（延时）及实验室与“怪物”的静态图像。有些人认为这是一种不伤害动物的创新皮革生产方式，而有些人则表现出发自内心的不可言喻的厌恶。

必须指出的是，“无受害者的皮革”是一个颇具讽刺意味的艺术项目，是在“以科技为媒介的无受害者的乌托邦”（2000—2008年）的旗帜下开发的一系列作品的一部分。项目探讨了利用组织工程技术创造试管肉和皮革，同时质疑西方技术掩盖受害者的倾向。正如我们的其他项目一样，我们把自己的角色看作挑衅者或煽动者，设立可争论的情境和对象，因此我们欢迎对作品的任何类型的反应。

2008年纽约MoMA的展览很有意思，因为这是第一次在公共场合发生“无受害者的皮革”的死亡事件。我们在其他一些项目中也展示过“杀戮仪式”，比如“半活体解忧娃娃”和“猪翼项目”，但这些都是舞台表演，观众知道我们的意图。在纽约MoMA的展览上，这件夹克的死亡似乎是一个意外，它引发了讨论，因为这是我们的一件作品第一次在设计语境而不是艺术展览语境下公开死亡。

随后进行的讨论强调了把作品作为设计对象而不是艺术项目在表述和解读上的差异，以及被认为是失败的事实——夹克的死亡——在设计解读上实际上是一个巨大的艺术成功，引发了关于责任、伦理和以人为中心使用活体材料的广泛讨论。

关于这个项目对设计师和艺术家的影响，我们从20世纪90年代中期就开始使用活体组织作为媒介，而且从那时起，我们的许多其他项目也被展出和讨论。我们开始尝试的时候，没有人用这种方式处理活体组织。但现在有相当多的艺术家和设计师正在从事这方面的工作和推测活体组织在不同目的下的用途。自2000年以来，我们培训艺术家和设计师使用不同类型的生物技术，包括通过我们在西澳大利亚大学建立的研究中心“共生A”使用活体组织。自2003年以来，我一直与来自皇家艺术学院的托尼·邓恩（Tony Dunne）保持密切联系。他在交互设计课程中把我们的作品作为生物设计项目的出发点。我也知道我们的作品经常被用在建筑上，作为生物建筑的前身。玛格丽·阿特伍德（Margaret Atwood）认为我们的工作是鼓舞人心的，她的著作《洪水之年》（*The Year of the Flood*）中有所阐述。我们的一些项目也出现在迈克尔·克莱顿（Michael Crichton）的著作《下一步》（*Next*）中。说到这里，在“设计与弹性思维”展览上展出我们的作品之后，我们注意到一些参展的设计师和建筑师已经开

奥伦·卡茨 507

奥伦·卡茨是一位艺术家、研究员和策展人，他在他1996年创立的组织培养和艺术项目中工作，是生物艺术的先驱。2000年，他与人共同创立了“共生A”，一个艺术研究中心，位于西澳大利亚大学解剖学、生理学和人类生物学学院内。在卡茨的领导下，共生A已经赢得了2007年的电子艺术大奖混合艺术的金尼卡奖与2008年的华盛顿州一流科学奖，并在2008年成为一个卓越的实验中心。2009年，卡茨被泰晤士和哈德逊出版社（Thames & Hudson）出版的《塑造创造性未来的60个创新者》（*60 Innovators Shaping our Creative Future*）称赞，获“超越设计”（Beyond Design）奖，被*Icon*杂志评为“创造未来并改变我们工作方式”的二十大设计师之一。卡茨经常与其他艺术家（主要是洛纳特·祖尔）和科学家合作，创作了一系列作品，充分说明了对不断演变的生命概念进行新的文化表达的必要性。卡茨是哈佛医学院的研究员、斯坦福大学艺术与艺术史系的访问学者，以及英国皇家艺术学院设计互动的客座教授。卡茨的想法和项目超越了艺术的范畴，他的作品经常被引用作为不同领域的灵感来源，包括新材料、纺织品、设计、建筑、伦理、小说和食物。

始使用活体组织，并使用了类似的语言。最引人注目的是来自荷兰的乔里斯·拉曼，他使用转基因仓鼠细胞创作了一个名为“半生命灯”（Halflife Lamp，第150页）的作品，还有来自美国的建筑师米歇尔·约阿希姆，他提出了一个体外肉类栖息地的概念，他称之为“无受害者庇护所”。

迈尔斯：建筑师和工业设计师有没有联系过您，希望与您合作培养物品或结构？

卡茨：我在20世纪90年代中期进行的最初研究涉及设计和生物技术，这是我获得产品设计学位的一部分原因。从那时起，出于各种原因，我决定作为一名艺术家从事研究，但与设计保持对话。当我们的作品开始变得更有名气的时候，我们也接触了建筑师。正如上面提到的，我一直与来自英国皇家艺术学院交互设计专业的托尼·邓恩保持着密切的联系，并且在那个系担任了一段时间的客座教授。我还与墨尔本皇家理工学院空间信息建筑实验室的皮亚·埃德尼-布朗（Pia Ednie-Brown）共同获得了一项名为“伦理和美学作为创新标准”的资助。像亚历山德拉·戴西·金斯伯格这样的设计师已经成为“共生A”的常驻人员。近年来，我受邀在建筑学院和设计活动中发表演讲，比如巴特雷特（Bartlett）、哥伦比亚大学建筑学院（Columbia University School of Architecture）、实验设计（Experimenta Design）、设计状态（State of Design）等机构。

迈尔斯：自2000年成立以来，“共生A”公司经历了哪些重大变化？您能谈谈这个项目吸引的学生类型吗？

卡茨：“共生A”的发展非常显著。我们是从自下而上的计划开始的，基本上是几名艺术家和几名科学家进行一个研究项目。2000年，我们得到西澳大利亚彩票委员会和西澳大利亚大学的资助，为艺术和生命科学合作建立一个专门的空间（实验室/工作室）。我们在2000年开始了一个小型的实习项目，在那之后不久，我们为本科生提供了一个艺术和生物学的学术单元。在大学的支持下，该项目得到了进一步发展，包括核心研究项目、住宅、学术课程、展览、研讨会和会议。由于我们是解剖学和人体生物学学院的一员，我们模仿了很多学术性的科学实验室模型。这使得我们的学生和研究人员能够平等地使用共享的实验室和资源。我们的想法是，我们是科学学派的一个组成部分，有一个专门的研究领域——对生命科学的艺术研究。2006年，我们开设了研究生课程，提供生物艺术硕士学位。2007年“共生A”在Ars Electronica大奖赛上获得了首届混合艺术的金尼卡奖。2008年西澳大利亚政府的文化艺术部给了我们三年的资助，将“共生A”转变为生物艺术卓越中心。

迈尔斯：在您看来，在过去的几年里，生物技术的哪些发展促使大多数艺术家的表达方式得到了扩展？

卡茨：首先我想说的是，我的兴趣在于生命，以及我们与生命概念之间不断变化的关系。我作为一个艺术家（在某种程度上也是一个批判性的设计师）的角色是从文化上审视那些我们仍然没有一种（文化）语言可以参与的内容。在过去200年里产生的有关生命的知识为文化审视提供了肥沃的土壤。然而，生物学从一门描述性学科到一个视角性学科的重大转变，正是我所感兴趣的。在过去的几十年里，我们看到了所说的生物学（或生命科学）正以越来越快的速度变得更像工程学而非科学。应用研究领域，如分子生物学、再生医学、合成生物学和神经科学，迫切需要从文化上开放，部分原因是这些领域正变得越来越标准化。非生物学家，比如工程师、艺术家、设计师和建筑师，现在有了一种新的（湿的）可能性来参与。我的一些想法是关于应用生命科学发展的一个方面——再生医学发展的一个方面。

自1996年以来，生物组织培养和艺术项目（Tissue Culture and Art Project，TC&A）通过半活体的概念探索和批判了培养产品而不是制造产品的想法。这源于20世纪90年代生物医学研究的发展，特别是组织工程和再生医学。前提是，我们可以唤起生物体的潜在再生能力，在生物体或技术科学体内外培养器官和组织。TC&A假设，同样的逻辑可以为医疗以外的用途提供半活体产品的培养。在一系列实践性的艺术实验中，TC&A从哲学、伦理学、认识论和实践的角度探讨了半活体产品的创作，包括从象征性对象到伪功利主义对象的建构和发展。例如，“猪翼项目”（2001年）也被用来批评“基因类型”（研究方面的炒作），其中TC&A为哈佛医学院的组织工程和器官制造实验室制定了CAD-CAM协议，并使用了可降解的支架和分化的干细胞。另一个系列的工程，在“以科技为媒介的无受害者的乌托邦”的旗帜下，探索了利用组织工程来创造试管肉和皮革，同时质疑西方技术掩盖受害者的倾向。这些作品可以通过提出切实和令人回味的方式，说明和批判后可持续的概念，通过这些方式，生命的再生逻辑转化为以人为中心的原材料。

迈尔斯：您对蓬勃发展的DIY生物运动和越来越多的工具可用于生物工程生命形式有什么看法？

卡茨：DIY生物运动与生物工程的发展密切相关，它标准化和简化了许多与操纵生命活体相关的任务。这个同样的工程逻辑在开放和控制之间摇摆不定——宣传生物学作为工程学的可能结果，并使其更容易为非生物学家所使用。DIY运动在使生命知识民主化方面发挥了重要作用，可以让更多的人获得知识和专门技能，并有希望提供推动当前研究和应用方向的主流议程之外的其他选择。我的观点是，如果我们允许工程师接触生物学，我们就应该允许其他人有接触生物学的同样特权，包括DIY运动。

迈尔斯：您是否期望生物学或合成生物学的研究将在未来成为设计师和建筑师课程的一部分？

卡茨：在世界各地的艺术、设计和建筑课程中，这种情况在某种程度上已经发生了。至少学校向学生介绍了使用生物材料和生物技术的前景。生物学的一部分现在变得越来越像工程学。不管怎样，生命正成为人类使用的原材料。有兴趣的艺术家、设计师和建筑师必须对生物过程和技术有深入的了解。

迈尔斯：当设计师或艺术家试图与生物学家等科学家合作时，您认为最大的挑战是什么？

卡茨：几乎所有跨学科合作的主要问题都是语言。对于不同的学科来说，相同的词语和表达方式可能意味着完全不同的含义，更不用说每个学科所使用的专业术语了。在科学和艺术/设计领域，实验也有不同的方法论和含义。

迈尔斯：您曾经写过关于“半活体”产品和结构的潜力，这些产品和结构可能会提高性能（例如从生态学的角度来看），但不是完全的活体，因为它们需要人类的维护。您能否简要描述一下您如何发展出这个定义，并评论我们是否正在接近这类项目会存在于日常生活的时代？

卡茨：“半活体”的想法来自于我对在技术支持下培养活体功能部分的探索。像长在墙上的常春藤这样“简单”的东西可以说明“半活体”背后的基本原理。维护它需要技术（用墙来支撑它，用剪刀来修剪它），常春藤不仅具有审美功能，而且还起到隔离环境的作用，它产生氧气，并去除污染物（如重金属）。

已经有一些更复杂和不那么复杂的方法被认为是半活体的“机器”或产品，从生物过滤器到大型生物反应器中生产药物的转基因细胞。培养哺乳动物肌肉细胞来生产肉类的试管肉领域是TC&A研究中极其重要的领域之一，以寻求潜在的“真实活体”产品。

迈尔斯：2011年您和洛纳特·祖尔博士在都柏林科学画廊共同策划的“内脏”展览有哪些成果？这次展览与MoMA的展览相比如何？

卡茨：这个展览是一个回顾展，展出了十五名艺术家的作品。他们都是“共生A”最初十年的研究和驻地工作人员。因此，它涵盖了许多艺术研究项目，包括从完整的身体到生态系统的活体元素（分子、细胞、组织）结合。所有的作品都是由那些在“共生A”生物实验室里花了大量时间的艺术家们构思和开发的。结果是非常正向的——向广大观众展示了这种与生命相关的艺术活动，并获得了极高的评价。

与纽约MoMA的“设计与弹性思维”展览非常不同，它被构思为一种艺术，而不是设计。对这些作品的解读是不同的，因为它主要表现了对生活的批判性艺术沉思，而不是试图提出解决方案或功能结果。我自己对这两个展览的体验也非常不同：在MoMA的展览中，我们是一个巨大的设计师和艺术家集会的一部分，作品是按照别人的日程安排和定位的；而“内脏”展览则提供了一个机会，创造了一个关于艺术参与生命的故事。

玛丽亚·艾奥洛娃

MARIA AIOLOVA

“一实验室”主任兼联合创始人

威廉·迈尔斯（下文简称迈尔斯）：您对建筑和科学的融合感兴趣的原因是什么？

玛丽亚·艾奥洛娃（下文简称艾奥洛娃）：我早期的建筑学研究是在索菲亚和维也纳的技术大学，那里的工程和科学系学生总是一起在实验室里做实验，而我们建筑系的学生则被困在我们自己的通常位于校园边缘的筒仓里。我们被鼓励成为个人主义者，拒绝曾经的事物。我发现科学的方法更具建设性——协同工作，并在早期研究结果的基础上再接再厉。我一直想在这些方法之间架起一座桥梁。在我看来，21世纪的建筑实践不仅是一个创造性的过程，也是专注于重点科学的一项努力。

迈尔斯：您能描述一下“一实验室”的想法是如何发展的，以及这个计划是如何开始的吗？

艾奥洛娃：“一实验室”是一家致力于设计与技术综合研究和教育的非营利独立组织。它最初是由一群年轻的建筑师、工程师、生物学家、生态学家、机器人专家、工业设计师、城市农学家、物理学家和媒体艺术家组成的，他们都在寻找传统教学和专业实践的替代方式。他们包括米歇尔·约阿希姆、奥利弗·梅德韦迪克（Oliver Medvedik）、艾伦·乔根森、亚历克斯·菲尔森和维托·阿肯奇。通过我们的互动，我们发现需要一个跨学科教学区，在这里学生可以自由地询问、讨论和进行实验，并采取对全球社区有积极影响的行动。

迈尔斯：“一实验室”的指导方法与其他工作室有什么不同？

艾奥洛娃：“一实验室”提供了一种新的设计调查手段，学生将积极使用生命科学的工具和技术。在夏季的几周时间里，参与者学习生物技术的基础知识，包括基因工程、组织培养和克隆;学习如何种植设计材料，包括树木、植物和蘑菇；还学习计算机和脚本建模，以控制生长。学生可以利用生物实验室，尤其是专用设备和专业技能。更重要的是，我们创造了一个特别激动人心的跨学科知识区，以促进自由互动和想法交流。

迈尔斯：这个计划吸引哪些类型的学生？产生了哪些类型的项目？

艾奥洛娃：“一实验室”的参与者来自世界各地，从设计、科学、艺术专业学生到年轻的和职业生涯中期的专业人士。他们被自由实验和打破自己学术机构或专业实践的藩篱的可能性所吸引。我们要求学生重新思考这座城市在形式和生命上的有益健康之处。我们一起开发的项目多种多样，从可移动的城市农场和由活树和菌丝体生长而成的结构墙，到用于过滤灰水和黑水以及磷光细菌漆的植物修复细胞。

一组学生创办了他们自己的非营利组织，与芝加哥市中心的居民一起工作，教他们如何建造可移动的农场和聚集阳光。另一名学生爱德华多·马约拉尔·冈萨雷斯因他的“生物发光装置”（第126页）项目获得了霍尔西姆“下一代”设计奖，而该项目源于奥利弗·梅德韦迪克的实验室。

迈尔斯：在对这个项目及其成果的描述中，您似乎更喜欢“生态设计”这个词，而不是“仿生”“从摇篮到摇篮”或者“可持续”这些在媒体上经常互换使用的流行词语。您能解释一下为什么吗？

艾奥洛娃：首先，我不认同“仿生”“从摇篮到摇篮”和“可持续发展”互换使用。“可持续发展”这个词是还原性的，它意味着最低限度。另一方面，“从摇篮到摇篮”概述了一个非常有益的策略。目前，我们缺乏合适的理论来讨论建筑回应环境的能力。我们的目

玛丽亚·艾奥洛娃 508

玛丽亚·艾奥洛娃是纽约市的一名建筑师和城市设计师，她与米歇尔·约阿希姆共同创立了“地形一号”和“星球一号”（Planetary ONE），并主持了“一实验室”和ONE Prize设计与科学奖。不久前她曾在纽约的普拉特学院和学院任教。她获得了维克多·帕帕奈克社会设计奖、Zumtobel团体可持续发展和人性奖。她在哈佛大学获得建筑与城市设计硕士学位，在温特沃斯理工学院获得建筑学学士学位，在奥地利维也纳和保加利亚索菲亚技术大学获得工程学硕士学位。

标是解开生态设计的密码，并简单地创造出与自然世界相互依存的好设计。“一实验室”正准备这么做。

迈尔斯：您认为建筑系学生在不久的将来会被要求学习生物学或合成生物学吗？如果是这样的话，您认为这种发展产生的原因是什么？

艾奥洛娃：是的，但那需要一些时间。建筑学院必须遵守国家建筑认证委员会的要求，而这些要求在改变或适应新趋势方面进展缓慢。另一方面，生物学和合成生物学的研究正在飞速发展，对于弥合设计师与自然界之间的差距至关重要。它还为当前的全球环境危机提供了大量新的可能性和创造性的解决办法。像“一实验室”这样的独立学校有能力开设包含生物技术的课程，使我们能够解决我们这个时代的重大问题，并使我们了解自我维持、有机成长和永久变化的可能性。

迈尔斯：您认为以前在大都会交易所（MEx）大楼的项目位置对学生工作坊的内容和体验有什么影响？

艾奥洛娃：“一实验室”的整个想法诞生于MEx大楼，大楼包含了极其多样化的公司和个人，但是我们都有创造力、生产力和专业性。我们受益于共同空间的鼓舞人心的能量和友情。“地形一号”是建造生物实验室的第一项建筑实践，该实验室发展成为与“基因空间”共享的教育基础设施，而“基因空间”是另一个致力于提供更广泛的生物技术的非营利组织。对于“一实验室”的学生来说，在这样的环境中进行实验活动是非常难得的。此外，我们在招聘教员方面从不需要走远，我们的许多教员都来自MEx大楼里的机构。

迈尔斯：如果纽约城市形态中只有一个元素可以立即和永久改变，那会是什么，为什么？

艾奥洛娃：纽约是一座水之城。我希望看到纽约市的水和海滨成为一个真正令人兴奋的公共空间，与能源生产、水净化和栖息地创建相结合。在此之前，我们举办了一个名为“水作为第六个城区”的竞赛，主要关注纽约及其水道，集中在休闲空间、公共交通、当地工业和城市本地环境。所以，如果我当一天的国王，我会把全部的约966千米的海滨向公众开放，创造一个柔性边缘，并实施一些获胜的设计。

艺术家简介

第一章

Triptyque是一家法国－巴西建筑事务所，由毕业于法国巴黎塞纳建筑学院的格雷格·布斯凯、卡罗莱纳·布埃诺、纪尧姆·西博和奥利维尔·拉法利创立。该事务所致力于解决新兴城市的问题，开发若干质疑和（或）改造城市空间与现代建筑的方法和工具。该事务所的作品于2008年在威尼斯建筑双年展上展出，在法国馆的“乐观主义”展览中展出，并于2010年在AFEX奖展览中展出。该事务所还被邀请参加2009年的香港/深圳双年展，作品为“生物”（Creatures）。他们的作品也出现在2010年纽约古根海姆博物馆的“沉思的虚空”（Contemplating the Void）展览中，以及2010年伦敦建筑节的“蜂拥的未来”（Swarming Futures）和V&A博物馆的“1 : 1”展览中。

www.triptyque.com
com@triptyque.com

温斯坦·瓦迪亚建筑师事务所（Weinstein Vaadia Architects）成立于1994年，是一家总部位于特拉维夫的公司，专门从事建筑、室内和景观设计。该事务所的作品包括以色列的一系列公共和私人项目。其建筑设计颂扬简约之美和自然元素，如光、空气、植被及其变化。该事务所努力做到既精确又轻松，就像大自然一样，不是通过模仿而是通过探索这两种状况之间的相互作用。作品从医院（如Tsfat的西夫医疗中心的儿童医院）和酿酒厂（如在加里尔山和戈兰高地的酒厂），到教育项目（如希里亚回收公园的环境教育中心）。该事务所由萨伊·温斯坦（Shai Weinstein）和吉尔·瓦迪亚（Gil Vaadia）领导。

www.zwwv.com
wv@zwwv.com

朱利亚诺·毛里是一位艺术家和建筑师，他使用有机和活体材料来构建被认为是“自然建筑”的诗意环境。当一些材料随着时间的推移而瓦解时，幼小的树木和活体材料就会从缝隙中嵌入，产生一个既不完全是自然，也不完全是人造的作品。毛里在许多作品中都创造了这种与自然的对话，包括“I mulini”（被他诗意地称为“想象”的风抚摸的风车），“天堂的阶梯”（Scala del Paradiso）和洛迪·特罗莫（Tromo del Lodigiano）的“岛上的森林”（Bosco sul Isola）项目；其他作品包括在德国格尔利茨和波兰兹戈尔泽莱茨（Zgorzelec）实现的“估算观察站”（Osservatori Estimativi）项目。除了他为欧洲各地的特定地点所做的作品外，毛里还参加了1976年威尼斯双年展、1992年米兰三年展和1994年佩内双年展。他于2009年去世。毛里的原作“植物大教堂”（Cattedrale Vegetale）位于特伦托（Arte Sella），还有两个遗作位于奥罗比公园（贝加莫附近）和洛迪。

http://en.cattedralevegetale.info

费迪南·路德维希是斯图加特大学现代建筑与设计研究所的助理教授，也是活体植物建筑领域的先锋建筑师。在博士研究中，他开发了多种园艺建筑技术，并分析了植物的生长规律，以推导出活体植物建筑的施工参数。2007年，他在斯图加特大学建筑理论研究所与人共同创立了建筑植物学研究小组。从那时起，他多次在斯图加特大学和世界各地组织了关于活体植物建筑的研讨会和讲座。

www.ferdinandludwig.de
baubotanik@ferdinandludwig.de

斯特凡诺·博埃里是一名建筑师，是米兰理工大学城市规划教授，并曾在哈佛大学设计学院、莫斯科的斯特雷卡研究所（Strelka Institute）和荷兰的贝拉格研究所（Berlage Institute）等大学任教。他是再生城市（Multiplicity）的创始人，这是一个致力于研究当代城市转型的国际研究网络。博埃里是一些杂志和报纸的定期撰稿人，曾是国际杂志*Domus*和*Abitare*的主编。他是一些著作的作者或合著者，包括《突变》（*Mutations*, Actar, 2000年）、*USE*（Skirà, 2002年）、《米兰：生活编年史》（*Milano: Cronache dell'abitare*）（Mondadori, 2007年）和《书写的城市》（*La città scritta*, Quodlibet, 2016年）。

www.stefanoboeri.net
studio@stefanoboeriarchitetti.net

T. R. 哈姆扎与杨（T. R. Hamzah & Yeang）是一家国际建筑公司，以设计创新的绿色建筑和总体规划而名。40多年前，该公司由负责人滕库·罗伯特·哈姆扎（Tengku Robert Hamzah）和杨经文（Ken Yeang）创立，因其对生态影响及建筑在其生命周期内的能源和材料使用的考虑而获得了赞誉。公司早期的大部分工作开创了一种被动式低能耗摩天大楼的设计，即“生物气候摩天大楼”。主要项目包括新加坡的高层国家图书馆董事会大楼、伦敦大象城堡的40层生态塔、马来西亚的24层IBM大楼、马来西亚的15层姆西纳加（Mesiniaga）大楼（IBM特许经营），以及澳大利亚的维尔里纳湾（Wirrina Cove）公寓。公司已获得20多个奖项，包括阿迦汗建筑奖（1995年）和澳大利亚皇家建筑师协会国际奖（1997年和1999年）。

www.trhamzahyeang.com
trhy@trhamzahyeang.com

Höweler+Yoon，原名“我的工作室”（My Studio），是一个在建筑、艺术和景观之间运作的多学科实践工作室。创始人埃里克·霍韦勒和尹美珍相信建筑的具体体验，将媒介视为材料，将其效果视为建筑思考的可感知元素。他们的作品在《扩展的实践》（普林斯顿建筑出版社，2009年）、《建筑师杂志》、*Domus*、*I.D.*和《纽约时报》等出版物上都有刊载。尹美珍是一名建筑师、设计师及麻省理工学院建筑系的教授。她是美国艺术家奖、罗德岛设计学院目标（RISD/Target）雅典娜奖和罗马奖奖学金的获得者。埃里克·霍韦勒是一名建筑师，也是哈佛大学设计学院建筑系的副教授。在成立Höweler+Yoon之前，他是Diller+Scofidio的高级设计师。他是《摩天大楼：垂直时代》的作者（Rizzoli/Universe Publishers, 2004）。Höweler+Yoon位于马萨诸塞州的波士顿。

www.howeleryoon.com
info@howeleryoon.com

HOK是一家全球性的建筑公司，专门为可持续发展的建筑、社区和组织提供规划和设计方案。通过其在全球23个办事处的合作网络，该公司致力于开发资源和专业知识，帮助客户引领世界，走向可持续发展的未来。HOK与范德维尔工程公司、埃莱尼·里德（Eleni Reed）及GSA合作完成了“零碳：建筑改造方案”，该方案是《大都会》杂志的霍尔西姆“下一代”竞赛的以海藻为动力的获胜作品。

www.hok.com

凯特·奥尔夫是一位建筑师、作家和教育家，专注于可持续发展、生物多样性和社区变革。她是哥伦比亚大学建筑、规划和保护研究生院城市设计项目的主任，也是SCAPE的创始人和负责人，SCAPE是一家以设计为导向的景观建筑和城市设计工作室，总部设在纽约。她被评为2012年美国艺术家研究员，*Elle*杂志的“地球修复者”（Planet Fixer），并在2010年的国际TED女性会议上分享了SCAPE的设计方法。她在世界各地演讲，主题是城市景观和为人类世的思考、合作和设计的新范式。她的作品被《纽约客》《经济学人》《纽约时报》和《纽约》杂志等出版物所引用，此外还有《大都会》《居住》《蔚蓝》《景观建筑杂志》和《哈佛设计杂志》等建筑和规划出版物。

www.scapestudio.com
office@scapestudio.com

米歇尔·约阿希姆是生态设计和城市化的领导者，也是纽约大学的建筑学副教授。他是“地形一号”和“星球一号”的共同创始人。他曾获得富布赖特奖学金以及TED、莫什·萨夫迪（Moshe Safdie）和麻省理工学院的马丁可持续发展协会的奖学金。他的项目“树屋制造”已经在MoMA展出，并广泛发表。入选《滚石》杂志“改变美国的100人”，还出现在*Dwell*杂志的“The Now 99”中。他接受了《科尔伯特报告》的采访，他的作品在2010年被《大众科学》杂志作为“环境的未来”的一个有远见的例子来介绍。约阿希姆在米特大学获得博士学位，在哈佛大学获得建筑和城市设计硕士学位，并在哥伦比亚大学获得硕士学位。

www.archinode.com
mj@terreform.org

马格努斯·拉尔森是一位瑞典建筑师、作家和翻译家，他在斯德哥尔摩和伦敦之间奔波。他曾以作家的身份为《框架》《电线》《另一个杂志》《文化闪电》和《Bon国际》等出版物撰稿，此外还为瑞典的出版物撰稿。他的建筑方案“沙丘”为他赢得了2008年霍尔西姆“下一代”设计奖，并且获得*BLDGBLOG*、《连线》杂志和*Slashdot*的认可。他在牛津大学建筑学院获得了学士学位，并于2010年在伦敦的建筑联盟学院完成了他的学习。

www.magnuslarsson.com
studio@magnuslarsson.com

大卫·本杰明是“生命体”公司的创始人兼CEO，该公司是一家位于纽约的设计公司，专注于建筑的创新生态解决方案。他也是哥伦比亚大学建筑、规划和保护研究生院的助理教授，并在新博物馆中的NEW INC负责哥伦比亚大学建筑、规划和保护研究生院孵化中心。在他的作品中，本杰明将研究与实践相结合，探索生物学、计算机和设计之间日益增多的交叉点。他的作品获得了许多设计奖项，包括建筑联盟的新兴之声奖、美国建筑师协会纽约分会的新实践奖、MoMA PS1的青年建筑师计划（YAP）奖，以及霍尔西姆奖。
www.thelivingnewyork.com
life@thelivingnewyork.com

阿尔贝托·埃斯特韦斯是一名执业建筑师、设计师、教授和摄影师，已有超过20年的工作经验。他研究建筑实践和理论，并且是加泰罗尼亚国际大学生物数字建筑项目的创始主任。他的研究兴趣包括生物仿生学和在建筑中应用合成生物学的潜力。埃斯特韦斯在国内和国际出版物（包括 *Editorial Gustavo Gili*、*El Croquis Editorial*、*Actar*、*Editorial Susaeta*、*Arquitectura Viva*、*Temple*、*Ábside* 与 *Arquitectura*）上发表了许多文章。他参加或组织了许多展览，包括巴塞罗那双年展和维也纳美术学院的展览。埃斯特韦斯在加泰罗尼亚理工大学获得建筑学学位，并在巴塞罗那大学学习艺术史，在那里他获得了2008年最终研究的特别奖。

www.albertoestevez.com
estevez@uic.es

国际知名的法国建筑师让·努维尔和他的工作室因一些项目而闻名，如巴黎的阿拉伯世界研究所、哥本哈根的康塞特博士音乐厅、2010年伦敦的蛇形画廊展馆和悉尼的中央公园。努维尔的作品不是源于对风格或意识形态的考虑，而是追求为人、地点和时间的独特组合创造一个独特的概念。2008年，努维尔获得了著名的普利兹克奖。

www.jeannouvel.com
info@jeannouvel.fr

瑞秋·阿姆斯特朗是一位受过医学训练的跨学科研究人员，专注于生态建筑的新陈代谢材料的开发。她与国际艺术家合作，如海伦·查德威克（Helen Chadwick）、奥兰（Orlan）和史帝拉（Stelarc），他们参与了极端身体改造的技术和极端环境对生物系统的影响研究。这些项目体现了环境可以通过生物技术干预直接塑造生物的方式。阿姆斯特朗也是一位作家及纽卡斯尔大学建筑、规划和景观学院的教授。

rachel.armstrong3@ncl.ac.uk

第二章

金杰·克里格·多西尔是“生物石匠”的创始人兼CEO，“生物石匠”是一家利用天然微生物和化学过程来“培养”砖块的生物技术初创公司。多西尔在奥本大学学习室内建筑，然后在克兰布鲁克完成了建筑学硕士课程。她曾在北卡罗来纳州立大学担任建筑学教学研究员，并在阿拉伯联合酋长国的沙迦美国大学担任建筑学助理教授。在过去十年中，她专注于为建筑、工程和施工部门开发新材料，并以环境为重点。她因其项目“生物砖”获得了《大都会》杂志2010年的霍尔西姆“下一代”设计奖。

www.biomason.com

亨克·琼克斯是荷兰代尔夫特理工大学土木工程和地球科学学院微实验室（Microlab）的一名研究科学家。他的研究探讨了微生物群落对自然和人造材料及生态系统的影响，重点是土木工程中由生物启发的可持续材料的开发和应用。他发表了多篇关于自我修复的“生物混凝土”的论文，这种材料在提高混凝土性能的同时降低了对生态环境的影响，赢得了广泛的认可。在2006年加入代尔夫特理工大学之前，琼克斯在德国不来梅的马克斯·普朗克海洋微生物研究所的微传感器研究小组担任研究科学家。他在荷兰的格罗宁根大学获得了硕士和博士学位，专业是微生物生态学。

www.tudelft.nl/staff/h.m.jonkers/
H.M.Jonkers@tudelft.nl

费尔南·费德里奇在智利的天主教大学和英国剑桥大学的“开放植物”（OpenPlant）工作，促进生物工程、科学和教育的开放技术的融合。费德里奇出生在阿根廷，学习了两年工程学和三年生物学。他在加州大学旧金山分校的阿尔瓦雷斯-布伊拉（Alvarez-Buylla）实验室工作了一年，然后搬到了剑桥，在吉姆·哈塞洛夫的实验室攻读生物科学博士学位。（见大卫·本杰明的介绍，第296页。）

https://federicilab.org
ffederici@bio.puc.cl

达米安·佩林是代尔夫特理工大学的玛丽·居里全球研究员。在此之前，他是新加坡南洋理工大学的一名研究工程师。他曾在都柏林的国立艺术与设计学院学习，然后与人共同创立了“内核32”（Kernel32）这家家具设计公司，并于2004年在伦敦设计节的设计师板块展出了作品。在贝尔法斯特女王大学学习了可持续发展的领导才能之后，他设计并采用了一些用于在厄瓜多尔的两个乡镇发展微型工业的适当技术，以及一些保存食物的技术解决方案。佩林的“激进手段”项目是他在英国皇家艺术学院和伦敦帝国学院的创新设计工程课程的最后一年中开发的。

www.researchgate.net/profile/Damian_Palin

马林·萨瓦是一位设计师、研究员，专门研究可以结合纺织品、生物和建筑的多学科设计方法。她对“智能”材料特别感兴趣，这些材料在本质上被设计得具有响应性，同时也是优雅、简约、多功能的，并且没有被电子产品淹没。她在伦敦的建筑协会获得了学士学位，并在东京工作了几年，从事各种时尚、网络、室内和照明设计项目，以及为隈研吾建筑事务所做了许多项目。她在伦敦中央圣马丁艺术与设计学院的未来材料研究专业以优异的成绩毕业并获得了硕士学位。2016年，她获得了中央圣马丁艺术与设计学院的生物设计博士学位，现在在伦敦帝国学院担任研究助理。

www.imperial.ac.uk/people/m.sawa

唐纳德·因格贝尔是Wyss研究所的创始主任，也是生物启发工程这一新兴领域的领导者。他负责推动多方面的努力，开发突破性的受生物启发的技术，以推动医疗保健和提升可持续性。他为细胞和组织工程、血管生成和癌症研究、系统生物学和纳米生物技术做出了重大贡献，同时帮助打破了科学、艺术和设计之间的界限。他撰写了425多篇论文，获得了150项专利，并获得了许多荣誉，包括普利兹克奖和生物医学工程协会的舒谦奖，以及体外生物学协会的终身成就奖。他在哈佛医学院和波士顿儿童医院担任血管生物学教授，并且是哈佛大学工程和应用科学学院的生物工程教授。2015年，因格贝尔的“芯片上的器官”被伦敦设计博物馆评为“年度设计”，并被纽约MoMA收购，作为永久收藏品。

http://wyss.harvard.edu
Wyss_BD@wyss.harvard.edu

CASE（建筑科学与生态中心）是一个由伦斯勒理工学院和SOM建筑事务所共同主办的多机构研究合作项目。它开发下一代建筑系统，以满足对全新可持续建筑环境的需求，通过实际建筑项目在全球范围内扩展城市建筑系统的环境性能边界。CASE位于伦斯勒校园和曼哈顿下城，通过建筑行业内多个机构、制造商和专业办事处之间独特而深入的合作，将先进的建筑和工程实践与科学研究结合起来。CASE进行的研究和系统开发旨在实施对具有国际影响的建筑实践的改变，包括三个优先领域：能源消耗、可持续资源管理、基本资源（新鲜空气、清洁水、自然日光和动植物生命）的质量。

www.case.rpi.edu

荷兰飞利浦设计公司是一家多元化的消费品和服务公司，专注于通过创新改善人们的生活。作为医疗保健、生活方式和照明领域的市场领导者，基于对客户的洞察和"创新和你"的品牌承诺，它寻求将技术和设计整合到以人为本的解决方案中。飞利浦的总部设在荷兰，但它在全球各地都设有工作室。

www.design.philips.com

斯乔德·霍根道恩是空中守护公司的创始人，该公司是世界上第一家使用猛禽拦截带来不利影响的无人机的公司。霍根道恩在安全行业工作多年，研究无人机。霍根道恩与联合创始人本·德·凯泽尔（一位经验丰富的捕食鸟类培训师）一起，于2014年创立了空中守护公司，并与荷兰国家警察局等机构合作。

www.guardfromabove.com
info@guardfromabove.com

阿莎金·尼尔森是华盛顿大学的化学助理教授，也是尼尔森研究实验室小组的主要调查员。该实验室研究用于生命科学应用的刺激反应性聚合物材料。他们目前的重点领域包括聚合物-活体细胞复合材料（也称为活体材料）和用于创建人体组织的解剖模型的聚合物。该实验室的实验性生物反应器可能被用于饮料行业，以取代批量加工。尼尔森研究小组由一个跨学科的研究团队组成，他们的成果被广泛发表。

www.blogs.uw.edu/nelsonlb
alshakim@uw.edu

生态公司（Ecovative）由伊本·拜尔和加文·麦金泰尔于2007年创立，专注于开发自然培养的替代物，以取代不可持续的合成材料。它的“蘑菇”包装材料，是利用真菌菌丝创造出的一种坚硬的、可生物降解的复合材料，现在被戴尔和Steelcase等公司使用。这家位于纽约的公司在可持续性和材料创新方面赢得了许多奖项，并获得了进一步开发其产品的拨款和合同。2017年，它从美国国防部下属的国防高级研究计划局（DARPA）获得了一份数百万美元的合同，用于开发下一代建筑材料。

www.ecovativedesign.com

苏珊娜·李是现代牧场公司的首席创意官，现代牧场公司是一家位于新泽西州的生物技术公司，开创了不用动物的生物材料培养。作为伦敦中央圣马丁艺术与设计学院的毕业生，李在2003年开始培养微生物材料，并在2012年成立了生物创意机构“生物服装”，为初创企业和全球品牌提供实验室培养材料方面的建议。2014年，她创立了“生物制造”，一个将设计、生物和技术结合起来的年度峰会。李撰写的《时尚的未来：明天的衣橱》由泰晤士和哈德逊出版社出版。她是2011年TED研究员。她也是耐克公司、美国国家航空航天局、美国国际开发署和美国国务院为2013年发射系统挑战赛选出的十大创新者之一。

@Biocouture

www.modernmeadow.com

马蒂厄·勒汉内尔于2001年在巴黎开设了他的同名设计工作室。他因“Andrea”获得了巴黎市的创作大奖，“Andrea”是一个利用植物的空气过滤系统，被现代艺术博物馆永久收藏。2009年，他在TED全球会议上介绍了他对科学的迷恋，以及科学如何影响和提升他的工作效率。他曾与各种客户合作设计项目，包括卡地亚、耐克、山本耀司、三宅一生、凯歌香槟、施耐德电气和蓬皮杜中心。2010年，他因题为“世界的年龄”（L'Âge du Monde）的系列陶瓷罐获得了贝当古-舒勒基金会颁发的“智慧之光”奖，该作品以三维形式展示了一个国家人口的年龄分布。

www.mathieulehanneur.fr

studio@mathieulehanneur.com

卡洛斯·佩拉尔塔曾广泛授课，现在是布莱顿大学的设计学高级讲师和伦敦中央圣马丁艺术与设计学院的副讲师。他出生于哥伦比亚，毕业于波哥大的哈韦里亚纳大学的工业设计专业，并在米兰的Domus学院获得了同一学科的硕士学位。2003年至2007年期间，他在格拉斯哥艺术学院担任课程负责人和产品设计系主任，他还拥有剑桥大学的博士学位，在那里他从事科学设计项目。他的专业设计经历包括为工业、设计咨询公司和设计创业工作。他开发了不同领域的项目，从照明到展览架，从家具到产品界面。

www.carlosperalta.co.uk

purplecameleon@yahoo.co.uk

位于新泽西州的现代牧场公司是一家开创性的初创公司，专门用实验室里培养的材料，如酵母菌，来取代动物来源的产品，如皮革。通过结合设计、生物和工程方面的专业知识，该公司不仅致力于生产替代品，而且在材料、能源、土地和水的使用方面实现更高的效率。为该公司工作的设计师包括首席创意官苏珊娜·李和高级材料设计师艾米·康登，她们都以生物纺织品的创新而闻名。该公司在2017年在博物馆展出了它的第一个生物制造皮革，名为Zoa，于2017年在纽约MoMA展出。

www.modernmeadow.com

Hello@ModernMeadow.com

爱德华多·马约拉尔·冈萨雷斯是一位建筑师和研究人员，在建筑背景下使用生命操纵和生物技术。他的目标是利用杂交及生物和非生物材料的杂交策略来实现可持续设计和生产。冈萨雷斯在塞维利亚ETSA大学IUCC获得可持续城市和建筑学硕士学位，在巴塞罗那UPC的IAAC获得高级建筑学硕士学位，并在纽约哥伦比亚大学建筑、规划和保护研究生院获得高级建筑设计硕士学位。他目前作为研究小组的成员正在攻读博士学位。2010年，他通过纽约哥伦比亚大学建筑、规划和保护研究生院的高级建筑研究项目进行了为期一年的独立研究。冈萨雷斯在2011年获得了霍尔西姆“下一代”设计奖，因为他提出了创造与建筑一体化、零能耗的生物发光照明的建议。

http://eduardomayoral.wordpress.com

2010年香港中文大学iGEM团队由10名本科生组成。他们来自生命科学学院，主修生物化学和食品与营养科学。由6位指导老师帮助指导。该团队努力创建一个用于加密和存储DNA数据的系统。他们的作品在麻省理工学院主办的年度比赛中获得了金奖。这是该大学第一年参加比赛。

http://2010.igem.org/Team:Hong_Kong-CUHK

朱莉·勒哥特是加拿大Amino Labs Inc.的创意总监、创始人和首席执行官。该公司是基于朱莉·勒哥特2015年在麻省理工学院媒体实验室的论文研究创立的。Amino Labs是为家庭和学校设计和分发生物工程平台的先驱，并希望通过这种做法来激励下一代的创新者和科学家。Amino Labs已经成功发起了一项众筹活动，以支持其研究和开发，迄今为止，已经向多个国家的几十个机构出售了几百套设备。

www.amino.bio

埃里克·克拉伦贝克是一位生活和工作在荷兰的设计师。他毕业于埃因霍温设计学院（DAE），此后为多个知名工作室工作，包括设计公司Droog、Marcel Wanders的Moooi、Eneco，以及荷兰政府。他还在ArtEZ任教，是其在恩斯赫德的ArTechLab的创始人，并且是LUMA Arles项目的参与者。他与工作室伙伴Maartje Dros合作，后者也是DAE的毕业生，并对空间边缘的动态和边界的谈判有兴趣。他们的工作室承担了各种工作，包括将创新技术与生物材料的新用途相结合的项目。

www.ericklarenbeek.com

info@ericklarenbeek.com

www.maartjedros.nl

info@maartjedros.nl

第三章

洛纳特·祖尔和奥伦·卡茨是生物艺术领域的主要先驱，因其组织培养和艺术项目而广为人知。他们在2000年建立“共生A”的过程中发挥了核心作用，他们广泛发表文章，并定期被邀请作主题演讲、策划展览和举办国际展览。卡茨是西澳大利亚大学解剖学和人类生物学学院的生物艺术卓越中心“共生A”的主任。祖尔在西澳大利亚大学建筑、景观和视觉艺术学院获得博士学位，是一位获奖的艺术家研究员，同时也是“共生A”的学术协调人。

http://tcaproject.org/

戴安娜·谢勒是一位探索人类与自然环境之间关系的艺术家，特别是对了解和控制自然环境的冲动有研究。谢勒毕业于格里特·里特维尔德学院（Gerrit Rietveld Academy）的美术和摄影专业，自2003年以来一直居住在荷兰。她最近的作品专注于地下世界及它的动态，例如可以被诱导形成有趣和独特图案的根系。她对植物的直觉知识来自于多年来与植物的合作，以及与奈梅亨的拉德堡大学的科学家的合作。她的作品已经在诸如鹿特丹的新学院、伦敦的V&A博物馆以及巴塞罗那的设计博物馆等场所广泛展出。

www.dianascherer.nl

diana@dianascherer.nl

詹姆斯·奥格和吉米·洛伊索从2000年10月开始合作设计项目，并构思了他们获奖的“音频牙齿植入物”。他们开发思辨性和批判性的产品和服务，以便对今天和不久的将来存在于一个富含技术的环境中的意义进行更广泛的分析。他们的作品出现在各种出版物上，从《连线》杂志到《太阳报》，以及从奥地利到中国的公共场所。他们的“肉食型家用娱乐机器人”在国际展览和BBC的《华莱士和格罗米特的发明世界》中出现，并被提名为2010年跨媒介奖（Transmediale Award）。奥格曾在葡萄牙的马德拉互动技术学院（M-iti）和英国皇家艺术学院任教。

www.auger-loizeau.com

info@auger-loizeau.com

乔里斯·拉曼是一位实验设计师，也是乔里斯·拉曼实验室的联合创始人，该实验室旨在创造出为技术进步增加文化意义的物品和装置，并展示事物运作之美。他最初因其功能性洛可可式散热器“热浪”（Heatwave）而声名鹊起，该散热器最初被概念设计公司Droog选中，现在由Jaga生产。他为*Domus*杂志撰写文章并参与组织研讨会，也在一些机构担任客座讲师，包括伦敦的建筑协会、阿姆斯特丹的里特维尔德学院和埃因霍温设计学院。

www.jorislaarman.com

info@jorislaarman.com

杰尔特·范·阿贝马是一位设计师、艺术家，他感兴趣的领域是通过活的媒介来探索现实。作为一个年轻的“园丁”，他了解大自然的美丽和特殊性，这些品质为他作品的产生提供了依据。阿贝马在埃因霍温设计学院学习人与交流课程（Man & Communication Program），于2006年以优异成绩毕业。他的作品曾获得雷内·斯梅茨（René Smeets）和姆尔克维格（Melkweg）设计奖提名，并获得威利·沃特尔（Willie Wortel）发明奖。2007年，他成立了范·阿贝马实验室（Lab Van Abbema），研究如何将设计、科学和技术结合起来，塑造一个反映我们世界当代性质的新景观。他一直在寻找使陌生的事物变得熟悉的方法，这促成了众多合作，他的作品已经在国际上展出和发表。

www.vanabbema.net

jelte@vanabbema.net

罗威·罗奇（Lowe Roche）是一家位于安大略省多伦多市的创意营销和广告设计机构。它的作品包括在地铁、街车和公共汽车上看到的传统的广告、标志、企业形象和非正统的促销活动。该机构由杰弗里·罗奇（Geoffrey Roche）于1991年创立，获得了数百个重要奖项，包括加拿大的十年机构和《营销》（*Marketing*）杂志的2007年度机构奖。客户包括奥迪、普瑞纳、强生、联合利华、美乐公司和多伦多动物园。2015年，这所机构停止运营。

MADLAB是一家屡获殊荣并在国际上发表作品的建筑公司，以其研究和创新设计服务而闻名。它由佩蒂亚·莫罗佐夫和何塞·阿尔卡拉（Jose Alcala）于2003年成立，致力于环境敏感性、智能创意和客户服务。MADLAB的学科核心包括建筑、工业设计和城市设计，其专业和研究影响来自景观、生态学、艺术、认知科学、工程和城市理论等领域。莫罗佐夫是一位建筑师、教育家和作家，他的作品被刊登在各种出版物上，包括《建筑设计》《耶鲁大学建设》《建筑教育杂志》《行为艺术》等。阿尔卡拉是新泽西理工学院工业设计学院的建筑师和项目负责人，他在那里与人共同创建了一个致力于研究再生技术的实验室。

www.madlabllc.com

info@madlabllc.com

约翰·贝克尔探索建筑的多种表现方式，同时在应用理论、形式和建筑到设计时质疑它们的局限性。杰夫·马诺是一位多产的作家，也是BLDGBLOG的代言人，BLDGBLOG是对建筑和不断发展的景观概念进行推测、猜想和分析的来源。他最近发布了畅销书《小偷的城市指南》，由法勒、施特劳斯和吉鲁出版社（Farrar, Straus and Giroux）在2016年出版。马诺在世界各地发表演讲，并担任纽约市Studio-X的主任，Studio-X是一个城市智囊团和哥伦比亚大学建筑、规划和保护研究生院的活动空间。贝克尔和马诺开发了"混凝土蜂蜜"，这是一个始于2014年的思辨性项目，研究使用基因改变的蜜蜂打印建筑的可能性。

www.becker-arch.com

www.bldgblog.com

"三巨头"是由伊娃·鲁奇、康尼·弗雷耶和塞巴斯蒂安·诺埃尔成立的伦敦设计团体。其实验性雕塑项目采用了雕塑、建筑和当代装置的交叉学科方法。该公司的作品探索科学思想、观察和人类经验在理性和理性化世界中的融合，旨在描述逻辑和理性如何在形而上学和超现实的存在中生存。"三巨头"的作品被耶路撒冷的以色列博物馆、MoMA、芝加哥艺术学院和伦敦的V&A博物馆永久收藏。2010年，"三巨头"应邀为上海世博会英国馆创作了三件艺术装置。2014年，该团体在巴塞尔艺术博览会（Art Basel）的无限（Unlimited）展览中展出了他们的作品"暗物质"。

www.troika.uk.com

studio@troika.uk.com

在伦敦常驻的图尔·范·巴伦和雷维塔尔·科恩作为艺术家二人组，致力于研究材料和生产的广泛意义。他们通过物品、装置、电影和摄影，探索作为文化、道德和政治实践的制造过程。他们在英国和国际上都举办过展览，他们的作品被一些著名的博物馆收藏，包括MoMA和伦敦的科学博物馆。他们还定期举办讲座，他们的努力得到了一些奖项的认可，获得了VIDA艺术和人工生命国际奖（14.0）的一等奖。两人都于2008年毕业于英国皇家艺术学院。

www.cohenvanbalen.com

studio@cohenvanbalen.com

亚历山德拉·戴西·金斯伯格是一位艺术家、设计师和作家，她利用设计的媒介来审视新兴技术、科学和设计本身的功能。她与世界上领先的科学家、工程师、艺术家、设计师、社会科学家、博物馆和工业界合作。她是《合成美学：探究合成生物学对自然的设计》（*Synthetic Aesthetics: Investigating Synthetic Biology's Designs on Nature*，麻省理工大学出版社，2014年）的主要作者。她于2017年在英国皇家艺术学院获得了博士学位。作为斯坦福大学和爱丁堡大学的项目（合成美学项目）的设计研究员，她策划了这个国际项目，探索合成生物学、艺术和设计之间共同的和不断变化的领域。金斯伯格曾在剑桥大学、哈佛大学和英国皇家艺术学院学习建筑和设计，并在国际上展览、演讲和发表作品。她的作品曾在MoMA、东京现代艺术博物馆和伦敦设计博物馆等著名机构展出。

www.daisyginsberg.com

hello@daisyginsberg.com

设计师艾米·康登探索科学和设计之间的交叉点。通过她的思辨性设计工作，她研究了结合生物技术等新技术进行创作的内涵，并进一步讨论了使用活体材料来创造未来产品的潜在影响。她曾为尼桑和微软等公司做项目，她的作品曾在伦敦V&A博物馆等场所展出。在诺里奇艺术大学获得了当代纺织实践的学士学位后，她参加了伦敦中央圣马丁艺术与设计学院开创性的未来材料硕士课程。康登继续完成了在澳大利亚艺术实验室"共生A"的实习，在奥伦·卡茨和洛纳特·祖尔的监督下，用数字"刺绣"来制作支撑结构，在上面"播种"皮肤细胞。作为她"生物工作室"作品的延续，该项目进一步探索了定制生物纺织品的创作，考虑所有权、商品化及使用活体材料进行设计的伦理意义。她现在是现代牧场公司的高级设计师。

www.amycongdon.com

娜赛·奥黛丽·切扎出生于津巴布韦，是一名设计师、材料学家和趋势研究人员。她在爱丁堡大学完成了她的建筑教育，现在定居在伦敦，在那里她参加了中央圣马丁艺术与设计学院的未来材料硕士课程。她的"设计虚构：合成物时代的后人类"是一组手工制作的表皮和物体，旨在引发关于生命科学产业和生命占有的辩论和讨论。这些由研究驱动的未来情景对目前合成生物学和干细胞研究的潜在文化和环境影响的理解提出了关键问题。

www.natsaiaudrey.co.uk

studio@natsaiaudrey.co.uk

"下一个自然网络"（NNN）由艺术家和哲学家科尔特·范·门斯沃特（Koert van Mensvoort）创立，总部设在阿姆斯特丹。NNN探索技术的可能性，主张技术和自然将在未来融合，甚至技术将成为我们的下一个自然。这个网络邀请任何人加入讨论，并组织思辨性和游戏性项目，成果产出有展览、活动和产品。

www.nextnature.net

office@nextnature.net

萨沙·波夫莱普是一位设计师和艺术家，他对过去和未来的技术，以及技术在塑造我们与自然系统、人类文化和我们自己的关系方面的作用感兴趣。他经常与其他艺术家和研究人员合作，其作品曾在芝加哥艺术学院、纽约MoMA、林茨的电子艺术节和伦敦的V&A博物馆等场所展出。他的驻地项目包括2010年在帕萨迪纳的艺术中心设计学院的合成美学项目，该项目是一个由NSF/EPSRC资助的研究项目，专注于合成生物学；2014年在纽约Eyebeam获得荣誉驻地艺术家称号；在鹿特丹获得新学院的奖学金。他拥有英国皇家艺术学院的交互设计硕士学位，以及柏林艺术大学的学位。

www.pohflepp.net

sascha@pohflepp.com

阿吉·海恩斯是一位专注于人体的设计师。她用作品推测可能的未来，在那里身体的内部和外部成为一个可塑的领域，可以为各种需求定制或增强功能。海恩斯在英国皇家艺术学院完成了交互设计硕士课程，现在正在普利茅斯大学的跨科技研究项目进行博士研究，与专注于研究创造力和认知的艺术家和科学家一起工作。2015年，海恩斯赢得了荷兰的生物艺术与设计奖，实现了一个结合神经科学和无人机行为的项目。为支撑她的各种工作，海恩斯有作为雕塑家、艺术家及电影制片人的工作室助理经验。

www.agihaines.com

迈克·汤普森的作品探索了新旧技术，并且通过探究在功能和行为之间产生的新关系来质疑常见的行为准则。他的作品触及可持续发展、生物技术和心理学等问题。2009年他从埃因霍温设计学院毕业后，成立了自己的同名工作室，并与苏珊娜·卡马拉·莱雷特（Susana Cámara Leret）一起经营"思想碰撞机"，一个位于伦敦的艺术、设计和研究机构，探索新陈代谢过程、身体和空间。汤普森同时是位于阿姆斯特丹的WNDRLUST集体及数据与伦理工作组的共同创始人，该工作组是一个合作研究团队，通过艺术探索了公众与数据访问、交换和检索系统的互动，并围绕数据所有权问题展开研究。

www.thoughtcollider.nl

info@thoughtcollider.nl

利夫·巴格曼是一名插画与设计师，对围绕科学和神话的叙述感兴趣。她目前正在伦敦中央圣马丁艺术与设计学院攻读艺术与科学硕士学位，探索科学与视觉交流之间的重叠。作为中央圣马丁艺术与设计学院的同学，尼娜·卡特勒正在攻读未来材料的硕士学位，并有纺织品和时装方面的经验。巴格曼和卡特勒一起合作"Quantworm Mine"项目，研究蚯蚓对已污染土壤进行生物修复的力量。2017年，他们用自己的作品代表学院，在纽约赢得了国际生物设计挑战赛。

www.quantworm.org

info@livbargman.co.uk

nina.yuko.cutler@gmail.com

第四章

爱德华多·卡克融合了机器人、生物学和网络技术，以探索后数字世界中主体地位的流动性。他的作品曾在世界各地展出，如纽约的"出口艺术画廊"、罗纳德·费尔德曼美术学院、欧洲摄影家协会、巴黎和法国南特当代艺术中心、奥地利林茨的OK当代艺术中心，以及日本横滨三年展、韩国光州双年展和巴西圣保罗双年展。他的作品是西班牙瓦伦西亚现代美术馆艺术博物馆永久收藏的一部分。卡克获得过多个奖项，包括金尼卡奖。他在世界各地讲学和发表作品。

www.ekac.org

保拉·海斯是一位驻纽约的艺术家，她的作品经常融入活体材料，从景观的构成到"活的项链"的创造。她的作品个展包括"夏日花园"（Summer Garden，2017年），高古轩贝弗利山庄的一个屋顶项目；以及"独木舟"（Canoes，2016年），这是纽约西格拉姆大厦的一个永久性种植委托项目。她的作品还在纽约MoMA和玛丽安·博斯基（Marianne Boesky）画廊等场所展出。她曾在国际上发表演讲，她的作品被各种出版物所报道，包括《纽约时报》、《洛杉矶时报》、*Dwell*和《建筑记录》。海斯曾就读于斯基德莫尔学院，并在帕森斯设计学院获得了雕塑硕士学位。

www.paulahayes.com

info@paulahayes.com

努里特·巴-沙伊是一位在艺术、科学和技术的交叉领域工作的艺术家。她通过创造性的合作与探究进行实验，并创造了视频和现场遥感装置。她在耶路撒冷的贝萨勒美术和设计学院获得学士学位，并在纽约大学提斯艺术学院的互动电信项目获得硕士学位。她的作品曾在布鲁克林博物馆、林茨的OK当代艺术中心、东京的国家艺术中心和圣保罗的SESI画廊等场所展出。她获得了2007年林茨电子艺术界大奖的荣誉提名、第11届日本媒体艺术节评委奖、实验电视中心整理基金奖（由纽约州艺术委员会资助），以及ARTIS（当代以色列艺术基金资助）奖项。她是纽约布鲁克林的社区生物实验室基因空间的联合创始人。

www.nuritbarshai.com
n@nuritbarshai.com

托马斯·利伯蒂尼的艺术将自然的力量与人类的人工制品结合起来。他在2006年获得了埃因霍温设计学院的硕士学位后，在鹿特丹成立了工作室。他的作品已被MoMA、博伊曼斯·凡·布宁根博物馆和辛辛那提艺术博物馆收购。他在斯洛伐克的技术大学学习工业设计，在西雅图的华盛顿大学学习绘画和雕塑，并在布拉迪斯拉发的美术和设计学院学习概念设计。

www.tomaslibertiny.com
info@studiolibertiny.com

德国出生的设计师、研究员茱莉亚·罗曼探讨了支撑我们与动植物关系的伦理和物质价值体系。她是汉堡美术大学（HFBK）的设计教授，同时指导着她自己在伦敦的设计事务所。罗曼的作品已被广泛展出，并成为全球主要公共和私人收藏的一部分，包括纽约MoMA。她获得了许多著名机构的奖励、奖学金和支持，包括埃斯米·费尔巴恩基金会、英国文化委员会和惠康基金会。罗曼获得了萨里艺术与设计学院、大学学院（现在的创意艺术大学）的平面设计学士学位，以及英国皇家艺术学院的产品设计硕士学位。她还获得了AHRC资助的英国皇家艺术学院和伦敦V&A博物馆的联合博士奖学金。

www.julialohmann.co.uk
julia@julialohmann.co.uk

艾莉森·库德拉是一位实验艺术家，在华盛顿州西雅图的系统生物学研究所工作。她在科学、艺术、技术和设计的交叉领域寻找灵感，并将她的实践目标放在通过这些交叉创造新的体验上。在此之前，她是印度班加罗尔的Srishti艺术、设计和技术学校的驻校艺术家。她拥有芝加哥艺术学院的学士学位和华盛顿大学数字艺术和实验媒体中心（DXArts）的博士学位。她的作品“增长模式”在名为“改变自然：我们行”的Z33展览中展出；作品“当过程成为范式”在希洪的阿波罗工业艺术中心展览；作品“生物设计”在鹿特丹的新学院展览。

www.allisonx.com

史蒂夫·派克在伦敦大学学院巴特利特建筑学院学习之前，曾做过多年的设计师。他在2003年获得了硕士学位，随后创立了arColony，一个实验性建筑的论坛。他的作品已经被收录到一些出版物和各种国际展览中。他目前主要致力于伦敦的建筑实践和研究的推进。

www.arcolony.com
steve@arcolony.com

利亚姆·杨是一位出生于澳大利亚的建筑师和电影制片人。他是位于伦敦的未来智囊团“今天的想法”（TTT）的创始人，该团体的工作是探索奇妙的、反常的和想象中的城市化的后果。他与TTT一起为包括英国奥雅纳工程顾问公司（Arup）、飞利浦技术和各种艺术和科学组织在内的公司提供咨询，并举办关于思辨、新兴技术和未来预测的研讨会。他的项目将虚构不远的近未来情景作为关键工具，以激发关于新兴环境和技术未来的社会、建筑和政治后果的辩论。杨同时开设了“未知领域部门”（Unknown Fields Division）工作室，这是一个游牧式研究工作室，工作室每年对地球的尽头进行考察，他也是洛杉矶的南加州建筑学院（SCi-Arc）的虚构和娱乐项目的负责人。

www.tomorrowsthoughtstoday.com
l.young@tomorrowsthoughtstoday.com

苏珊娜·苏亚雷斯运用设计来探索技术对公众参与的影响，在设计和新兴科学研究之间建立合作框架。她是伦敦南岸大学的高级讲师，并在皇家艺术学院的“影响力！”项目和伦敦大学金斯密斯学院的“材料信仰”项目担任研究员。她举办国际讲座，并在加州理工学院的网络研讨会、京都国立现代艺术博物馆的创意参与/生存方式研讨会以及由帕森斯和MoMA组织的Headspace-On气味设计会议上展示她的作品。她的作品在设计和科学出版物中被介绍，并在MoMA、都柏林科学画廊、伦敦南岸中心和皇家机构展出。苏亚雷斯在葡萄牙的高级艺术与设计学院获得了产品设计学士学位，并在英国皇家艺术学院获得了交互设计的硕士学位。她的作品被MoMA永久收藏。她的研究重点是对技术上重新设计的生命系统的理解如何能够为设计实践产生新的框架。

www.susanasoares.com
susana@susanasoares.com

艾丽西娅·金是一位澳大利亚跨学科艺术家，探索文化与技术的关系。近年来，她的作品回应了当代全球对技术的参与，这种参与将我们永远置于“未来”的边缘——这是她在探索生物物质在人类和更广泛环境中的变革潜力时所关注的一个想法。金的作品已经在澳大利亚和其他国家展出，并获得了澳大利亚艺术委员会和塔斯马尼亚艺术协会等组织的许多资助和奖励。她还进行了一系列的驻地艺术家活动，包括中国重庆欧豪斯驻地项目（2016年）、国际艺术之城（Cité internationale des Arts）项目（巴黎，2010年）和“共生A”项目（珀斯，2006年和2008年）。

http://aliciaking.net
alicia@aliciaking.net

安迪·格雷西通过他的作品探讨了过程、科学方法论和实验的本质。长期以来，他的工作重点是生物体和生态系统中包含的信息系统，以及如何通过技术来访问和处理这些系统。格雷西的项目通常是以装置的方式实现的，采用机器人、定制的电子设备、声音和视频，以及生物过程。他的作品曾出现在2015年卡尔斯鲁厄ZKM艺术与媒体中心的“外星进化”展览和2016年特隆赫姆双年展上。

www.hostprods.net
info@hostprods.net

在科学和艺术的边界工作，安妮·布罗迪探索和质疑是什么构成“有效数据”涉及的决策过程。在获得生物学学位后，她于 2003 年在英国皇家艺术学院获得了硕士学位。通过实验性地使用玻璃、电影和摄影，她在 2005 年以一部短片《罗克尔早餐》（*Roker Breakfast*）赢得了国际蓝宝石设计和创新奖。第二年，她被授予英国南极调查局 / 艺术委员会艺术家和作家奖学金，前往南极洲，在与世隔绝的科学基地生活和工作了近三个月。2017 年，她与艺术家、陶艺家卢·吉尔伯特·斯科特（Lou Gilbert Scott）在北极完成了一个合作项目“边界”（Borders），该项目由艺术委员会艺术家国际发展奖资助。她的作品已在英国和国际上展出，展出地点包括伦敦的 V&A 博物馆、大英帝国皇家机构、伦敦的老手术室博物馆和巴黎的欧洲摄影之家。

www.annebrodie.co.uk

图片来源

前言

1 Fab Tree Hab. Mitchell Joachim, Terreform + Planetary ONE; **2** BioConcrete. Image courtesy Henk Jonkers; **3** Process Zero: Retrofit Resolution. Images courtesy HOK / Vanderweil; **4** Tassel House. Image courtesy Henry Townsend; **5** SymbioticA. Image courtesy The Tissue Culture and Art Project; **6** Human Microbiome Project. Image courtesy Darryl Leja; **7** Ernst Haeckel. Image from Kunstformen der Natur; **8** BioBE Center. Image courtesy the Biology and the Built Environment Center; **9** Pantheon. iStockphoto: © Tobias Machhaus; **10** Port Said Lighthouse. Shutterstock: © Antonio Abrignani; **11–13** BioConcrete. Images courtesy Leon van Paassen; **14–16** BioConcrete: Images courtesy Henk Jonkers; **17** Dune. Image courtesy Magnus Larsson; **18** Symbiosis. Image courtesy Jelte van Abbema; **19** E.chromi. Image courtesy Alexandra Daisy Ginsberg; **20** Synthetic Kingdom. Image courtesy Alexandra Daisy Ginsberg.

第一章

21 Baubotanik Tower. Image courtesy the designers; **22** Harmonia 57. Image courtesy Nelson Kon; **23** Harmonia 57. Nelson Kon; **24** Harmonia 57. Image courtesy Greg Bousquet; **25** Harmonia 57. Image courtesy Leonardo Finotti; **26** Harmonia 57. Image courtesy Nelson Kon; **27–31** Gutman Visitor Center. All images courtesy Amir Balaban; **32–35** Root Bridges of Meghalaya. All images courtesy Lambert Shadap; **36–38** Cattedrale Vegetale. Photo by Aldo Fedele © Arte Sella; **39–41** Cattedrale Vegetale. Photo by Giacomo Bianchi © Arte Sella; **42** Baubotanik Tower. Image courtesy the designers; **43–48** Lake Constance Footbridge. All images courtesy the designers; **49** Bio Milano. Image courtesy Boeri Studio (Stefano Boeri, Giandrea Barreca, Giovanni La Varra); **50** Bio Milano. Stefano Boeri Architetti; **51** Bio Milano. Image courtesy Boeri Studio (Stefano Boeri, Giandrea Barreca, Giovanni La Varra); **52–54** Bio Milano. Stefano Boeri Architetti; **55–61** EDITT Tower. All images Fedele © T. R. Hamzah & Yeang Sdn. Bhd.; **62–65** Filene's Eco Pods. All images courtesy Höweler + Yoon Architecture and Squared Design Lab; **66–71** Process Zero: Retrofit Resolution. All images courtesy HOK/ Vanderweil; **72–76** Oyster-tecture. All images courtesy SCAPE/LANDSCAPE ARCHITECTURE PLLC; **77–81** Fab Tree Hab. All images courtesy Mitchell Joachim, Terreform + Planetary ONE; **82–90** Dune. All images courtesy Magnus Larsson; **91** Hy-Fi. Photo by Amy Barkow; **92–93** Hy-Fi. Image courtesy The Living; **94–95** Hy-Fi. Photo by Amy Barkow; **96–99** Genetic Barcelona Project. All images courtesy Alberto T. Estévez; **100–6** One Central Park. Design architect: Ateliers Jean Nouvel / Collaborating architect: PTW Architects. Photographs by Roland Halbe; **107** Future Venice. Image courtesy GMJ; **108** Future Venice. Image courtesy Christian Kerrigan (studio@ christiankerrigan.com); **109** Future Venice. Image courtesy Christian Kerrigan, Architect, Astudio; **110** Future Venice. Image courtesy Rachel Armstrong.

第二章

111 Microbial Home. Image courtesy Philips Design; **112–15** BioBrick. Image courtesy Ginger Krieg Dosier; **116** BioBrick. Picture by Altaf Qadri © AP/Press Association Images; **117–19** BioBrick. Image courtesy Melina Miralles, Petroleum Institute, Abu Dhabi; **120–29** BioConcrete. All images courtesy Henk Jonkers; **130–33** Bio-processing. All images courtesy David Benjamin and Fernan Federici; **134–38** A Radical Means. All images courtesy Damian Palin; **139–43** Algaerium. All images courtesy Marin Sawa; **144–45** Algaerium. Photography by Sue Barr; **146–47** Algaerium. All images courtesy Marin Sawa; **148–50** Lung-on-a-Chip. All images courtesy the Wyss Institute for Biologically Inspired Engineering at Harvard University; **151–54** Active Modular Phytoremediation System. All images courtesy CASE, the Center for Architecture Science and Technology at RPI; **155–66** Microbial Home. All images courtesy Philips Design; **167–68** Guard From Above. Images courtesy Guard From Above; **169** Guard From Above. Image courtesy Guard From Above and Maarten van der Voorde; **170** Cell-laden Hydrogels for Biocatalysis. Image courtesy of the Nelson Research Laboratory; **171** Cell-laden Hydrogels for Biocatalysis. Image by incamerastock / Alamy Stock Photo; **172–73** Cell-laden Hydrogels for Biocatalysis. Images courtesy of the Nelson Research Laboratory; **174–78** EcoCradle. All images courtesy Ecovative; **179–81** BioCouture. © BioCouture 2011; **182–85** Local River. Image courtesy Mathieu Lehanneur; **186** Moss Table. Picture by Toby Summerskill; **187–92** Moss Table. Image courtesy Carlos Peralta and Alex Driver; **193** Moss Table. Picture by Liliana Rodriguez; **194** Moss Table. Image courtesy Carlos Peralta and Alex Driver; **195–97** Zoa. Images copyright Adam Fithers; **198** Zoa. Image copyright Sara Kinney; **199–200** Zoa. Image copyright Adam Fithers; **201–3** Zoa. Image copyright Modern Meadow; **204** Zoa. Image copyright Adam Fithers; **205–10** Bioluminescent Devices. All images courtesy Eduardo Mayoral González; **211–15** Bioencryption. All images courtesy the Chinese University of Hong Kong 2010 iGEM Team: http://2010.igem.org/ Team:Hong_Kong-CUHK; **216–18** Amino Labs. Images courtesy Blake Rolland; **219–21** Amino Labs. Images courtesy Amino Labs Inc.; **222** Amino Labs. Image courtesy biofabricate; **223** Amino Labs. Images courtesy Amino Labs Inc.; **224–28** Algae Lab and Mycelium Project. Images courtesy Luma Foundation. Photographer: Antoine Raab; **229–31** Algae Lab and Mycelium Project. Images courtesy Studio Klarenbeek and Dros; **232** Algae Lab and Mycelium Project. Photographer: Benjamin Orgis.

第三章

233 Symbiosis. Image courtesy Jelte van Abbema; **234** Victimless Leather. Image courtesy of the Tissue Culture and Art Project; **235** Victimless Leather. Original perfusion system. Image developed by professor Arunasalam Dharmarajan, School of Anatomy & Human Biology, University of Western Australia; **236–37** Victimless Leather. Image courtesy of the Tissue Culture and Art Project; **238** Victimless Leather. Image courtesy of the Tissue Culture and Art Project; **239–45** Interwoven and Harvest. All images courtesy the artist; **246–47** Carnivorous Domestic Entertainment Robots. Image courtesy Marcus Gaab Studio; **248–58** Carnivorous Domestic Entertainment Robots. All images courtesy James Auger and Jimmy Loizeau; **259** Carnivorous Domestic Entertainment Robots. Image courtesy Marcus Gaab Studio; **260** Carnivorous Domestic Entertainment Robots. Image courtesy James Auger and Jimmy Loizeau; **261–63** Halflife Lamp. All images courtesy Joris Laarman; **264–74** Symbiosis. All images courtesy Jelte van Abbema; **275–83** *Contagion* Advertisement. All images courtesy Glen D'Souza, Lowe Roche; **284–85** Bacterioptica. MADLAB, LLC; **286–89** Concrete Honey. All images courtesy John Becker and Geoff Manaugh; **290** Green Map. Photo by Katarina Stuebe, 2010; **291–93** Green Map. Photo © Troika 2010; **294–96** Green Map. Photo by Katarina Stuebe, 2010; **297** Pigeon d'Or. Image courtesy Tuur Van Balen; **298–99** Pigeon d'Or. Image courtesy Pieter Baert; **300–4** Life Support. All images courtesy Revital Cohen; **305** E.chromi. Image courtesy Alexandra Daisy Ginsberg; **306** E.chromi. Image courtesy Alexandra Daisy Ginsberg and James King; **307–13** The Synthetic Kingdom. All images courtesy Alexandra Daisy Ginsberg; **314–17** Biological Atelier. Photography by www.2shooters.com; **318–28** Design Fictions. All images courtesy Natsai-Audrey Chieza; **329** Plant Fiction. Photo © Troika 2010; **330–35** Bistro In Vitro. All images courtesy Next Nature Network; **336–41** Prospect Resort. All images courtesy Sascha Pohflepp; **342–45** Growth Assembly. All images courtesy Sascha Pohflepp and Alexandra Daisy Ginsberg. Illustrations by Sion Al Tomas; **346–51** Circumventive Organs. All images courtesy the artist. Drawings in collaboration with Beatrice Haines; **352–54** Blood Lamp. All images courtesy Mike Thompson; **355–58** Quantworm Mine. All images courtesy Liv Bargman and Nina Cutler.

第四章

359 Exploring the Invisible. Image courtesy Anne Brodie; **360–65** Natural History of the Enigma. All images courtesy Eduardo Kac. Transgenic work, 2003–8; **366** Natural History of the Enigma. Eduardo Kac, Edunia Seed Pack Studies I–VI (from the Natural History of the Enigma series), 22 x 30" (55.9 x 76.2 cm) each, lithographs, 2006. Edition of 15. Collection Weisman Art Museum, Minneapolis; **367** Natural History of the Enigma. Eduardo Kac, Edunia Seed Packs, hand-made paper objects with Edunia seeds and magnets, 4 x 8 inches (10.16 x 20.32 cm), 2009. Collection Weisman Art Museum, Minneapolis; **368** Egg and Slug. Photo of *Limax maximus*, the Great Grey Slug. Courtesy Steven N. Severinghaus; **369–73** Egg and Slug. Photography by Béatrice de Géa. Installation at the Museum of Modern Art, New York. All images courtesy Paula Hayes; **374** Objectivity. Image courtesy Professor Eshel Ben Jacob, School of Physics and Astronomy, Tel Aviv University; **375** The Seed of Narcisscus. Courtesy Tomáš Libertíny; **376** The Seed of Narcisscus. Photograph courtesy Francesco Allegretto; **377** Courtesy Tomáš Libertíny; **378** The Seed of Narcisscus. Photograph courtesy Francesco Allegretto; **379** Vessel #2 from the Vessel Series. Courtesy Tomáš Libertíny; **380–81** The Honeycomb Vase. Courtesy Tomáš Libertíny; Photograph courtesy Raoul Kramer; **382–86** Algaebra. All images courtesy Nancy O. Photography; **387–90** Genetic Heirloom Series. All photos by Gary Hamill; **391–98** Genetic Heirloom Series. All images courtesy Revital Cohen; **399–402** Cook Me—Black Bile. All images courtesy Tuur Van Balen; **403** Co-Existence. Image courtesy Julia Lohmann Studio; **404** Co-Existence. Image courtesy The Wellcome Trust; **405** Co-Existence. Image courtesy Julia Lohmann Studio; **406** Growth Pattern. Image courtesy Kristof Vrancken/Z33; **407** Growth Pattern. Image courtesy Allison Kudla; **408–9** Growth Pattern. Image courtesy Kristof Vrancken/Z33; **410–11** Growth Pattern. Image courtesy Allison Kudla; **412–15** Contaminant. All images courtesy Steve Pike; **416** Specimens of Unnatural History. Image courtesy Liam Young; **417–19** Specimens of Unnatural History. Photographed by Jamie Kingman; **420** Specimens of Unnatural History. Image courtesy Liam Young; **421** Specimens of Unnatural History. Photographed by Jamie Kingman; **422** Specimens of Unnatural History. Image courtesy Liam Young; **423–33** Pathogen Hunter. All images courtesy Susana Soares and Mikael Metthey; **434–38** Growing Pains. All images courtesy Mike Thompson; **439–41** The Vision Splendid. Photo: Patrick Bolger, with retouching by Alicia King; **442–47** Autoinducer_PH-1. All images courtesy Andy Gracie; **448–52** Exploring the Invisible. All images courtesy Anne Brodie.

第五章

453 Branching Morphogenesis. Sabin+Jones LabStudio. Image courtesy Sabin+Jones LabStudio; **454** iGEM. Image courtesy International Genetically Engineered Machine competition (iGEM) and Justin Knight; **455** Genspace. Image courtesy Daniel Grushkin; **456** Pigeon d'Or. Image courtesy Pieter Baert; **457** BioConcrete. Image courtesy Henk Jonkers; **458–61** ONE Lab. All images courtesy Maria Aiolova and ONE Lab; **462–64** CASE. All images courtesy CASE, the Center for Architecture Science and Technology at RPI; **465–67** BioBE Center. All images courtesy Jessica Green and Tim O'Connor and the Biology and the Built Environment Center (BioBE); **468–70** Sabin+Jones LabStudio. All images courtesy Sabin+Jones LabStudio; **471–73** iGEM. All images courtesy International Genetically Engineered Machine competition (iGEM) and Justin Knight; **474–76** Genspace. All images courtesy Daniel Grushkin and Genspace; **477–80** Royal College of Art Design Interactions Department. All images courtesy Anthony Dunne and the RCA Design Interactions Department; **481–82** Synthetic Aesthetics. All images courtesy Alexandra Daisy Ginsberg; **483** SymbioticA. Image courtesy of SymbioticA; **484** The Tissue Culture and Art Project. Image courtesy of the Tissue Culture and Art Project; **485** Victimless Leather. Image courtesy of the Tissue Culture and Art Project; **486–87** Bio-processing. All images courtesy David Benjamin and Fernan Federici; **488–89** Arts Catalyst. All images courtesy of Arts Catalyst; **490** Exploring the Invisible. Image courtesy Anne Brodie.

第六章

491–98 All images courtesy Biodesign Challenge.

访谈

499 Microbial Home. Image courtesy Philips Design; **500** David Benjamin. Image courtesy David Benjamin; **501** Ginger Krieg Dosier. Image courtesy Ginger Krieg Dosier; **502** Sean Quinn. Image courtesy Sean Quinn; **503** Jessica Green. Image courtesy Jessica Green; **504** Daniel Grushkin. Image courtesy Daniel Grushkin; **505** Marin Sawa. Image courtesy Marin Sawa; **506** Eduardo Kac. Photo by Mario Llo ; **507** Oron Catts. Image courtesy Oron Catts; **508** Maria Aiolova. Image courtesy Maria Aiolova.

引用

第21页

T. Friedman, *Hot, Flat and Crowded: Why We Need a Green Revolution—and How it Can Renew America* (New York: Farrar, Straus & Giroux, 2008), pp. 241–66.

第62页

Z. Adeel et al., *Overcoming One of the Greatest Environmental Challenges of Our Times: Re-thinking Policies to Cope with Desertification* (Ontario: UnitedNations University, 2007), pp. 2–25.

第78页

Rob Carlson, *Biology is Technology: The Promise, Peril, and New Business of Engineering Life* (Cambridge, MA: Harvard University Press, 2010), pp. 1-19.

第78页

Heidi Ledford, *Nature*, October 7, 2010: 467 651–652.

第79页

Paola Antonelli, *Design and the Elastic Mind* (New York: Museum of Modern Art, 2008), pp. 14-24.

第85页

D'Arcy Wentworth Thompson, *On Growth and Form* (Cambridge: Cambridge University Press, 1917), pp. 670–718.

第128页

C. Bancroft, 'Long-term storage of information in DNA,' *Science*, September 7, 2001: 293(5536) 1763–1765.

第256页

Alex Driver, Carlos Peralta, and James Moultrie, 'Exploring how industrial designers can contribute to scientific research,' *International Journal of Design*, April 30, 2011: 5(1) 17–28.

致谢

这本书的诞生在很大程度上要归功于泰晤士与哈德逊出版社的卢卡斯·迪特里希（Lucas Dietrich）给予的持续鼓励，以及同意参与本书的建筑师、设计师、科学家、教授、作家和艺术家们的合作和慷慨。

对于这里所呈现内容的多样性和质量，我要感谢我的亲密合作者安德鲁·加德纳和芭芭拉·埃尔德里奇的热情支持，他们几乎在内容收集、组织和开发的各个方面提供了帮助。我还要特别感谢爱丽丝·特姆洛，感谢她代表她的学生孜孜不倦地倡导，感谢她的远见与毅力，在纽约视觉艺术学院（SVA）建立了设计评论硕士项目。我还要感谢 MoMA 的高级设计策展人保拉·安东内利，感谢她为这本书所写的前言，感谢她的友情和真诚的鼓励，感谢她在该领域的一系列展览和文章，其中许多文章影响了本书基础的研究。也要感谢凯特·布斯比（Kate Boothby）和丽贝卡·皮尔逊（Rebeeca Pearson），他们规范了不规范的内容，并引导本书走向简洁和清晰。本书的研究报告是在 SVA 的安德里亚·科德林顿·利普克（Andrea Codrington Lippke）和安迪·鲁姆巴赫（Andy Rumbach）的支持和指导下完成的，安迪·鲁姆巴赫一直激发我实现卓越。我要感谢丹尼尔·格鲁希金、奥利弗·梅德韦迪克、大卫·本杰明和玛丽亚·艾奥洛娃，他们帮助我获得了完成这个项目所需的人员、设施和研究。我将永远感谢纽约库珀·休伊特史密森尼设计博物馆的马蒂尔达·麦奎德（Matilda McQuaid）和安德里亚·利普斯（Andrea Lipps），他们给予我第一次策展经验，并教会我制作博物馆目录的必要步骤。

这本书的部分内容也是SVA的设计批评项目首个课程的产物。如果不是他们的合作和反馈，如果不是他们耐心地再次聆听生物学和设计，如果不是他们的支持，如果不是他们的综合才能，我肯定不会有这样的机会。我感谢他们所有人：哈拉·阿卜杜马拉克（Hala Abdumalak）、阿米莉娅·布莱克（Amelia Black）、约翰·坎特维尔（John Cantwell）、弗雷德里科·杜阿尔特（Frederico Duarte）、查普尔·埃利森（Chappell Ellison）、劳拉·福尔德（Laura Forde）、萨拉·弗洛里奇（Sarah Froelich）、凯瑟琳·亨德森（Kathryn Henderson）、艾米丽·莱宾（Emily Leibin）、迈克·尼尔（Mike Neal）、贝基·昆塔尔（Becky Quintal）、阿兰·拉普（Alan Rapp）、安吉拉·里切斯（Angela Riechers）、吉姆·维格纳（Jim Wegener）。

我也感谢 MoMA 的露丝·夏皮罗（Ruth Shapiro）的指导，从她那里我学到了很多东西，但最重要的是如何进行战略计划和从一个领导者的角度去思考。当然，我也深深感谢克里斯蒂娜·迈尔斯（Christine Myers）给了我写作的想象力，感谢斯图尔特·迈尔斯三世（Stuart Myers Ⅲ）教会我追求出版的勇气。最后，这本书之所以能够出版，要完全归功于姗姗·戴利（Sunshine Daly）的鼓励、编辑技巧和建议，她是我在所有方面的重要合作伙伴。她和她在里德学院的一帮朋友，特别是彼得·乔丹（Peter Jordan）和瑞秋·雷尔夫（Rachel Relph），帮助我找到了自己的声音。他们有权享用我自制的面包和蜂蜜酒。